Design Industrial

Guia de Materiais e Fabricação

Blucher

Jim Lesko

Design Industrial

Guia de Materiais e Fabricação

Segunda edição

Título original: Industrial Design - materials and manufacturing guide

Design Industrial - Guia de Materiais e Fabricação
2.ª ed.

1ª reimpressão - 2015

Tradutor
Marcelo A. L. Alves

Blucher

Rua Pedroso Alvarenga, 1245, 4º andar
04531-934 - São Paulo - SP - Brasil
Tel 55 11 3078-5366
contato@blucher.com.br
www.blucher.com.br

Segundo Novo Acordo Ortográfico, conforme 5. ed.
do *Vocabulário Ortográfico da Língua Portuguesa*,
Academia Brasileira de Letras, março de 2009.

FICHA CATALOGRÁFICA

Lesko, Jim

Design industrial: guia de materiais e fabricação / Jim Lesko; tradução Marcelo Alves - 2ª ed. - São Paulo: Blucher, 2012.

Título original: Industrial design: materials and manufacturing guide

ISBN 978-85-212-0621-7

1. Design industrial 2. Materiais 3. Processos de fabricação. I. Título

12-00666 CDD-745.2

Índices para catálogo sistemático:

1. Design industrial 745.2

Agradecimentos

A ideia para *Desenho Industrial: guia de materiais e fabricação* surgiu por volta de 1975 quando o Prof. Born pediu-me para lecionar sobre o assunto na Universidade de Cincinnati. Tive a boa sorte de ter um grupo excepcional de alunos, incluindo John Bucholtz, Mike Gallagher e Sam Lucente, cuja resposta entusiasmada à minha proposta de organização do tema convenceu-me de que um texto visual simples era necessário para atrair o interesse de estudantes com treinamento em artes. Muitos dos textos e periódicos existentes sobre o assunto são muito bons para aqueles alunos cujo interesse está na quantidade de detalhes apresentados, com ênfase em explicações e argumentos quantificáveis. Aprendi com esses textos e periódicos e eles continuam parte necessária do processo de aprendizado do estudante de design. Mas estudantes impacientes de design industrial que querem entender conceitos necessitam de uma visão geral: ler um resumo, ver exemplos e seguir para o tópico seguinte conforme a mesma lógica. Estudantes de design parecem perceber que não terão a responsabilidade principal na seleção de materiais ou especificação do processo de fabricação no projeto do produto, mas, intuitivamente, eles entendem que precisam ter meios de conversar sobre o assunto e que materiais e métodos de fabricação serão determinantes no processo de projeto.

Há um entusiasmo e investigação crescente a respeito de materiais e fabricação na comunidade do design por conta da recente explosão de ideias engendradas pelos avanços nas pesquisas aeroespaciais. Materiais Mutantes em Design Contemporâneo (Mutant Materials in Contemporary Design), exposição organizada por Paola Antonelli, Curadora Associada no Museum of Modern Art, e a Material Connexion, concebida por George Baylerian, são exemplos de destaque do renovado enfoque de energias nesse aspecto fundamental do design. Na sociedade americana dos designers industriais (ISDA), Dave Kusuma foi muito influente na organização do grupo de materiais e processos e em aproximar a Society of Plastics Engineers (Sociedade dos engenheiros do plástico) com a ISDA em suas conferências e encontros.

Durante anos, desejei que alguém fizesse tal texto. Após ensinar o assunto por mais de 15 anos, eu me dei conta de que nenhum designer seria presunçoso o bastante para tentar desenvolver um texto sobre esse assunto para estudantes de design industrial. Assim, comecei a colecionar minhas anotações. Enquanto estive no Pratt Institute, recebi uma bolsa Mellon para produzir uma estrutura para a informação. Durante esta fase inicial, muitos estudantes me auxiliaram, incluindo Deborah Zweicker e Eileen Lee. Sem contar com um computador, nós trabalhamos a maior parte do verão compondo organogramas e fazendo listas de informações à mão. Quando estive na Carnegie Mellon University, o professor Alex Bally, chefe do departamento de design industrial, e os professores Greenberg e Paxton, do departamento de Ciências dos Materiais, revisaram meus conceitos preliminares e deram muitas sugestões e apoio.

Embora eu seja o responsável pelo uso que fiz das informações que recebi, seria impossível completar esta empreitada sozinho. De fato, este livro é resultado do trabalho de muitas pessoas: os vários estudantes que assistiram às minhas aulas e deram algum feedback, e os fabricantes e fornecedores que gentilmente dispuseram de seu tempo valioso e tiveram muita paciência comigo ao tentar garantir que recebesse a informação que precisava. Há muitos que se destacaram, que foram muito além do que se esperava.

Este livro não teria sido terminado sem a ajuda de Ed Eslami, que em muitas ocasiões me socorreu do pânico e que com sua serenidade, desenhos inspirados e laiaute gráfico tirou várias vezes este livro do marasmo. Eu sou agradecido por sua ajuda e talento excepcionais. Muitos estudantes ajudaram com pesquisas e desenhos, nomeadamente Kyang Haub Kang, Tong Jin Kim e Mingshiu Yang.

Don Blair da Talbot Associates que esteve comigo quase desde o começo, e posteriormente Jeff Talbot juntou-se a ele dando horas de discussões, pilhas de catálogos e muitas outras fontes de informação a respeito de fundição. Christine Lagozs e seus associados na Trumpf, Inc., Bill Guftner da US Amada Ltd., Steven Friedman da Peterson, Walter Ackerman da Ridson, John Matthews da ESAB Welding & Cutting Products e Bob Cook da Bridgeport Machines foram alguns das excelentes pessoas que forneceram toda a informação que solicitei a respeito de conformação e usinagem de metais.

Dave Kusuma e Michael A. D'Onofrio, Jr. e seus auxiliares na Bayer Corporation; Jack Avery, George Whitney e seus auxiliares na GE Plastics; Steve Ham; Dave Beck of Pappago; Victor Gerdes e seus associados no Stevens Institute; Bill Fallon da Sikorsky; e George Cekis da Solvay forneceram partes importantes no capítulo sobre plásticos de construção. Eu sou grato aos editores do Injection Molding Handbook por Rosato & Rosato e do Plastics Engineering Handbook da Society of the Plastics Industry que permitiram que eu reproduzisse muitos desenhos.

Para esta segunda edição, tive a sorte de ter Edward Eslami mais uma vez como a luz que me guiou e ajudou a que novas ideias acontecessem. Mike Gallagher, um antigo estudante e hoje colega, nos deu inspiração e entusiasmo mais uma vez ao convidar-me a ir na Crown Equipment Corp. em visitas nas suas instalações de projeto e fabricação. Jim Kraimer, Jeffery Mauch e Douglas Rinderle e seus vários auxiliares guiaram estas visitas e responderam de forma muito capaz às minhas várias perguntas. Manuel Saez e Lachezar Tsvslotinv, também ex-alunos, descreveram seus trabalhos na HumanScale e nos deram imagens de seus projetos atuais. Peter Bressler e Dave Kaiser, ambos com seus auxiliares, responderam gentilmente aos meus pedidos de imagens. David Sticker da Production Resources e Robert Hagermeister da Parametric Design Associates forneceram informações atuais importantes.

Muitas das descrições sobre fundição foram retiradas do 2006 Casting Source Directory, publicado pela Engineering Casting Solutions, com a permissão gentilmente concedida pelo Editor e Publisher Alfred T. Spada. John Chion da Talbot Associates revisou o meu rascunho do capítulo sobre fundição e forneceu orientação e sugestões. Obviamente, muitos outros fizeram o esforço de ler meus rascunhos e pacientemente corrigiram meus erros e contribuíram com sua experiência; seus pensamentos estão distribuídos nestas páginas.

Eu sou grato a um sem-fim de alunos que estiveram sempre prontos a ajudar. Zackary Smith ajudou com o leiaute gráfico e Soo Hwan Cho c Wooyeon Cho forneceram muitas ilustrações. Quando eu cheguei à Universidade Dongseo na Coreia, Sang-Hwan Na, Sang-Wook Eom, Ji Young Kang, Hyo-Jin Kim e Joon-Goo Lee auxiliaram com ilustrações e desenhos. Também gostaria de agradecer as várias companhias presentes na Feira Intermold Korea 2007 pelas pilhas de catálogos e inúmeras ilustrações. O entusiasmo e disposição em ajudar por parte de quase todos com quem tive contacto fizeram com que eu prosseguisse. Sou grato a todos.

Gostaria de agradecer aos vários engenheiros e designers que me ajudaram e apoiaram. Este livro é dedicado a eles; à memória de Donald R. Dohmer, o pai da educação em design industrial nos EUA; e a Peter Megert, que inspirou e emprestou sua infindável sabedoria a muitos designers jovens.

Conteúdo

1

Introdução

Necessidade de Materiais e Fabricação

O designer industrial, seja atuando numa equipe ou individualmente, é responsável pela aparência e forma de um produto. Se a forma de um produto é de algum modo resultante de como é fabricado, resulta que o designer precisa ter um bom entendimento de todos os processos de fabricação disponíveis, de maneira a ter confiança que o método de fabricação proposto é o mais econômico e apropriado. Se um designer desconhece a disponibilidade de certo processo, seu potencial criativo fica limitado. Seria como se um compositor escrevesse uma sinfonia sem conhecer totalmente a cor, capacidade e alcance máximo de alguns instrumentos.

Figura 1.1 Organizador de estoques Crown TSP6000 (cortesia Crown Equipment Corporation)

Educação em Design

Estudantes de design industrial precisam ter um entendimento de materiais e fabricação – idealmente no segundo ano de curso. Isso é importante pois, à medida que projetos são solicitados, os estudantes precisam visualizar e desenvolver formas que no final das contas serão fabricadas (mesmo que apenas em teoria). Sem uma base de conhecimento abrangente a respeito das possibilidades de materiais e fabricação, os estudantes apenas podem tatear, limitados pela ignorância nesse tema e sem conhecer a variedade de possibilidades disponíveis. Por outro lado, com uma boa base de conhecimento, os estudantes podem propor uma gama de possibilidades de soluções de design e ter certeza de que podem ser fabricadas.

Este guia foi criado especificamente para um curso de dois semestres para estudantes de design industrial. Também deve ser útil para ou-

Métodos de fabricação		Conformação			Corte				União				Acabamento		
		Estado líquido	Estado plástico	Estado sólido	Corte de chapas	Com formação de cavacos	Sem formação de cavacos	Chama/ Laser	Brasagem /Caldea-mento	Soldagem	Por adesivos	Mecânica	Confor-mação	Abrasão/ Corte	Revesti-mentos
Metais	Ferrosos	●	●	●	●	●	●	●	●	●	●	●	●	●	●
	Não ferrosos	●	●	●	●	●	●	◉	●	●	●	●	●	●	●
Plásticos	Termofixos	●	○	○	●	●	◐	◐	○	○	●	●	●	◉	●
	Termoplásticos	●	●	◉	●	●	◐	◐	○	●	●	●	●	●	●
Borrachas e elastômeros	Termofixos	●	○	○	●	◐	◐	◐	○	○	●	●	●	◐	◐
	Termoplásticos	●	●	●	●	◐	◐	◐	○	●	●	●	●	◐	◐
Materiais de engenharia	Carbono Manufaturado	●	○	○	○	●	◐	○	○	○	◉	◉	◐	◐	◐
	Vidro	●	●	○	●	◐	◉	○	◐	●	◉	◉	●	◐	◐
	Vitrocerâmicos	●	◉	○	○	◐	○	○	○	○	●	◉	●	◉	◉
	Metais duros refratários	●	●	○	○	◉	◉	◉	●	○	◐	◐	◐	●	◐
Materiais naturais	Fibras	●	◉	●	●	●	○	◐	○	○	◉	●	◐	◐	◐
	Produtos em madeira	◐	◐	○	●	●	◐	◐	○	○	●	●	◐	●	●

● Todos os processos ◉ A maioria dos Processos ◐ Alguns Processos ○ Nenhum Processo

Figura 1.2 Materiais e fabricação

tros profissionais que precisam de um conhecimento introdutório a respeito do tema. Não é, e não tem o propósito de ser, uma alternativa aos textos padrões de engenharia sobre o assunto. Seria adequado aos designers adquirirem tais textos em algum momento. *Design Industrial: guia de materiais e fabricação* foi criado para dar uma visão geral em palavras simples e imagens, além de servir como guia e apresentação a este ramo um tanto complexo, uma parte necessária na educação em design industrial.

Um exemplo excelente da necessidade de um pleno entendimento a respeito de materiais e fabricação está no Crown TSP6000, especialmente a cabine mostrada na capa. Ainda que produtos de consumo sejam desafiadores em muitos aspectos, incluindo o marketing, produtos industriais como TSP possuem demandas excepcionais de excelência em design e engenharia, tais como uma extrema atenção à ergonomia e à análise de custo × benefício, bem como outras preocupações usuais de design. O TSP é um exemplo perfeito de onde designers demonstram claramente um entendimento da gama disponível de materiais e processos disponíveis. Isso é particularmente exemplificado na cabine do TSP. Os designers explicaram que para cada parte eles consideraram todos os materiais possíveis e processos de fabricação relacionados. A melhor opção para cada peça foi escolhida por meio de análise rigorosa de gráficos de custo × benefício, desenvolvidos no procedimento padrão operacional, parte do programa de design da Crown. O resultado é um espetacular e bem-sucedido, do ponto de vista estético, uso de materiais cumprindo todas as demandas, fabricados de modo econômico para atingir os requisitos de produção, mas – mais importante – satisfazendo as mais extremas demandas operacionais dos usuários.

Sequência de Design do Produto

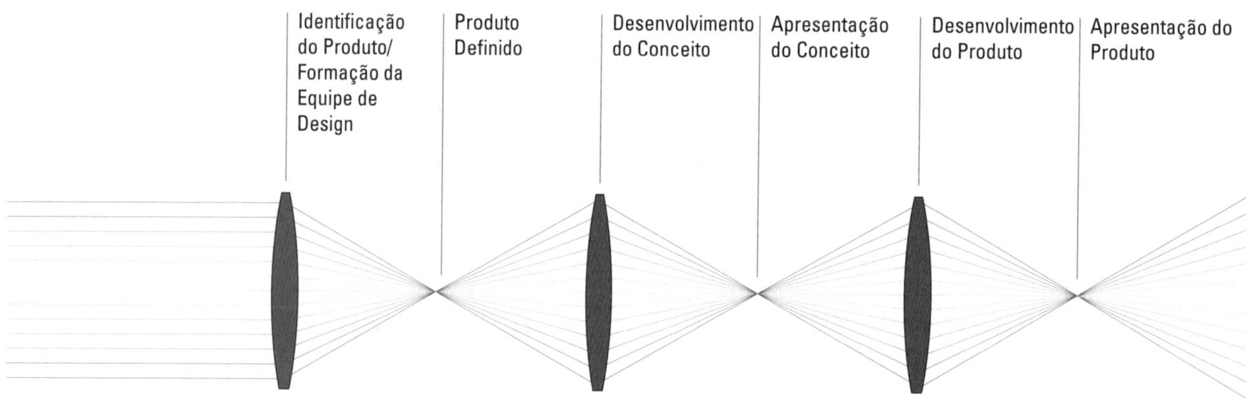

	Estética	**Análise**	**Síntese**
Considerações Pessoais e Individuais	Estilo Ego Marketing/Propaganda	Pesquisa Esboços Maquetes Cor/Textura de acabamanto	CAID Seleção de Materiais Seleção de Processo
Considerações Objetivas	Ergonomia Engenharia Marketing Investimento/Lucro Vendas Nacionais/Internacionais Logística/Distribuição CPSA/UL/FDA	Ergonomia Estudos em protoboard Fabricabilidade Segurança Resistência dos materiais	CAD/CAM Seleção de Materiais Ferramental Seleção de Peças Fornecedores Montagem Logística/Embalagem

Figura 2.1 Sequência de design do produto

2 Visão geral

Forma é a resolução da função

Design em essência é uma busca por forma. "A forma acompanha a função" tem sido o lema dos designers desde a Bauhaus. Entretanto, essa afirmação sugere que a função comanda e a forma acompanha, relegando a forma a uma posição subordinada. Reformulada, poderia ser lida como "A forma é a resolução da função", em que a função tem dois componentes principais: (1) demandas de especificação de desempenho, incluindo aspectos de usabilidade, e (2) custos e fabricabilidade. A primeira refere-se à ergonomia – aspectos concernentes às habilidades e limitações dos usuários dos produtos. A última refere-se aos aspectos físicos dos produtos, incluindo a seleção de materiais e fabricabilidade. "A forma é a resolução da função" sugere que a forma é dinâmica e interativa, enquanto "A forma acompanha a função" implica que a forma é passiva, acompanhando a função, sendo esta o fator primordial no design. Se a versão revisada "A forma é a resolução da função" for usada, a fabricabilidade é entendida no seu lugar correto como um fator determinante no processo de design.

A forma é compreendida ou tornada visível em um material ou combinação de materiais que são modelados por ferramentas. Na criação da forma, o designer está essencialmente selecionando um processo de fabricação. Normalmente ele cria modelos para demonstrar um conceito usando materiais substitutos – não o material real – e, assim, a fabricação é separada do real entendimento de como o processo de fabricação afetará o material e a forma. Se os conceitos de produto são criados no papel usando lápis ou computador, o designer não só pode afastar-se da compreensão de quais são as reais ramificações da fabricação, mas também corre o risco de dar um passo para trás no

Figura 2.2 Clinto (cortesia Humanscale Design Studio)

entendimento da realidade dimensional e do comportamento do material. É necessário entendimento do mundo real de materiais e métodos de fabricação para criar produtos de sucesso. Isso não se realiza com o designer sozinho no estúdio: é necessário trabalho de equipe com o desenvolvimento de uma engenharia de fabricação e apoio. A Clinto, de Manuel Saez e sua equipe Humanscale, é um exemplo excelente de um produto de sucesso cuja forma não é somente uma celebração dos materiais e fabricação, mas a essência de função para uma necessidade humana. Cada elemento desse design foi escolhido para atender todos os fatores envolvidos. As formas parecem simples, mas desempenham funções complexas sob demandas severas de restrição de custos. Os materiais e processos produtivos escolhidos e a forma que evoluiu foram desenvolvidos de maneira interdependente, em um processo de otimização no qual a melhor solução possível foi determinada após deliberações e longo processo de teste e investigação.

O violino é o ponto máximo e essência de um produto em termos de materiais e fabricação. Nenhuma outra invenção humana é tão perfeita na sua resolução. Se feito por Stradivarius, nada pode igualar sua capacidade de chegar ao sublime. Obviamente é preciso maestria para tocá-lo adequadamente. Não há por que tocar um Stradivarius ao menos que a música tenha sido escrita por um mestre como Bach ou Beethoven.

Figura 2.3 Gráfico dos processos de fabricação

Materiais e processos de fabricação

Este guia oferece uma visão geral dos processos principais e de informações adicionais pertinentes destinada aos designers industriais (estudantes). É limitado aos materiais de engenharia (excluindo os materiais naturais tais como madeira, pedra, etc.). O objetivo é extrair a informação-chave sobre o assunto, organizá-la e apresentá-la da forma mais simples possível. Textos sobre este assunto, voltados para a engenharia, tentam ser inclusivos ao mesmo tempo que apresentam extensa informação técnica.

Este guia resume os materiais e processos relevantes para o design industrial. A informação é apresentada graficamente e de modo simples. Não tenta apresentar todos os materiais e processos de fabricação disponíveis e foi concebido como o guia de materiais e fabricação para o designer. A metodologia usada pode auxiliar os leitores a organizar informações adicionais sobre tais assuntos.

Design Industrial Guia de Materiais e Fabricação oferece uma visão geral dos processos principais e de informações adicionais pertinentes destinada aos designers industriais (estudantes). É limitado aos materiais de engenharia (excluindo os materiais naturais). O objetivo é extrair a informação-chave sobre o assunto, organizá-la e apresentá-la da forma mais simples possível. Uma representação visual do processo completo de design consta na p. 12. Este guia é limitado à discussão de algumas considerações objetivas impressas em cinza.

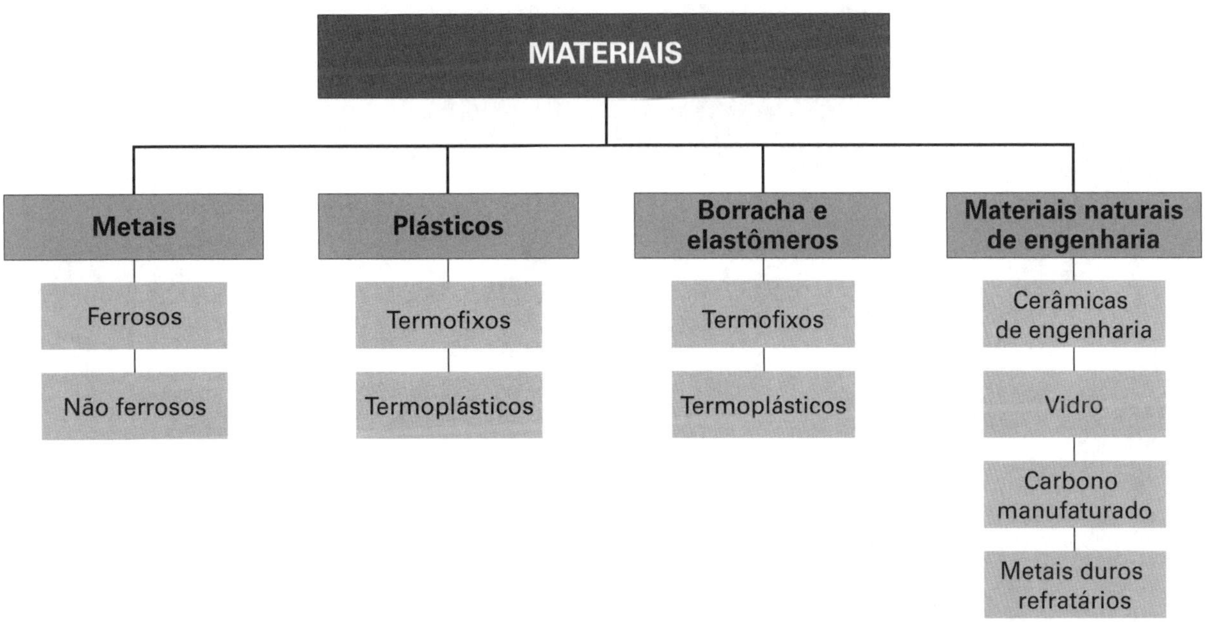

Figura 2.4 Gráfico dos materiais

Figura 3.1 Unisphere, Parque Flushing Meadows, Nova York

Metais

3

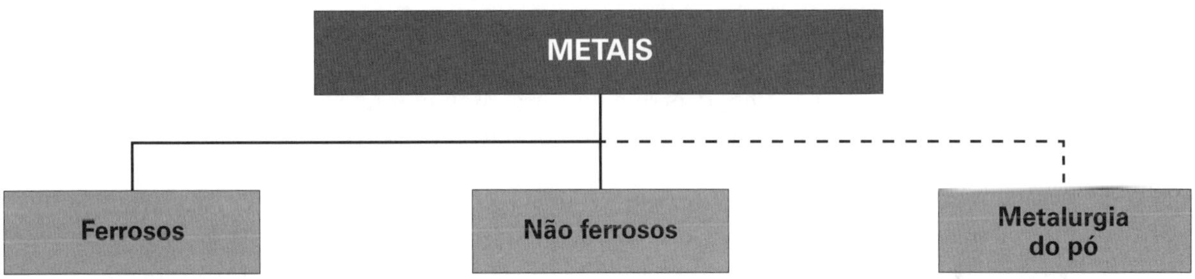

Figura 3.2 Gráfico dos metais

Metais puros são compostos de átomos do mesmo tipo. Ligas metálicas são compostas de dois ou mais elementos químicos, dos quais ao menos um deles é metal. Essa mistura de elementos confere à liga suas melhores propriedades mecânicas. As ligas são maioria entre os materiais metálicos usados em engenharia. Metais são geralmente divididos em ferrosos e não ferrosos. Cada liga metálica tem propriedades mecânicas e físicas específicas que a tornarão perfeitamente adequada a uma determinada aplicação. Recentemente, os metais também passaram a ser disponíveis na forma de pó. Isso expandiu as oportunidades, disponibilizando novas ligas que antes não existiam. Metais em pó são agora ligados a não metais, incluindo cerâmicas, borracha e plásticos, assim criando novas categorias de design do produto.

3.1 Propriedades dos Metais

Breves definições de propriedades mecânicas

Metais podem apresentar comportamento elástico bem como plástico, os dois necessários para os processos de conformação. Esse comportamento singular faz com que a maioria dos metais dobre e repuxe durante o processo de conformação.

Elasticidade descreve o retorno do material à sua forma e tamanho originais quando as tensões são removidas depois da deformação. Isso é denominado *comportamento elástico* porque as deformações experimentadas pelo material não são permanentes. A curva tensão × deformação registra graficamente como o material deforma e depois fratura. Um bom exemplo de comportamento elástico puro é demonstrado por um elástico de dinheiro. Quando esticado ele se deforma e alonga, a seção transversal é reduzida. Quando a força é removida, o elástico retorna à sua forma original. Se a força ultrapassa o limite elástico, ocorre a ruptura. Mas não há mudança na seção transversal do elástico, não há deformação plástica.

Comportamento plástico é bastante diferente do comportamento elástico. Um bom exemplo de deformação plástica pura pode ser demonstrado pelo chiclete. Quando este é esticado, deforma e a seção transversal é modificada, reduzindo-se. Isso é chamado de estricção. Quando a força é reduzida, o chiclete não retorna à sua forma original. Isso é chamado *deformação plástica.*

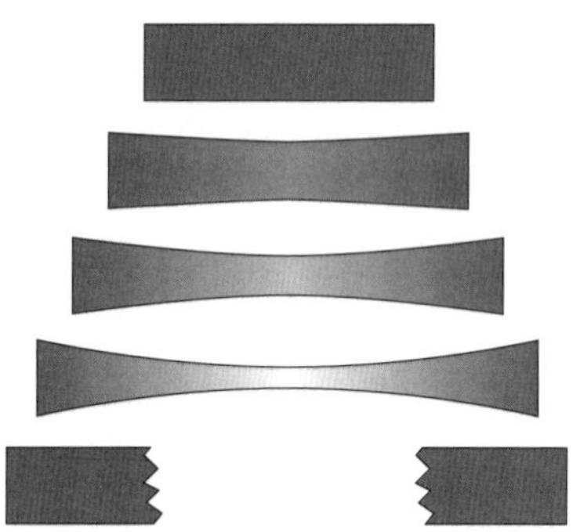

Figura 3.3 Comportamento elástico

Limite de resistência à tração é a máxima tensão de tração que um material pode resistir antes da fratura.

Limite de escoamento mede a resistência do metal em permanecer no regime elástico. Ultrapassar o limite de escoamento implica em colocar o metal na região de deformação permanente.

Elongação percentual é o aumento do comprimento dividido pelo comprimento original.

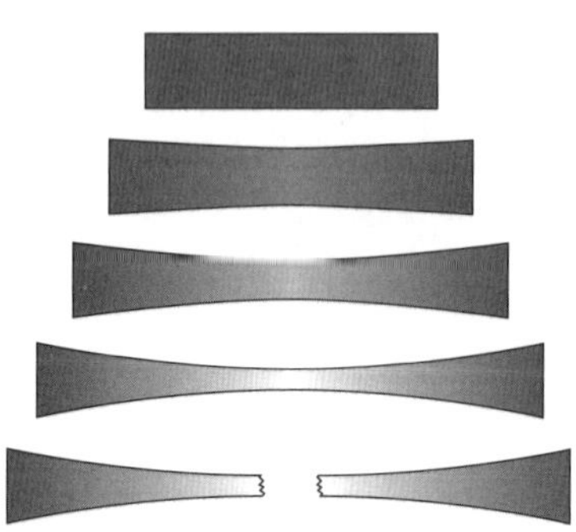

Figura 3.4 Comportamento plástico

Deformação é a modificação que o material sofre durante a elongação ou contração. É dada como uma medida de deformação sob carga.

Compressão é uma medida de quanto um material deforma sob uma carga de compressão antes da ruptura. Chiclete aquecido nos dá um bom exemplo. Não importa o quanto você aperte ou pise nele, ele ficará plano, mas não se rompe, por isso fundações de edificações não são feitas de chiclete. Uma fundação requer um material forte, com elevada resistência à compressão, como o concreto. Concreto tem boa

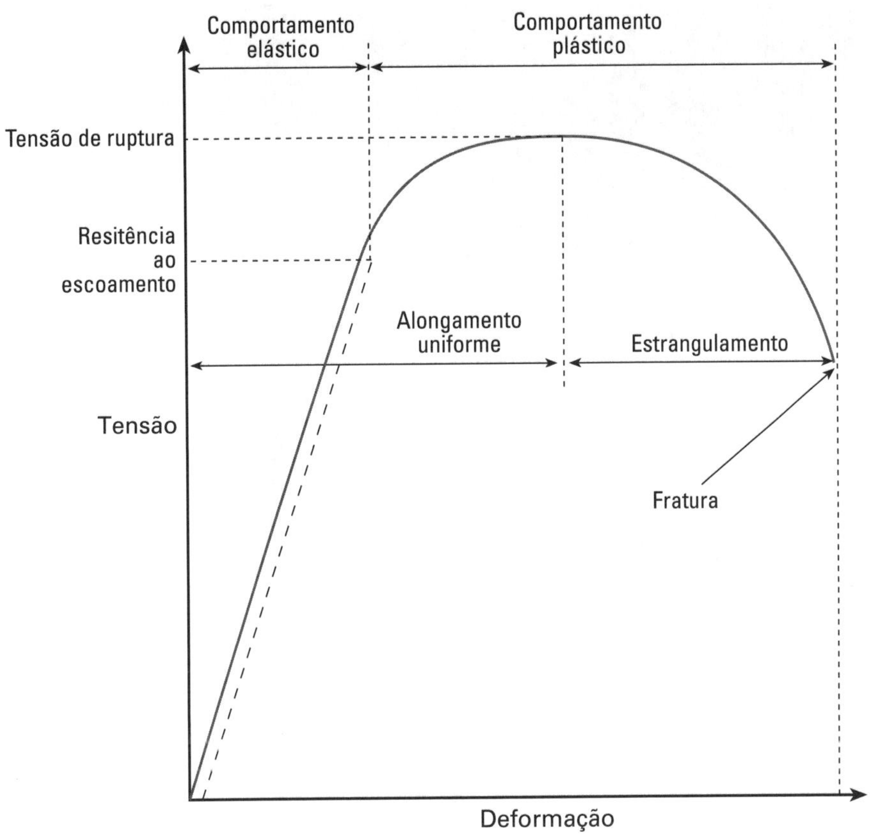

Figura 3.5 Curva tensão x deformação

resistência à compressão, mas, sob uma carga muito elevada, ele irá fraturar. É frágil.

Dureza é a capacidade de um material resistir à penetração e riscamento. Dureza e fragilidade estão relacionadas. Chiclete quente não é duro: uma esfera dura, ao cair sobre ele, penetrará. Mas uma esfera dura não penetra a superfície do vidro. Se uma esfera atingir a superfície com grande força, irá estilhaçar o vidro.

Figura 3.6 Indentação para teste de dureza

Dureza é importante em fabricação. Por exemplo, quando uma espada é fabricada (por forjamento), é importante que tenha dureza na lâmina de aço de modo que tenha uma aresta afiada. Mas uma espada também deve vergar. Se uma espada for dura e frágil irá quebrar se for envergada – uma característica não desejável. A espada deve também ser flexível. Por meio de um correto tratamento térmico e manipulação dessas propriedades, é possível obter dureza e flexibilidade – as propriedades mecânicas precisas, mas contraditórias que são necessárias para uma espada de qualidade.

Figura 3.7 Inspeção óptica de produtos em vidro com o uso de propriedades físicas de cor, transparência e densidade

Fragilidade é o oposto de ductilidade. Se um chiclete for congelado, torna-se frágil e pode quebrar nos seus dentes ou estilhaçar se você bater nele com um martelo. Vidro é um bom exemplo de material frágil.

Ductilidade é a propriedade de um material de resistir à deformação plástica sem ruptura. Novamente, o chiclete é um bom exemplo. Enquanto é mascado, não quebra, mas é moldado pelos dentes. A ductilidade é importante quando se discute a possibilidade de ser dobrado ou trefilado na conformação em estado sólido.

Flexão é caracterizada pelas fibras externas de uma viga estarem em tração e as internas em compressão.

Torção é a aplicação de torque em uma peça para deformá-la a fim de causar uma rotação em seu eixo longitudinal. Um virabrequim deve ser feito de metal com extrema força de torção ou irá falhar sob a tensão que atua quando está em funcionamento em um motor.

Resistência ao cisalhamento é a máxima carga que um material pode resistir sem romper quando sujeito a uma ação de cisalhamento. Chiclete tem pouca resistência ao cisalhamento, irá cisalhar muito facilmente.

Fluência é a deformação lenta sob tensões menores que a de escoamento. O Zinco apresenta pouca resistência à fluência em temperaturas elevadas (acima dos 200 °F – 93 °C).

Breves definições de propriedades físicas

Propriedades físicas são aspectos inerentes a um material e dificilmente podem ser alterados. Propriedades físicas geralmente permanecem constantes, enquanto propriedades mecânicas são modificadas por encruamento ou tratamentos térmicos.

Opacidade/Transparência é a capacidade de transmitir luz.

Cor é o comprimento de onda refletido.

Densidade é a massa por unidade de volume (massa específica).

Condutividade elétrica é a facilidade com que um material conduz uma corrente elétrica.

Condutividade térmica é a facilidade com que o calor flui internamente e através de um material.

Expansão térmica é expressa em unidades como 1/°F ou 1/°C. Geralmente o coeficiente de expansão térmica é inversamente proporcional ao ponto de fusão do material: quanto maior a temperatura de fusão, menos o material sofre expansão. O aço é uma exceção importante.

Magnético/não magnético/Ferromagnetismo é o alinhamento dos átomos de ferro, níquel e cobalto em domínios.

Ponto de fusão é temperatura na qual se atingiu o nível de energia necessário para que se mude o estado do material de sólido para líquido.

Resistência à corrosão é a capacidade de resistir à deterioração da superfície causada primordialmente por oxigênio, produtos químicos ou outros agentes. (A degradação em plásticos pode também ser causada por luz ultravioleta, umidade e outros fatores ambientais).

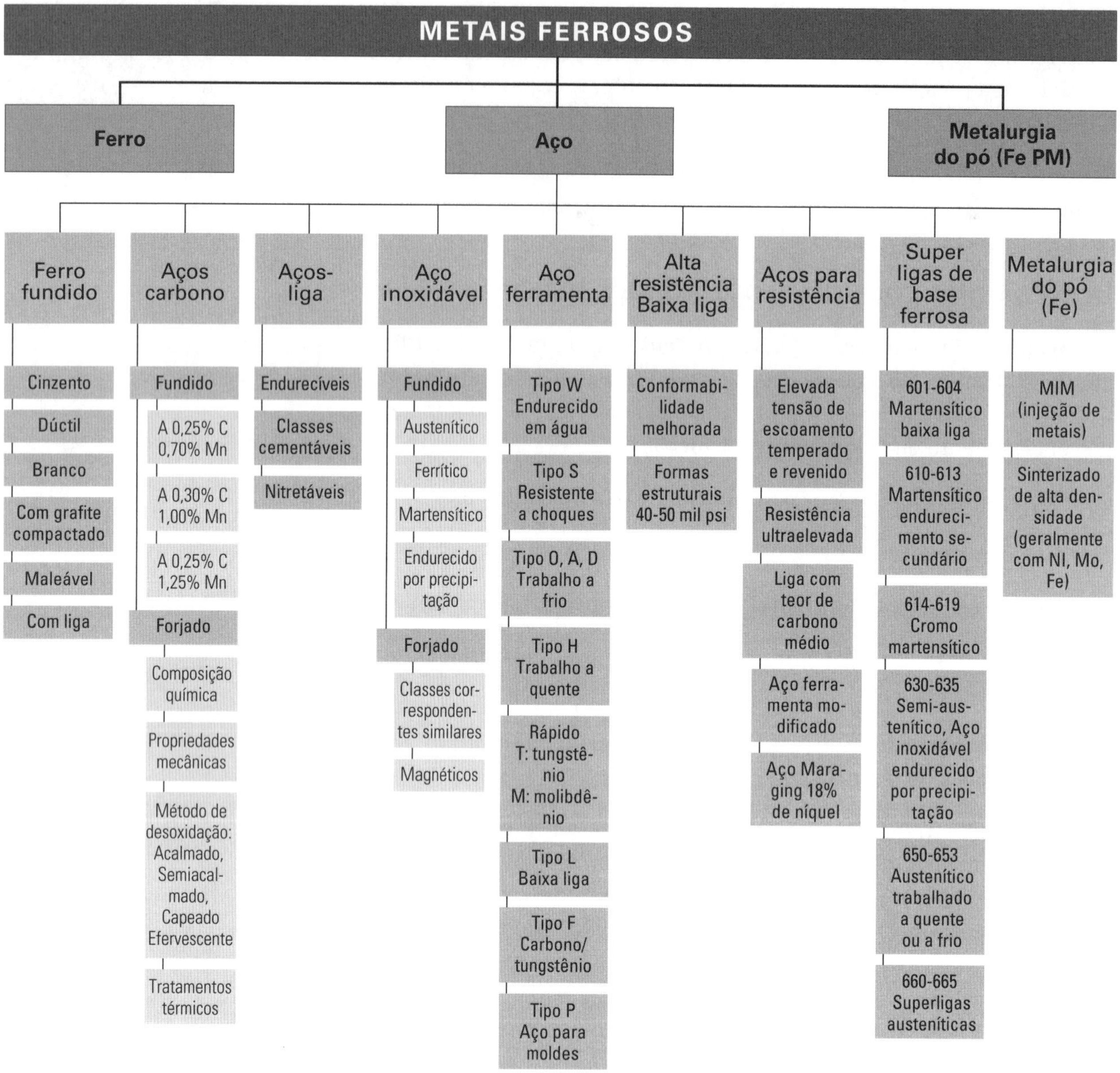

Figura 3.8 Gráfico dos metais ferrosos

Tratamento térmico

Recozimento: estrutura macia com boa ductilidade/conformabilidade.

Normalização: estrutura uniforme com boa ductilidade/refinamento de grãos.

Recozimento para esferoidização: estrutura mais macia, com máxima ductilidade e usinabilidade melhorada.

Alívio de tensões: reduz tensões internas e minimiza a distorção resultante, deixando a estrutura original intacta.

Endurecimento completo

Têmpera e revenimento melhoram a tenacidade, resistência à tração e compressão. Também aumentam a dureza e melhoram a resistência ao desgaste.

Austêmpera: semelhante à têmpera e revenimento, com mínima distorção após o tratamento térmico. Normalmente não requer ciclo de têmpera.

Martêmpera: semelhante à têmpera e revenimento, resultando em alta resistência com distorção mínima.

Endurecimento por precipitação: processo à baixa temperatura sem necessidade de revenimento e o que resulta em menor distorção entre todos os processos de endurecimento.

Cementação

Cementação a gás: melhora a resistência à fadiga, ao desgaste, à torção e à flexão.

Carbonitretação: idêntica à cementação a gás, exceto pelo fato de a camada endurecida ser menos profunda e mais dura, com menos distorção.

Nitretação gasosa: fornece a melhor resistência ao desgaste e superfície antirraspagem de todos os processos de endurecimento. Melhora a resistência à fadiga e à torção, com menos distorção que todos os outros processos de endurecimento.

Nitretação em banho de sal (soft nitriding): idêntica à nitretação, mas podendo ser aplicada a uma gama maior de aços, gerando superfícies um pouco mais lisas.

Endurecimento por indução: produz a maior espessura endurecida de todos os processos de cementação, com a maior capacidade de resistir a esforços. Também melhora a resistência ao desgaste e à torção.

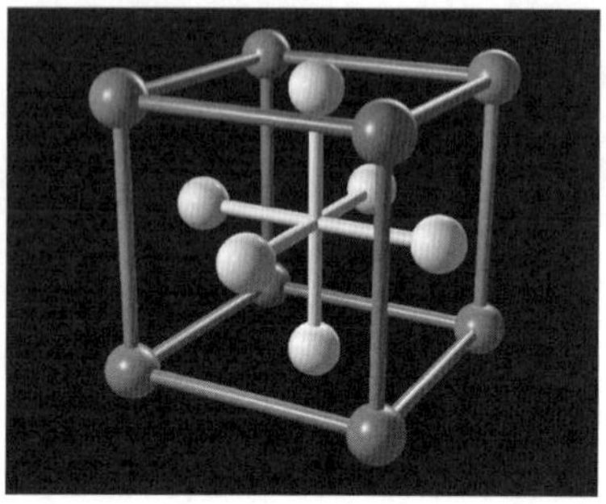

Figura 3.9 Austenita ou fase — em temperatura elevada. Ferro com estrutura cristalina cúbica de face centrada (CFC).

Figura 3.10 Ferrita Estrutura cristalina cúbica de corpo centrado (CCC) formada pelo resfriamento lento do ferro a temperatura ambiente. O maior espaço interatômico faz com que essa estrutura seja mais mole e dúctil.

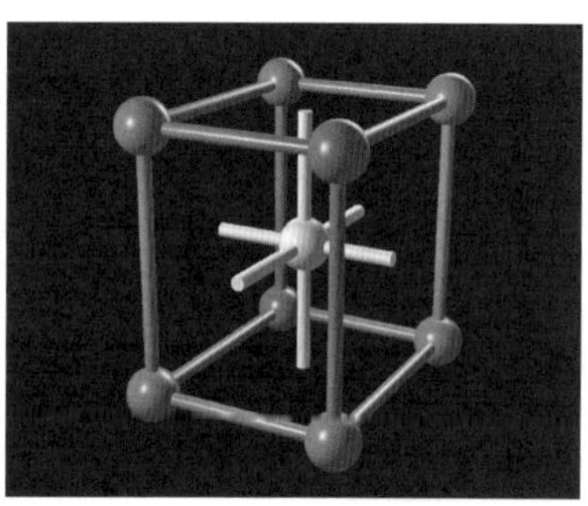

Figura 3.11 Matensita estrutura cristalina tetragonal de corpo centrado formada quando o ferro é resfriado rapidamente, fazendo com que a estrutura seja tensionada e distorcida.

3.2 Metais Ferrosos

Quando *metais ferrosos* solidificam, formam-se cristais e seus átomos são ordenados em configurações chamadas cúbica de face centrada (CFC), cúbica de corpo centrado (CCC) ou tetragonal de corpo centrado (TCC). Esses arranjos cristalinos são determinados pela velocidade de resfriamento do metal desde o estado líquido ao sólido (o que se denomina transformação de fase) e determinam se o metal será frágil e tensionado ou macio e dúctil. A maneira como os metais se comportam durante a fabricação e em uso depende da composição química, estrutura atômica e histórico de tratamentos térmicos.

O tratamento térmico subsequente de aços é um dos métodos mais comumente usados para melhorar as propriedades mecânicas. Os processos são descritos como endurecimento completo e cementação. Para endurecer um metal após aquecimento, é necessário temperar ou resfriar rapidamente. Além de aumentar a dureza de um metal com um resfriamento rápido, o que geralmente é considerado uma mudança positiva, a têmpera afeta outras propriedades mecânicas, por exemplo, aumenta a fragilidade – geralmente considerada uma mudança negativa. Quando um metal é resfriado muito rapidamente, diz-se que ele fica tensionado (como você ficaria se descesse de um avião em Nova York, vindo da Flórida, em pleno inverno). Por outro lado, se a mudança ocorre lentamente, à temperatura ambiente, diz-se que o material está com as tensões aliviadas.

Endurecimento

Dureza é uma propriedade mecânica importante para algumas aplicações, como para resistir ao corte de uma corrente de aço. Mas o aço torna-se frágil quando endurecido. Por exemplo, se o tratamento térmico não for feito corretamente, uma corrente pode romper ao levantar uma carga. Assim, o tratamento térmico deve ser feito de maneira cuidadosa, com o entendimento pleno dos resultados desejados. Na cementação, somente a superfície é endurecida, enquanto o interior permanece inalterado. Isso é importante se a peça tiver que resistir ao desgaste, mas também amortecer vibrações ou envergar facilmente e manter uma aresta afiada – como no caso de uma espada.

Ferro

Ferros são disponíveis fundidos e forjados. Todos os ferros fundidos contêm ao menos 2% de carbono e de 1% a 3% de silício. Os seis tipos de ferro são:

Figura 3.12 Forno por arco elétrico (cortesia American Iron and Steel Institute)

Ferro cinzento é usado em blocos de motores automotivos, engrenagens, volantes, discos e tambores de freio e bases de máquinas de grande porte. Solução supersaturada de carbono em uma matriz de ferro, o ferro cinzento tem excelente resistência à fadiga e capacidade de amortecer vibrações. Isso é importante em aplicações tais como as máquinas-ferramentas. Embora o ferro cinzento tenha baixa resistência à tração e menor resistência ao impacto que a maioria dos outros tipos de metais ferrosos fundidos, possui maior resistência a compressão.

Ferro dúctil ou *nodular* tem aplicações que incluem virabrequins e engrenagem de alta capacidade por conta de sua usinabilidade, resistência à fadiga e elevado módulo de elasticidade, mas possui menor capacidade de amortecer vibrações que o ferro cinzento. O ferro nodular contém traços residuais de magnésio, o que melhora a rigidez, resistência em relação ao ferro cinzento.

Ferro branco é especificado em situações nas quais resistência ao desgaste e abrasão é necessária em equipamentos para mistura de argila e fabricação de tijolos, trituradores, pulverizadores e bocais, sapatas de freios em equipamentos ferroviários e cilindros de laminação. O ferro branco é assim denominado por conta da aparência esbranquiçada do metal causada pelo refriamento rápido de certas áreas do ferro cinzento ou do dúctil no interior do molde.

Ferro com grafite compactado é usado em blocos de motores automotivos, tambores de freio, coletores de escapamento e bombas de engrenagem de alta pressão. Tem resistência e capacidade de amortecimento similares às do ferro cinzento, com condutividade térmica e usinabilidade superiores àquelas do ferro dúctil.

Ferro maleável é usado para superfícies de mancais de elevada capacidade em automóveis, caminhões e equipamento ferroviário. Também empregado em máquinas de construção civil e agrícolas. O ferro maleável é o ferro branco, transformado por processo de tratamento térmico, que gera um ferro fácil de usinar e maleável.

Ferros de alta liga são ferros cinzentos, nodulares ou brancos que contêm até 35% em elementos de liga. Ferros de alto cromo são resistentes à oxidação e ao desgaste. Ferros com níquel são não magnéticos, têm boa resistência à corrosão e coeficiente de expansão térmica muito baixo.

Figura 3.13abc Ferro de passar manual e chaleiras japonesas em ferro fundido. A expressão "muitos ferros no fogo" provavelmente foi cunhada quando se usava esse tipo de ferro de passar, que eram aquecidos em um forno feito em ferro fundido.

Aço

Carbono, liga, inoxidável, ferramenta, alta resistência, baixa liga, aços para resistência e superligas de base ferrosa são os tipos genéricos de aço. Quase 1 milhão de toneladas de aço é produzido nos Estados Unidos semanalmente. Aço carbono (especialmente chapas laminadas a frio e produtos siderúrgicos), inoxidável (majoritariamente chapas e formas padrão) e aços-ferramenta (para moldes) são de interesse para o designer industrial. Outros tipos de aço são usados em construção, equipamentos industriais pesados e outras aplicações especializadas. A discussão seguinte sobre aços será algo limitada aos produtos e aplicações que envolvem designers industriais.

Aço carbono

Aço carbono (ou aço comum) é o metal baseado em ferro contendo carbono e pequenas quantidades de outros elementos. O aço é disponível em forma fundida ou em produtos forjados tais como as chapas, cantoneiras, barras e tubos, a partir dos quais peças acabadas são conformadas, usinadas e/ou unidas. O método de desoxidação é importante na fabricação do aço. O aço derretido contém oxigênio e a maneira pela qual o oxigênio é retirado – liberado à medida que o aço solidifica – determina as propriedades do aço. Além disso, o efeito

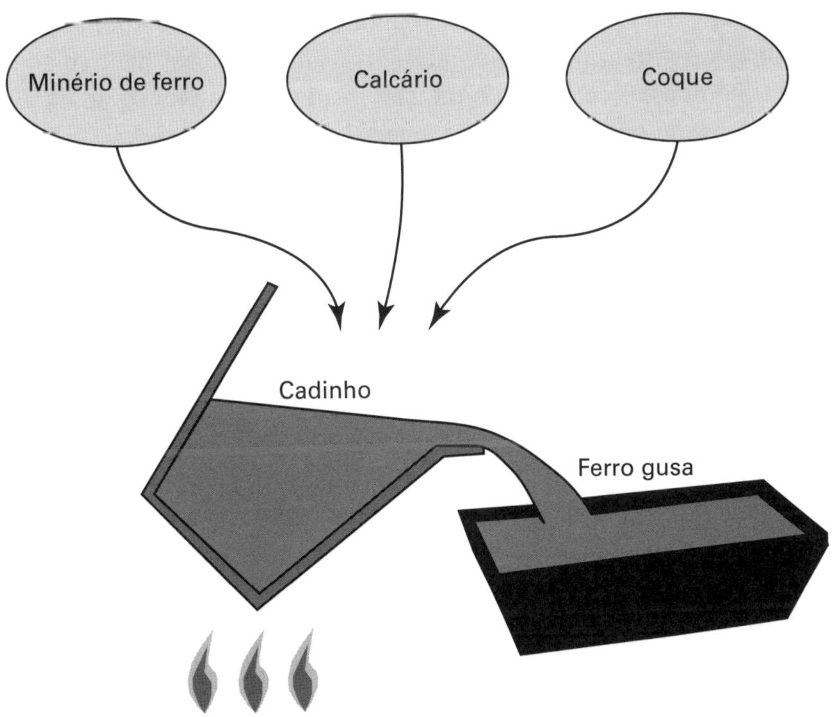

Figura 3.14 Na produção de aço, minério de ferro refinado e calcário são aquecidos por coque (carvão tratado em um forno para remoção de enxofre e outras impurezas) em um alto-forno. A escória é removida e o ferro derretido é transportado para um forno específico para a fabricação de aço

Figura 3.15 A Unisphere foi criada por Gilmore D. Clarke para a feira mundial de 1964 no Parque de Flushing Meadows, em Nova York. É composta por 500 peças de aço inoxidável e pesa 405.000 kgf. A Unisphere foi um presente da United States Steel Corporation. A base foi criada pelo escritório de design industrial de Peter Müller-Munk.

combinado de vários elementos infuencia as propriedades do aço – sua dureza, usinabilidade, resistência à corrosão e à tração. Há quatro tipos de aço carbono (conforme o método de desoxidação). Aço acalmado ou semiacalmado é especificado para forjamento, laminação de chapas a quente e a frio e fundição. A superfície do aço coroado é livre de carbono, tornando-o dúctil e indicado para aplicações de conformação a frio. O aço capeado tem características semelhantes àquelas dos aços coroados, mas trata-se de um tipo intermediário entre os semiacalmados e capeados em termos de comportamento e propriedades, o que o torna indicado para aplicações de conformação a frio.

Aços-liga e inoxidáveis

Aço-liga é especificado quando é necessário ter alta resistência em dimensões moderadas a grandes. Ele é tratado a quente para melhorar suas propriedades mecânicas – por exemplo, o limite de resistência à tração pode ser aumentado de 380 MPa para 2.070 MPa.

Aço inoxidável contém no mínimo 10,5% de cromo como principal elemento de liga. As quatro principais categorias de aços inoxidáveis, tomando por base suas características metalúrgicas, são: austenítico, ferrítico, martensítico e endurecido por preciptação. As categorias de aços inoxidáveis fundidos são designadas tanto como resistente ao calor quanto resistente à corrosão.

Aço inoxidável austenítico é comumente usado nos equipamentos de processos das indústrias químicas e alimentícias, bem como em eixos, bombas, elementos de fixação e tubulações nos equipamentos marítimos em que a resistência à corrosão e tenacidade são os requisitos principais. Não magnético. Não pode ser tratado termicamente (Série 300).

A *liga ferrítica* é usada em sistemas de escapamento de automóveis e equipamentos de transferência de calor para as indústrias química e petroquímica. Essas ligas são magnéticas, com tenacidade e resistência à corrosão moderadas. Não podem ser tratadas termicamente (Série 400).

O *aço inoxidável martensítico* é usado em mancais, moldes, cutelaria, instrumentos médicos, peças estruturais de aeronaves e componentes de turbinas. São ligas magnéticas e podem ser endurecidas por tratamento térmico. Essas ligas são normalmente usadas onde a resistência e/ou dureza são primordiais, em ambientes onde a corrosão é relativamente moderada, e podem ser tratadas termicamente (Série 400).

O *aço inoxidável endurecido por precipitação* é usado em componentes de aeronaves, molas muito temperadas, elementos de fixação e peças de bombas de alta pressão. O processo de endurecimento por precipitação leva a uma resistência elevada após tratamento térmico à temperatura relativamente baixa que não deforma as peças de maneira significativa. Essas ligas são usadas quando se necessita de resistência mecânica elevada, resistência moderada à corrosão e facilidade de fabricação (Ligas 13-8, 15-5, 15-7, 17-4, 17-7).

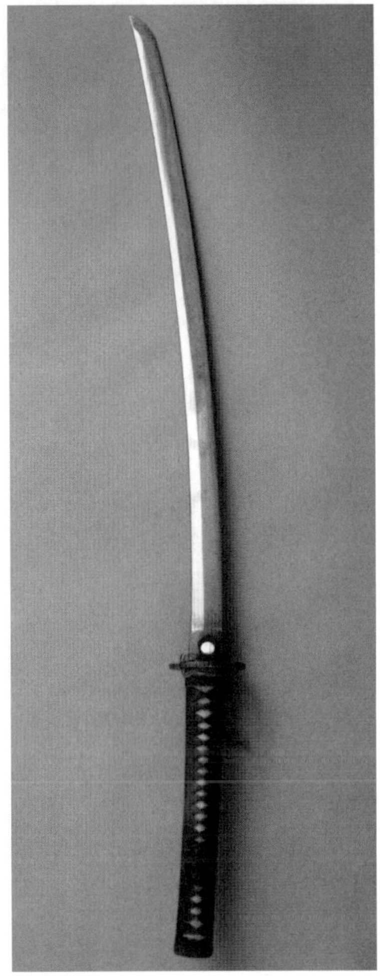

Figura 3.16 Em *Ascent of Man*, Jacob Bronowski argumenta que a tecnologia é a base do avanço humano. Ele apresenta o mestre fabricante de espadas samurai Getsu, que usava metalurgia antiga e ritual para forjar uma barra de aço, como exemplo do modo pelo qual tecnologia é passada de uma geração a outra. Uma espada deve ser flexível e, ainda assim, dura o suficiente para manter o gume afiado. Para conseguir tais qualidades opostas, a barra de aço deverá ser dobrada muitas vezes para formar múltiplas camadas. Em alguns casos, mais de 30.000 camadas são produzidas. Durante os estágios finais, a espada é coberta com argila de diferentes espessuras, de modo que, quando aquecida e mergulhada em água, irá resfriar em velocidades distintas, o que endurece a espada e ajusta as propriedades distintas no interior.

Aços-ferramenta

Aços-ferramenta são metalurgicamente "limpos", aços de alta liga que são usados em ferramentas e moldes, além de peças que precisam ter resistência ao desgaste, estabilidade nos tratamentos térmicos, resistência sob temperaturas elevadas ou tenacidade. São geralmente especificados para aplicações que requerem resistência ao desgaste e tenacidade.

Aços-ferramenta (tipo P) foram criados especificamente para ferramentas de injeção de plásticos e de fundição.

Aços-ferramenta resistentes ao choque (tipo S) são usados em ferramentas pneumáticas, talhadeiras, punções, lâminas, parafusos e molas sujeitas a calor moderado em serviço. São fortes e tenazes, mas não são tão resistentes ao desgaste como outros aços ferramenta.

Aços para trabalho a quente (tipo H) são usados em peças de alto desempenho em aeronaves, tais como peças estruturais da fuselagem, elementos de fixação de cargas, ganchos de catapulta e articulação de profundores.

Aços rápidos (tipos T/M) fazem boas ferramentas de corte, pois resistem à perda de dureza e mantêm uma aresta de corte afiada sob temperaturas de serviço elevadas.

Aços-liga

Aços de baixa liga (HSLA) têm alta resistência e são usados em peças de equipamentos de transporte nos quais a redução de peso é importante. Por sua resistência, eles podem ser usados em dimensões menores, conferindo maiores relações resistência × peso que os aços convencionais.

Aços para resistência são ligas para construção tratadas termicamente e de elevadíssima resistência, usadas em situações nas quais a

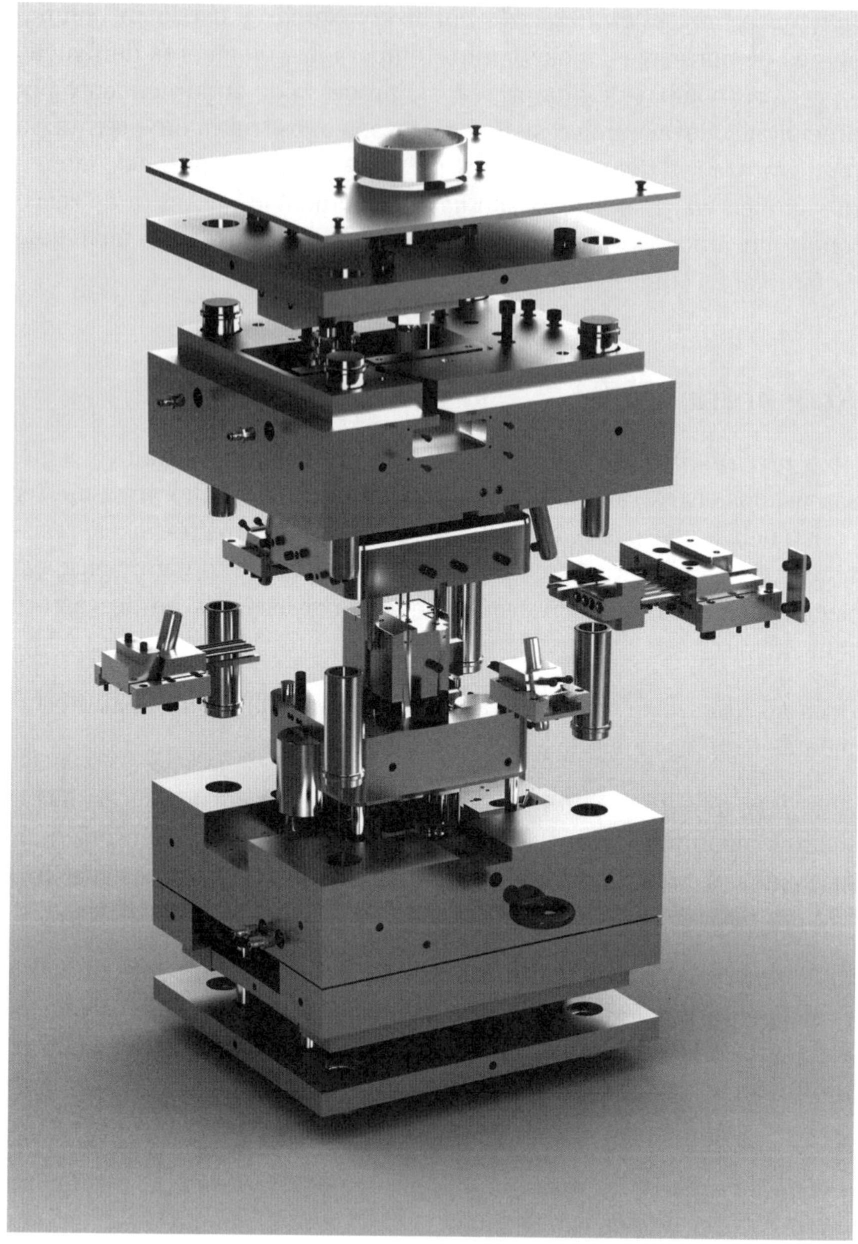

Figura 3.17 Ferramenta de injeção de plásticos como o Molde Base (cortesia Peter Kobal, AUDAX, www.audax.51/c3p-reference.php)

redução de peso é vantajosa. Alguns tipos também possuem tenacidade e soldabilidade.

Superligas com base ferrosa são ligas de ferro, níquel e cobalto especificadas para aplicações sob temperaturas elevadas.

3.3 Metalurgia do Pó

A *metalurgia do pó* abrange metais ferrosos e não ferrosos e tem fornecido novos processos e ligas metálicas que podem reduzir de modo significativo o peso, ao mesmo tempo que conferem propriedades mecânicas melhores. Peças feitas em metalurgia do pó são usadas em equipamentos esportivos, peças de equipamento eletrônico e de escritório, tais como atuadores, engrenagens de corrente, alavancas, elementos de fixação, mancais, rotores, canos e engrenagens, além de peças de motores automotivos, transmissões e chassis também em veículos *offroad*. As peças são feitas por um processo de compactação e, então, são sinterizadas. Elas podem ser forjadas em um passo subsequente para conferir maior resistência. Processos adicionais de conformação incluem a injeção, conformação isostática a quente e a frio. Além das ligas convencionais de ferro e aço, a lista de pós disponíveis inclui classes novas de aços-ferramenta e cermets, além de ligas de alumínio, cobre, níquel, titânio e outros metais não ferrosos.

O sistema de codificação de metais ferrosos, desenvolvido pela Federação das Indústrias de Metalurgia do Pó (MPIF), inclui (1) um prefixo indicativo dos principais componentes da liga, (2) quatro dígitos que indicam o conteúdo químico e (3) um código de dois dígitos que indica a tensão de escoamento mínima para o material sinterizado, às vezes seguidos por HT, indicando a tensão limite de tração mínima para o material tratado a quente. Ligas ferrosas começam com um F (para ferro) seguido de uma letra que designa o próximo elemento de liga,

Figura 3.18 Peças feitas por metalurgia do pó (cortesia Metal Powder Industries Federation)

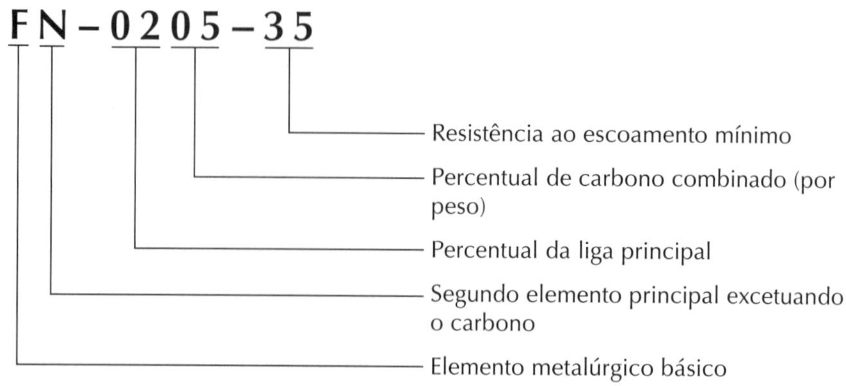

Figura 3.19 Código para a designação do produto de metalurgia do pó.

além do carbono. Aços carbono e ferros não ligados possuem apenas um F no prefixo, com a porcentagem do principal elemento de liga designada pelos dois primeiros dígitos. Os dois últimos dígitos designam a porcentagem do carbono combinado metalurgicamente. Aços inoxidáveis são uma exceção, a designação inicia com um SS seguido das designações padronizadas desse material.

Letras de designação para os elementos usados em metalurgia do pó:

A	Alumínio
C	Cobre
CT	Bronze
CNZ	Níquel prata
CZ	Latão
D	Molibdênio
F	Ferro
FC	Ferro ou aço Cobre
FN	Ferro ou aço Níquel
FX	Ferro ou aço Infiltrado
FL	Material ferroso pré-ligado excetuando aço inoxidável
FM	Material ferroso pré-ligado
G	Grafite livre
M	Manganês
N	Níquel
P	Chumbo
S	Silício
SS	Aço inoxidável (pré-ligado)
T	Estanho
R	Titânio
U	Enxofre
Y	Fósforo
Z	Zinco

3.4 Metais Não Ferrosos

Metais representam uma porcentagem grande dos elementos químicos, mas somente alguns são usados normalmente na fabricação de produtos de consumo e industriais. *Metais não ferrosos* apresentam uma variedade grande de propriedades físicas e mecânicas, possuem elevada gama de temperaturas de fusão e variam muito em custo e desempenho. A maioria dos métodos de produção usados para metais ferrosos é usada para conformar, cortar e unir os metais não ferrosos e suas ligas. Entretanto, a reação desses metais aos vários processos de fabricação é muitas vezes mais crítica que a dos ferrosos. Além disso, as propriedades mecânicas das formas forjadas e fundidas das mesmas ligas podem variar bastante.

Metais de baixa temperatura de fusão

Alumínio é um dos metais não ferrosos mais usados e é particularmente importante em design industrial. Possui elevada relação resistência × peso, boa conformabilidade e seu próprio mecanismo anticorrosão. Quando o alumínio é exposto ao ar, uma cobertura microscópica de um óxido endurecido é formada, protegendo o metal.

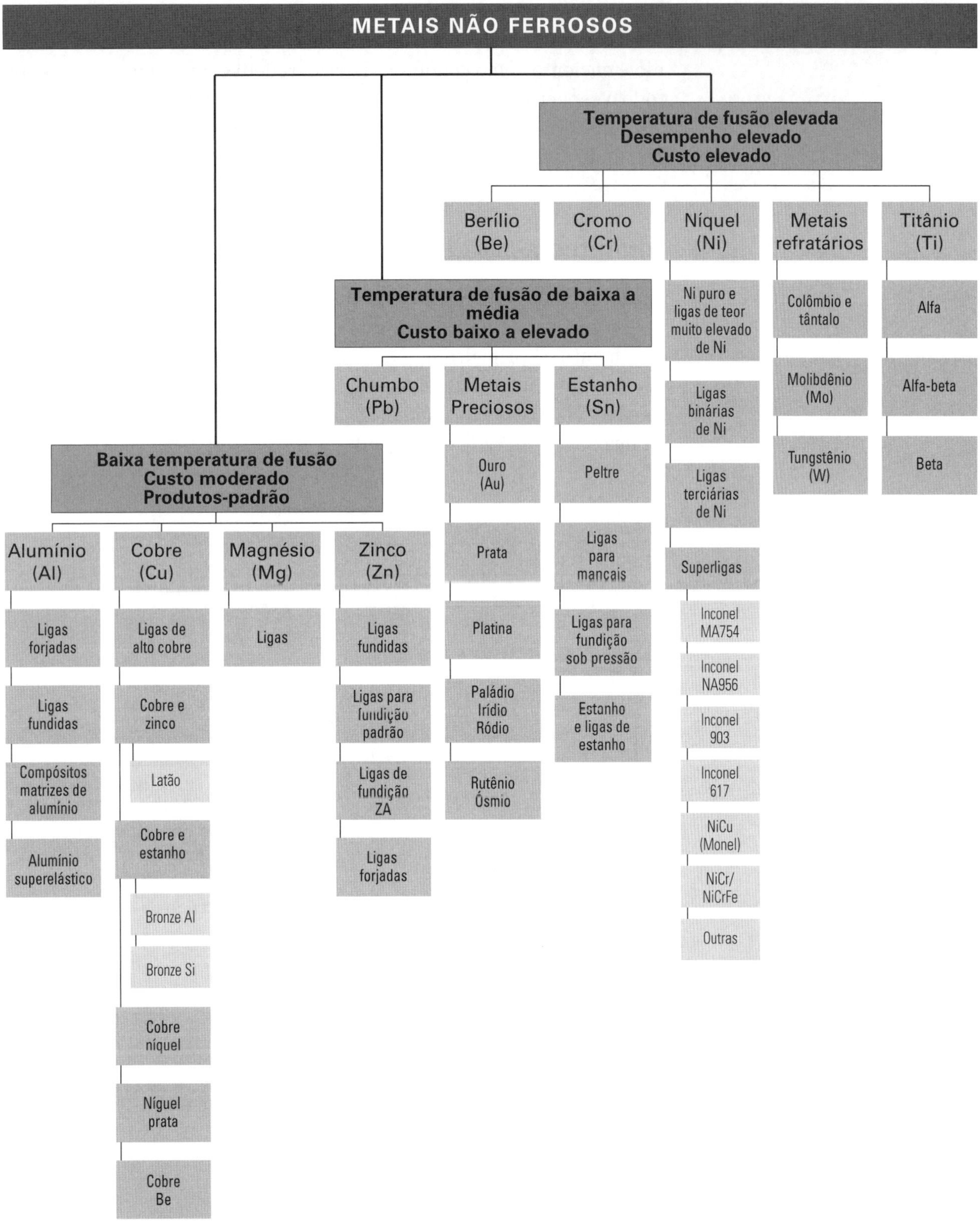

Figura 3.20 Gráfico dos metais não ferrosos

O alumínio e muitas de suas ligas, disponíveis comercialmente, podem ser facilmente conformadas, cortadas, unidas e acabadas. O alumínio é eficiente como condutor elétrico, reflete energias irradiantes por todo o espectro, não é magnético e não produz centelhas. É disponível em duas formas: como produtos trabalhados e como fundidos ou lingotes. Cada categoria tem suas próprias designações numéricas.

Alumínio acabado

As designações dos *alumínios acabados* têm quatro números, além de um sufixo que indica um processo de têmpera, acabamento ou revestimento. O primeiro número indica o principal metal na liga, o segundo dígito indica modificações da liga original ou limites de impureza e os dois dígitos finais identificam a liga ou o alumínio ou a pureza da liga.

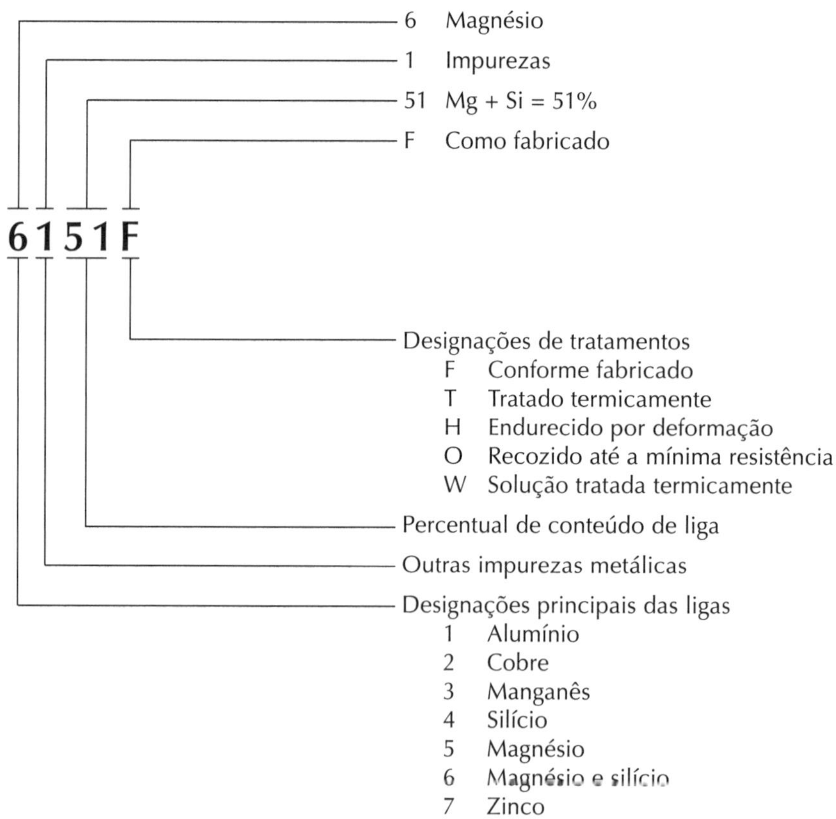

Figura 3.21 Código para a designação de alumínio trabalhado

Designações de ligas de alumínio trabalhado

1XXX Alumínio (99% ou mais). Excelente resistência à corrosão, elevada condutibilidade térmica e elétrica, boa conformabilidade, baixa resistência, não tratável termicamente

2XXX Cobre. Elevada relação resistência por peso, baixa resistência à corrosão, tratável termicamente

3XXX Manganês. Boa conformabilidade, resistência moderada, geralmente não tratável termicamente.

4XXX Silício. Baixo ponto de fusão, forma filme de óxido cinza-escuro, geralmente não tratável termicamente

5XXX Magnésio. Boa resistência à corrosão e soldabilidade, resistência de moderada a elevada, não tratável termicamente

6XXX Magnésio e silício. Resistência média, boa conformabilidade, usinabilidade, soldabilidade e resistência à corrosão, tratável termicamente

7XXX Zinco. Resistência de moderada a elevada, tratável termicamente

8XXX Lítio. Atualmente é disponível somente para aplicações especializadas na indústria aeroespacial e está em desenvolvimento comercial

Designações de acabamento da associação do alumínio

M Acabamentos mecânicos

M1X Superfície sem acabamento

M2X Superfície polida, geralmente brilhante

M3X Textura direcional — direção única

M4X Textura não direcional em padrão distinto, mas aleatório

C Acabamentos químicos

C1X Limpo não atacado

C2X Superfície atacada inclusive com usinagem química

C3X Superfície brilhante geralmente limpa por anodização posterior

C4X Revestimentos de conversão, incluindo fosfatos e cromados

A Revestimentos anódicos

A1X Genérico, incluindo anodização sulfúrica e por cromo.

A2X Decorativa e protetora, com espessura normalmente inferior a 0,4mm

A3X Classe arquitetônica II: entre 0,4 e 0,7 mm de espessura

A4X Classe arquitetônica I: espessura maior que 0,7 mm

R Resinas e outros revestimentos orgânicos: tintas, pós, plásticos

V Revestimentos vítreos: porcelanização e cerâmicas

E Eletrodeposição e outros revestimentos metálicos

Designações de tratamentos

F Como fabricado

O Recozido

W Solução tratada termicamente

T-T62 Solução tratada termicamente e com posterior envelhecimento (especificados para alívio de tensões e melhorar a estabilidade dimensional). O número que segue o T é a variação no processo de trabalho a frio e/ou nos tratamentos térmicos.

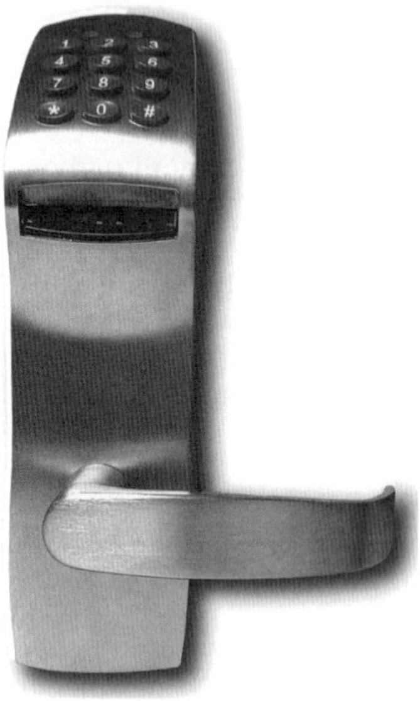

Figura 3.22a Fechadura com combinação de segurança e maçaneta (cortesia David Kaiser, Spark Design)

Alumínio fundido

Ligas de alumínio fundido são identificadas por um sistema de quatro dígitos. O primeiro dígito indica o principal elemento da liga. A série 100 indica que há ao menos 99% de alumínio puro. O segundo e o terceiro dígito na série 100 indicam o conteúdo mínimo exato de alumínio. As séries 200-900 designam várias ligas, com os dois dígitos seguintes referentes a novas ligas à medida que são registradas. O quarto dígito indica a forma de produção. Fundidos são designados por 0, lingotes são designados por 1 ou 2. Prefixos em forma de letra antes da denominação numérica indicam o controle especial de um ou mais elementos ou modificação da liga original. Ligas fundidas comerciais incluem as tratáveis termicamente e as composições que não podem ser submetidas a esses processos. As ligas tratadas termicamente levam as designações de tratamentos 0, T4, T5, T6 e T7. Fundidos em moldes não são tratados termicamente em solução, pois as temperaturas podem causar bolhas.

Designações de ligas de alumínio fundido

1XX.X Alumínio (no mínimo 99%)

2XX.X Alumínio – Cobre

3XX.X Alumínio – Silício, com cobre e/ou magnésio

4XX.X Alumínio – Silício

Figura 3.22b Fundidos aguardando a retirada de rebarbas

Figura 3.22c Rebarbas e canais de enchimento do molde sendo refundidos

Figura 3.22d Interior da fundição

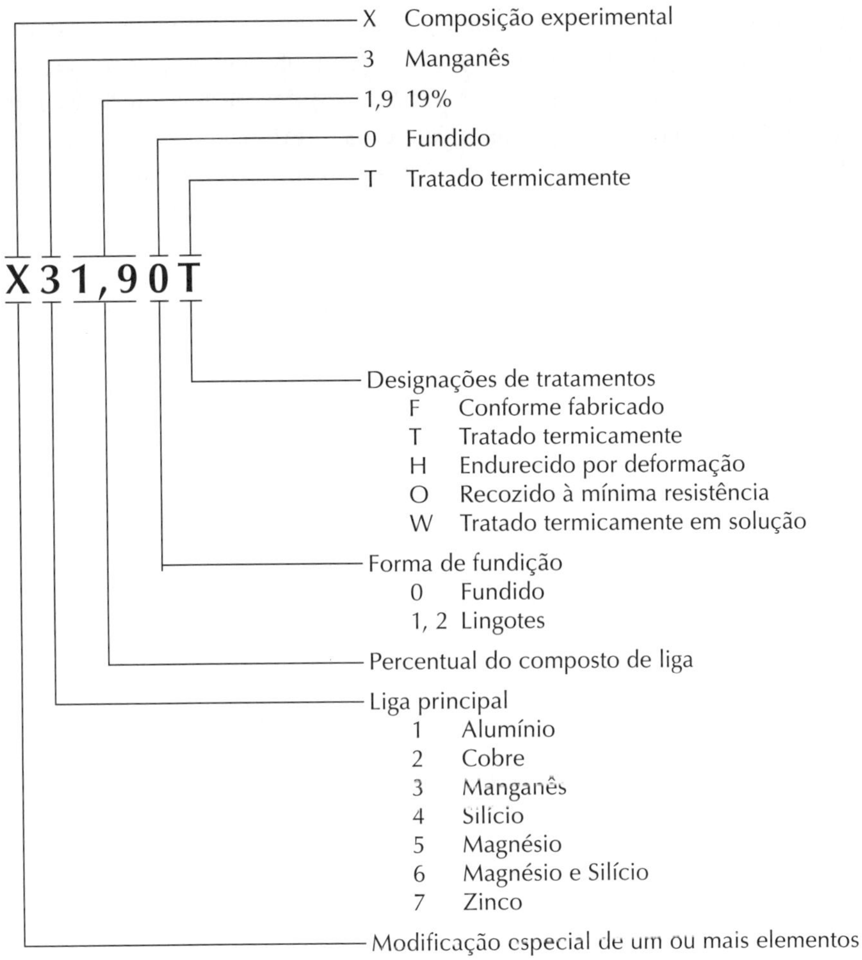

Figura 3.23 Código para a designação das ligas de alumínio fundido

O *cobre* é conhecido por sua capacidade de ser conformado e unido, pela excelente condutividade elétrica e térmica, cor atraente e excelente resistência à corrosão. O cobre (Cu) e suas ligas apresentam relação resistência × peso relativamente baixa e baixas resistências sob temperaturas elevadas e, a menos que tenham sofrido alívio de tensões, algumas ligas podem apresentar fragilidade. Latão (Cu + zinco) e Bronze (Cu + estanho) são disponíveis em vários formatos-padrão e são muito usados nas indústrias de encanamentos e fundições de peças artísticas. A composição das ligas de cobre é designada por um número de identificação composto por cinco dígitos precedidos pela letra C, como parte do sistema padronizado de numeração (UNS) para metais e ligas. C10000-C79900 são associados às composições acabadas e C80000-C99900 às ligas fundidas.

Magnésio é um metal importante para o design de produtos por ser o mais leve dentre os metais estruturais disponíveis. Fundidos típicos com moldes preenchidos pela ação gravitacional formam componentes

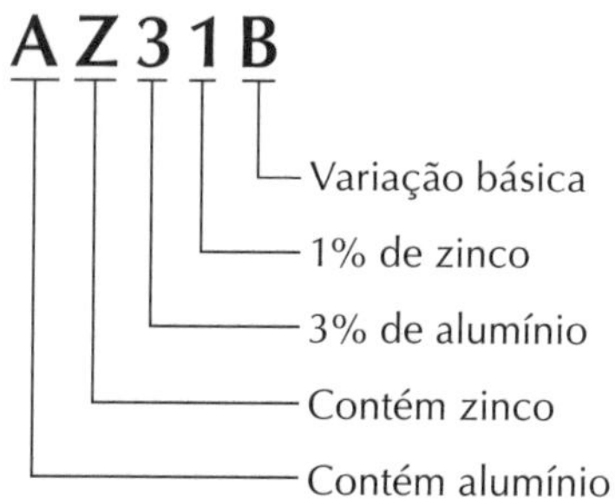

Figura 3.24 Código da denominação das ligas de magnésio.

Figura 3.25 Carcaça fundida em magnésio (cortesia David Kaiser, Spark Design)

de motores aeronáuticos e rodas para veículos esportivos e de competição. Exemplos de fundidos em moldes metálicos são carcaças de ferramentas motorizadas, motosserras e estojos de ferramentas. Por causa de seu baixo peso, o magnésio é bastante usado nas indústrias de produtos de recreação e transportes. Possui uma excelente combinação de baixa densidade e boa resistência mecânica, o que lhe confere uma elevada relação resistência × peso.

Ligas de magnésio podem absorver energia elasticamente e possuem resistência moderada, o que confere excelente resistência aos entalhes e elevada capacidade de amortecimento. O magnésio tem boa resistência à fadiga e apresenta bom comportamento em aplicações sujeitas a elevados números de ciclos. O metal é sensível a concentrações de tensão, assim o projeto deverá evitar entalhes, cantos vivos e mudanças bruscas de seção. Essas regras básicas de projeto devem ser observadas sempre, mas o magnésio é particularmente sensível; dessa forma, deve-se ter cuidado adicional no projeto de peças sujeitas às tensões. O magnésio é mais rapidamente usinado que qualquer outro metal, é fácil de ser trabalhado a frio e é facilmente soldado. Possui boa resistência à corrosão e pode ser acabado com pintura ou revestimento.

O Magnésio quase sempre é ligado quando usado em aplicações estruturais. Elementos comuns de liga são:

A (Alumínio), E (terras raras), H (Tório), K (Zircônio), L (Lítio), M (Manganês), Q (Prata), S (Silício) e Z (Zinco).

Figura 3.26 *Guard-rail* em aço galvanizado

Essas ligas são designadas, conforme o sistema da Sociedade Americana de Teste de Materiais (ASTM), por suas letras e dois números que abrangem as composições químicas e os tratamentos. As letras das designações identificam os dois principais constituintes da liga e os números indicam suas respectivas porcentagens. As letras e os números são dispostos na ordem das porcentagens decrescentes ou alfabeticamente se as quantidades forem iguais, seguidas por uma letra final que indica alguma variação na composição. Na liga AZ31B, por exemplo, o A designa que a liga contém alumínio e o Z indica que também contém zinco. O 3 significa que há 3% de alumínio e o 1 indica que há 1% de zinco. O B designa uma variação em relação à liga básica AZ31.

Os componentes fundidos em *ligas de zinco* são usados em produtos que vão de peças de automóvel, material de construção tais como caixas elétricas, componentes de ferramentas industriais e até brinquedos. Os fundidos em zinco têm boas propriedades em tração. O zinco pode ser fundido em seções finas com boa precisão dimensional.

Chapas laminadas de zinco podem ser trabalhadas conforme os métodos comuns de fabricação e podem ser acabadas com pintura ou revestimento. O zinco apresenta resistência e ductilidade moderadas. Por causa de sua excelente resistência à corrosão, é usado como revestimento para aço, o chamado aço galvanizado. O aço galvanizado é usado em estruturas de estradas, *guard-rails* e outros equipamentos rodoviários.

O zinco aumenta a vida de materiais, tais como a borracha e plásticos, e é usado como inibidor do envelhecimento e como ativador ou estabi lizador de polímeros. É também usado como aditivo em tintas.

Metais com baixa a elevada temperatura de fusão/ Custo baixo a elevado

Metais preciosos são organizados em três subgrupos: prata e ligas de prata, ouro e ligas de ouro e o grupo da platina – platina, paládio, ródio, rutênio, irídio e ósmio. A maioria é disponível em chapa, fita, filme, arame, tubo, tela e outras formas. Ouro e prata são usados em moedas e joias e em aplicações industriais e de alta tecnologia, nas quais a máxima resistência à corrosão ou condutividade elétrica é necessária. Metais preciosos são virtualmente imunes à corrosão. A platina pode ser usada a temperaturas de 1.760 °C sem corrosão. A faixa de temperaturas de fusão para os metais preciosos tem o mínimo em 960 °C para a prata e máximo em 3.055 °C para o ósmio.

Figura 3.27a Conector USB revestido em ouro

O *chumbo*, apesar de tóxico, é muito útil, pois resiste bem à corrosão por produtos químicos, em diferentes tipos de solo e em ambientes industriais e marítimos. É também impenetrável a raios X e radiação gama. Seus usos incluem aplicações químicas e armazenagem de baterias. O chumbo é um eficiente abafador de sons para aplicações comerciais e industriais por conta de sua elevada capacidade de amortecimento interna. Sua baixa temperatura de fusão, facilidade de conformação e de reciclagem fazem-no um metal útil desde que se tomem cuidados no seu uso. Muitas soldas são em ligas de chumbo e estanho.

O *estanho* possui baixo ponto de fusão e é facilmente ligado, geralmente com antimônio, cobre, chumbo e zinco. O estanho é usado em muitas soldas e como revestimento de aços. O estanho perde resistência quando trabalhado e é fraco demais para aplicações mecânicas.

Figura 3.27b Vaso Pampaloni em prata revestida com ouro

Figura 3.28 Baterias de chumbo-ácido com conectores de chumbo

Metais com elevado ponto de fusão, alto desempenho, custo elevado

O *berílio* é usado nos sistemas de freio do ônibus espacial e aviões militares, estruturas de corpos de reentrada, sistemas de orientação de mísseis, espelhos e sistemas ópticos, estruturas de satélites e janelas de raios X. Ele tem baixa densidade (dois terços da do alumínio), elevado calor específico, elevada resistência, excelente estabilidade dimensional e é transparente ao raio X. É caro e tem menor resistência ao impacto quando comparado com outros metais. Partículas de berílio ou sais podem apresentar um risco à saúde e são tóxicos se inalados.

Níquel e suas ligas são usados em aplicações que requerem resistência à corrosão ou resistência sob temperaturas elevadas. Ligas fundidas podem ser usinadas ou retificadas e muitas podem ser soldadas ou caldeadas. A maioria dos produtos trabalhados pode ser conformada, cortada ou unida em equipamentos comuns de oficina com poucas modificações ou técnicas especiais. Níquel é um material comum para revestimento.

Figura 3.29a Relógio com caixa e pulseira em titânio

Metais refratários são usados em aplicações que necessitam resistência a temperaturas elevadas e à corrosão, com pontos de fusão acima de 2.200°C. Tungstênio, tântalo, molibdênio e columbino, os quatro metais refratários, têm ligas disponíveis em formas laminadas. Tungstênio puro é usado em filamentos de lâmpadas e para contatos elétricos em sistemas de ignição de automóveis. Carbeto de tungstênio é usado em fieiras para trefilação de arame, ferramentas de corte, além de brocas rotativas e ferramentas de mineração.

Zircônio é usado comumente em trocadores de calor, colunas de secagem, tubulações e acessórios, carcaças de válvulas, e bombas e reatores. É usado em equipamentos de processos químicos, pois resiste a bases e ácidos fortes. O zircônio pode ser conformado ou estampado em equipamentos comuns de oficina com poucas modificações ou técnicas especiais e possui melhor soldabilidade que algumas das ligas mais comuns de alumínio e aço.

Cromo é conhecido pelos designers industriais como um acabamento decorativo e metal de revestimento que também protege contra a corrosão. É usado para endurecer o aço, melhorar sua resistência à abrasão e desgaste, além de conferir resistência à corrosão (ver aço inoxidável).

Figura 3.29b Conjunto de brocas em titânio

Titânio tem excelente resistência à corrosão e possui elevada relação resistência × peso. Classes puras de titânio possuem tensão limite de resistência à tração igual àquela dos aços de baixa liga, mas são 43% mais leves. O titânio é 60% mais pesado que o alumínio, mas é mais de duas vezes mais resistente que o alumínio 6061-T6. Titânio é um metal leve, brilhante e resistente, com baixa densidade, além de ser facilmente trabalhado. O ponto de fusão relativamente elevado torna-o útil como metal refratário. Chapas e placas encruam durante a conformação. Os raios mínimos de flexão são aproximadamente os mesmos do aço inoxidável e podem ser conformados a frio e a quente sob temperaturas entre 430 °C e 760 °C. Chapas de titânio podem ser cortadas ou estampadas em equipamentos comuns. Fundidos podem ser produzidos em moldes perdidos ou de grafite em fornos a vácuo.

O Titânio é usado em implantes cirúrgicos e equipamentos para uso em ambiente marítimo e indústria química. Tornou-se um metal favorito pelos designers como substituto para o aço inoxidável, em equipamentos de comunicação e computadores, e relógios sofisticados e rústicos.

4 Conformação de metais

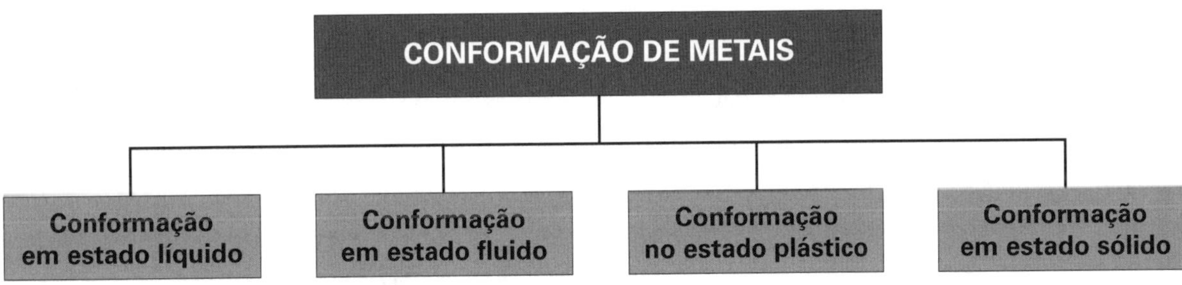

Figura 4.1 Gráfico de conformação de metais

Um metal pode ser fundido no *estado líquido*, quando está aquecido acima da temperatura de fusão, sendo despejado ou injetado em um molde, ou ainda como um pó em *estado fluido*. A fundição é um modo eficiente de levar o metal aonde ele é necessário, geralmente eliminando a necessidade de usinagem e/ou montagem. Há, entretanto, problemas associados à fundição, tais como a tendência a formar estruturas porosas e empenamentos à medida que o metal resfria. Ainda assim, é o processo mais eficiente para dar forma a componentes, principalmente os de formas mais complexas.

Novos processos de fundição existem na forma de *conformação em estado fluido*. Na conformação por compressão ou Thixomolding, o magnésio é aquecido a uma temperatura um pouco inferior ao ponto de fusão, ficando em um estado semelhante ao da pasta de dentes. É, então, espremido para dentro de um molde sob pressão elevada.

Na *injeção de metais*, pó metálico é misturado com um aglomerante, sendo a seguir aquecido e injetado em um molde. Na metalurgia do pó, o pó metálico é misturado com um aglomerante e compactado. Em ambos os processos, após a separação química do aglomerante, dá-se a sinterização.

O metal pode ser conformado ou forjado no *estado plástico*. Barras ou peças metálicas pré-formadas são aquecidas a temperaturas inferiores ao ponto de fusão, o que faz com que a conformação seja fácil quando essas peças são atingidas pela ferramenta. Os processos de forjamento são tradicionalmente laboriosos, mas sua vantagem está nas melhores propriedades mecânicas obtidas na peça final. Processos de forjamento para produção em grandes volumes podem ser automatizados. Extrusão é um processo em estado plástico, relativamente barato, produzindo formas quase acabadas que podem ser projetadas para montagem fácil.

Conformação em estado sólido é normalmente limitada a chapas, barras e tubos, sendo realizada normalmente sob temperatura ambiente. Embora sejam processos tradicionalmente laboriosos, desenvolvimentos recentes em ferramental controlado por computador, robôs e equipamentos automatizados de manuseio de materiais reduziram drasticamente os tempos de processo e os custos.

Figura 4.2 Corrida de ferro derretido

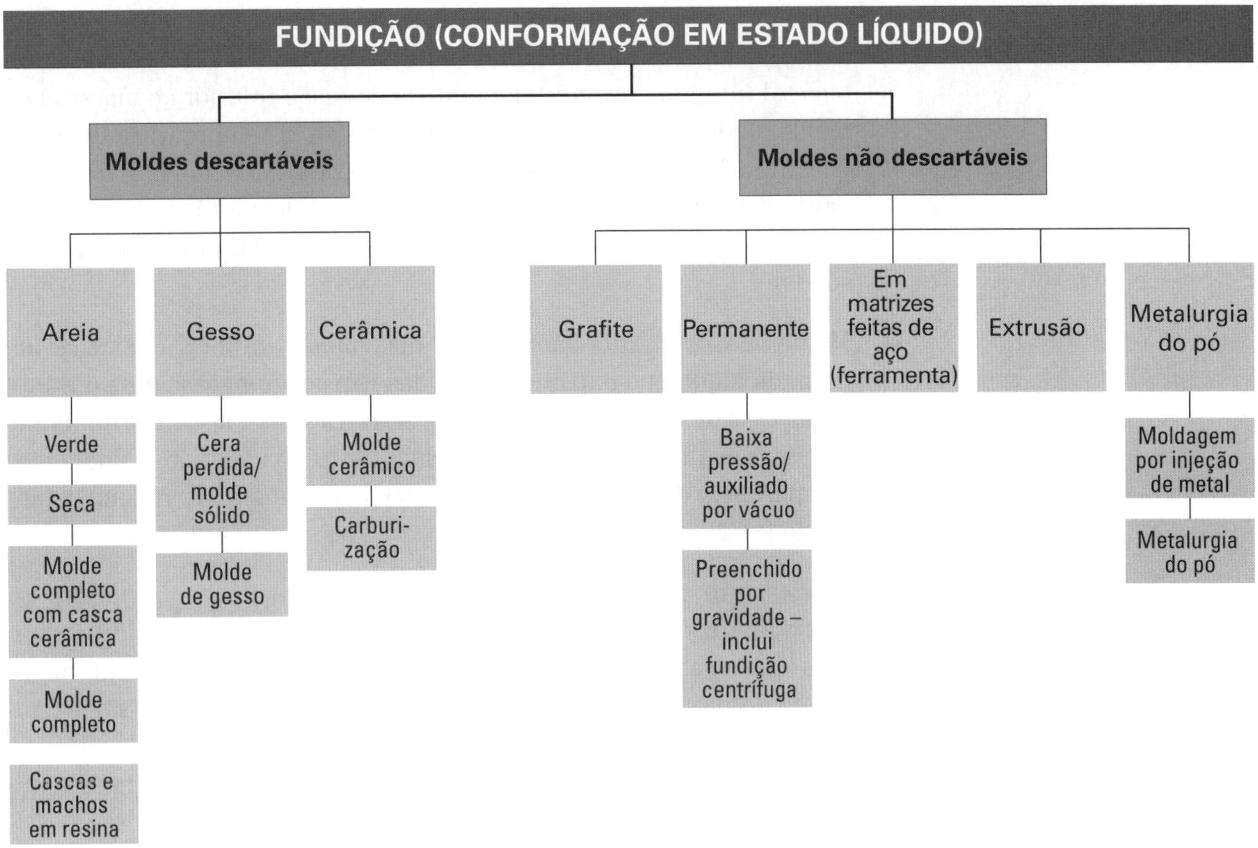

Figura 4.3 Fundição (conformação em estado líquido)

4.1 Conformação em Estado Líquido

A *conformação em estado líquido* ou *fundição* é um dos processos de fabricação mais antigos. É muitas vezes o modo mais econômico para fabricar um objeto com formas complexas, ao se colocar o metal onde é necessário, segundo a espessura desejada, com pouca necessidade de operações secundárias. São muitos os processos de fundição disponíveis. Selecionar o método ideal para fabricar uma determinada peça dependerá de uma série de fatores, tais como o material a ser fundido, tudo o que se refere a custos, tamanho, quantidade, acabamento superficial, tolerâncias, espessura de paredes, propriedades físicas/mecânicas, características do projeto ou sua complexidade, usinabilidade e soldabilidade. Processos concorrentes, tempo de produção e preferências dos clientes/consumidores também têm seu papel na decisão final.

O metal líquido ou derretido é colocado no molde montado, feito em areia, gesso, cerâmica ou metais ferrosos ou não ferrosos. Obviamente, o metal fundido deve ter temperatura de fusão inferior ao material do molde ou do material refratário – que resiste à temperatura do metal derretido. Um modelo feito em cera, madeira, plástico ou metal é usado para criar a cavidade do molde quando este é descartável. No caso dos moldes não descartáveis, a cavidade é usinada em peças de material sólido.

Moldes descartáveis são aqueles destruídos durante a remoção da peça, de modo que extratores e saídas não sejam necessários durante o processo de fundição. Entretanto, os extratores e as saídas ainda são necessários para retirar o modelo do interior do molde. Considerações de aparência e acabamento superficial são também fatores importantes na fundição.

Moldes não descartáveis (também denominados *ferramentas* ou *matrizes*) são caros e demandam grandes quantidades de produto para que sejam economicamente viáveis. Também demandam maior tempo de preparo, e mudanças de última hora nos moldes são extremamente caras, quando não impossíveis. Moldes não descartáveis também apresentam outras desvantagens: um extrator é necessário para ejetar a peça do interior do molde e reentrâncias não são possíveis, a menos que existam peças móveis no molde e seu movimento desobstrua a extração da peça. Em alguns casos, moldes permanentes apresentam machos feitos de material descartável (nesse caso, os moldes são classificados como semipermantentes). Máquinas de fundição em matrizes são caras. Alguns moldes são feitos em material flexível, como a borracha, e permitem reentrâncias com pouco ou nenhum extrator. Esses moldes estão limitados a metais e plásticos cujo ponto de fusão seja muito baixo.

Figura 4.4 Enchimento de um cadinho (cortesia Lamothermic)

Embora séculos de experiência tenham eliminado muitos dos mistérios do processo, a fundição ainda é fundamentalmente uma arte na qual há poucas certezas. Peças fundidas podem e irão variar dentro de limites aceitáveis. Durante a fase inicial de projeto as fundições, os fabricantes de modelos, fornecedores de materiais e representantes de vendas com experiência devem ser consultados.

Uma grande mudança nas quantidades de fundidos para produtos de consumo ocorreu após a Segunda Guerra Mundial, em decorrência dos avanços nas técnicas durante a explosão evolutiva, dos plásticos de engenharia. À medida que a tecnologia dos polímeros evoluiu, estes passavam a ser mais vantajosos que os metais fundidos na maioria dos produtos de consumo e para utensílios de pequena capacidade.

Figura 4.5 Vazamento de metal em moldes de areia (Cortesia Boose Aluminum Foundry Co.)

Entretanto, os fundidos representam milhões em toneladas de peças em várias indústrias como a aeroespacial, automotiva, militar e transportes. Elas precisam de peças metálicas com requisitos críticos de desempenho. Metais possuem importantes vantagens em termos de propriedades mecânicas e físicas, tais como redução em interferência eletromagnética e de radiofrequência. Por conta de diversos novos avanços na fundição de metais, há um ressurgimento desses processos, especialmente para produtos de comunicação e negócios. É um erro dispensar a fundição no processo de desenvolvimento de uma peça.

Moldes

Moldes em areia

Moldes em areia são normalmente compostos por duas partes, a caixa de baixo (1) e a superior (2), que são unidas segundo uma linha divisória horizontal (3). Há um local para o vazamento do metal com a espiga (4) e um canal de entrada (5) que vai até o gito (7) na cavidade do molde (10) que é criada pelo modelo. Um vazio na peça fundida é obtido usando um macho, que pode ser passante (9) ou não (8). Os machos são feitos de areia seca com resina no papel de aglomerante. Este corte esquemático do molde também apresenta um massalote (6),

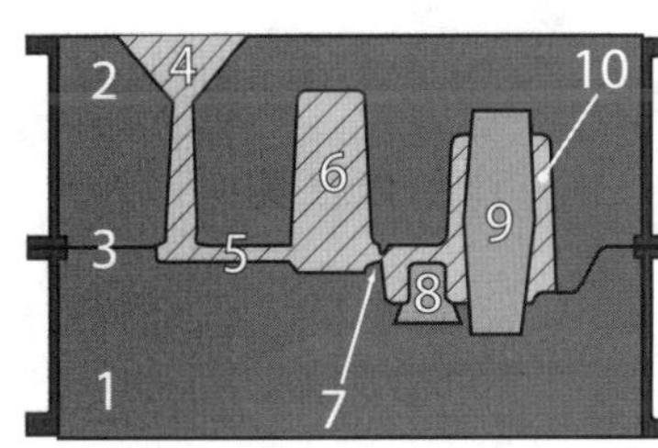

Figura 4.6 Esquema de um molde em areia dividido horizontalmente e com os machos montados

que é geralmente mais alto e com maiores dimensões que a cavidade de moldar. Seu propósito é permitir que o metal derretido turbulento se acomode e entre suavemente na cavidade de moldar, assegurando que esta seja preenchida completamente e funcione como reservatório de metal líquido que preenche o molde à medida que o produto resfria, evitando, assim, encolhimento interno e porosidade na peça.

Os gases que ficam contidos no molde, por serem leves, serão empurrados para o ponto mais elevado, idealmente para o massalote, e para fora da peça em fabricação. Todos os componentes mostrados do molde possuem ângulos de saída, inclusive o massalote, pois foram feitos a partir de um modelo. O modelo precisa ter ângulos de saída. Estes são necessários para facilitar a retirada do modelo do interior da areia na caixa de moldar.

Modelos

Um *modelo* (também chamado *positivo*) pode ser feito em cera, madeira, plástico ou metal. É usado para criar a cavidade de moldar (em moldes permanentes, a cavidade é usinada a partir de um bloco sólido). Um modelo é semelhante à peça final, mas deve ser ligeiramente maior para levar em conta a contração do metal durante o resfriamento. Cada liga possui uma taxa de contração diferente. Um fabricante de modelos com experiência pode transmitir ao projetista dicas importantes na arte da fundição e deve ser consultado logo nos estágios iniciais do processo de projeto.

Figura 4.7 Um habilidoso fabricante de modelos está fresando o modelo de uma peça (cortesia Talbot Associates, Inc.)

Machos

Machos são usados para criar peças ocas ou para criar furo nos fundidos que serão posteriormente usinados. A possibilidade de porosidade interna em fundidos desautoriza usinar furos inteiros em peças fundidas.

Coquilhas

Coquilhas metálicas são usadas em moldes de areia para retirar o excesso de calor pelo fato de a peça fundida ter espessuras distintas, com distintas velocidades de resfriamento.

Cavidades

O número e o tipo de cavidades em um molde ou matriz (molde permanente) é usado para classificar as ferramentas *como monocavidade* (uma única peça fundida), *múltiplas cavidades* (com mais de uma peça idêntica sendo fundida), *combinação de cavidades* (peças di-

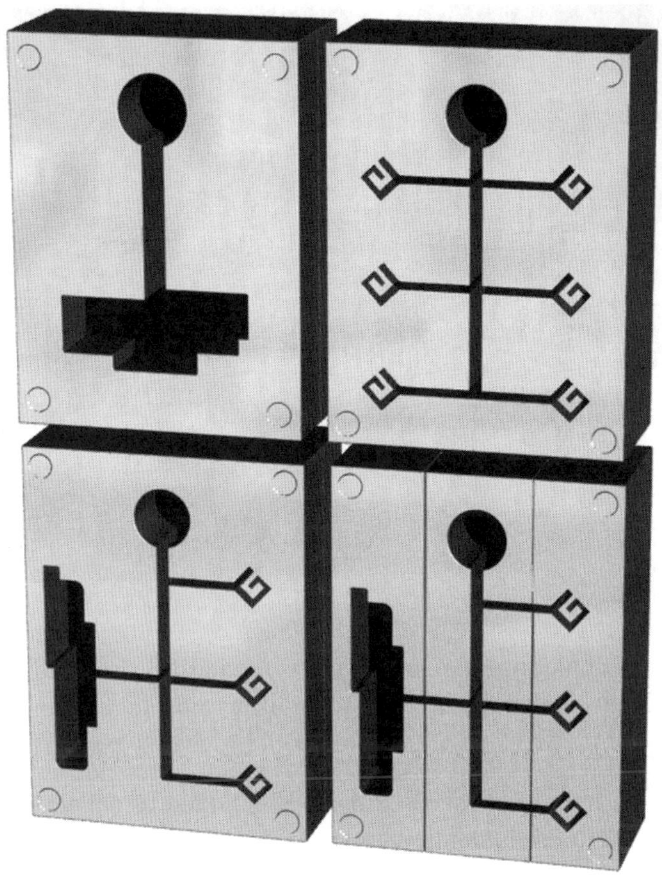

Figura 4.8 Moldes com cavidade única, múltiplas cavidades, combinação e matriz unitária

ferentes sendo fundidas ao mesmo tempo) ou ainda *matriz unitária*. Esta possui peças intercambiáveis para fundir peças diferentes.

Princípios de projeto de peças fundidas

Embora o processo de *fundição* ofereça muitas possibilidades de tamanhos, formas e tipos de materiais a serem fundidos, alguns princípios fundamentais e algumas regras práticas devem ser seguidas. O projetista também deve saber como ocorre a solidificação e como ela é afetada pela geometria da peça e por mudanças nas áreas de seção. Ângulos de saída, que são necessários na maioria dos processos de fundição, afetam a aparência da peça.

A estrutura granular interna do fundido é função da taxa de resfriamento. O resfriamento começa nas paredes externas e avança para o interior até o âmago da peça. Mudanças nas espessuras modificarão a taxa de resfriamento, podendo provocar empenamentos, rechupes e contrações. Portanto, o projetista, sempre que possível, deve manter

Figura 4.9 Fabricação automatizada de molde (cortesia Talbot Associates, Inc.)

a espessura constante para as paredes ou modificá-las gradualmente, deve deslocar ou encadear conexões e usar raios de arredondamento, evitando cantos vivos ou áreas onde poderá haver acúmulo de metal.

Transições graduais em seções ou arredondamentos devem ser usadas para garantir o escoamento sem turbulência do metal líquido. Áreas planas devem ser evitadas, pois tendem a empenar e geralmente apresentam um pior acabamento superficial. A linha divisória deve ser simples e deve ser localizada nos cantos ou extremidades em vez de na superfície, especialmente se esta for plana.

Figura 4.10 Montagem de peças forjadas, polidas e revestidas em bronze. A torneira é fundida em areia (cortesia Talbot Associates, Inc)

Figura 4.11 Peça fundida com sobremetal para usinagem

Tolerância para a usinagem (sobremetal)

O interior de uma peça fundida tende a ser mais poroso que a parede exterior. Se é necessário existir um furo, este deverá ser feito na fundição, usando-se um macho. Só deverá ser usinado em último caso. Se tolerâncias apertadas forem necessárias, um sobremetal para usinagem deve ser considerado no furo fundido ou para superfícies a serem aplainadas. A *usinagem* será necessária para que se obtenha uma superfície de apoio lisa, reduzindo o desgaste. A superfície em bruto de peças fundidas é determinada pela textura do material do molde.

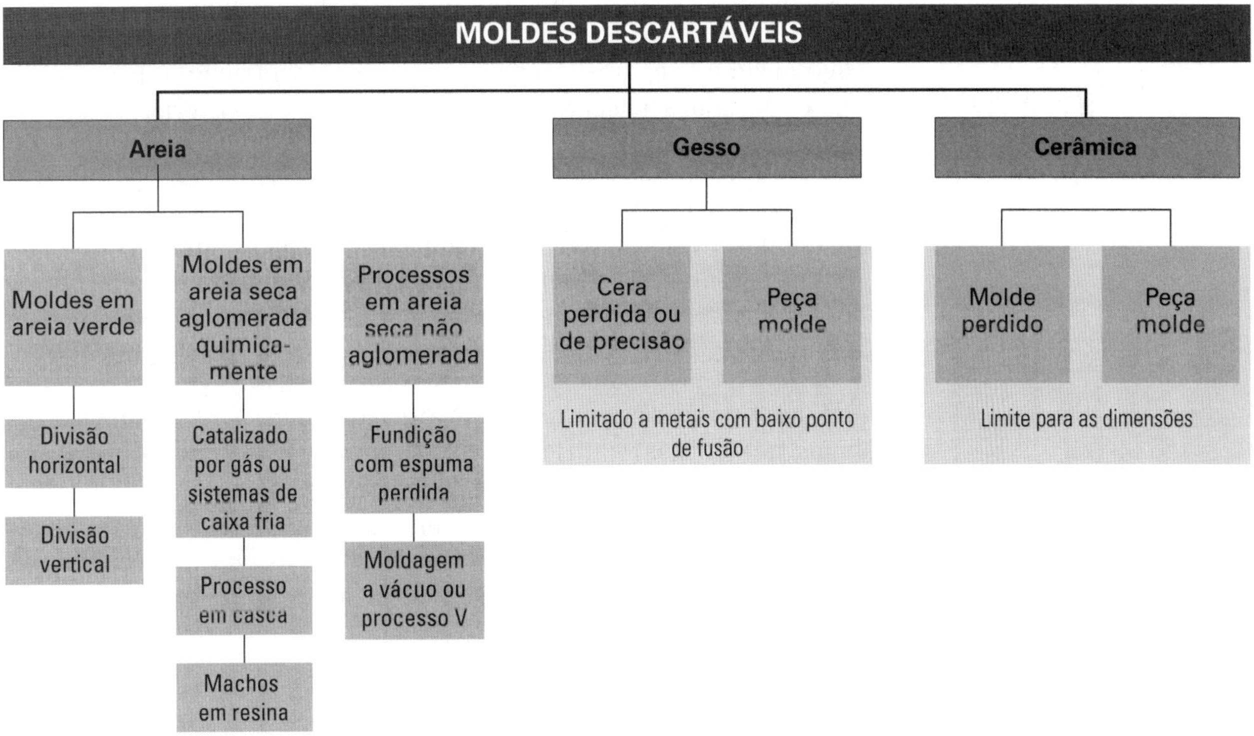

Figura 4.12 Classificação dos moldes descartáveis

Nota: As descrições de fundição no item 4.1 foram escritas com base em informações fornecidas pela Sociedade Americana de Fundição (American Foundry Society).

Fundição em areia

Características

- Tempo de preparo de médio a moderado
- Baixo custo do ferramental
- Custo de acabamento de moderado a alto
- Espessura de parede mínima de 3,2 mm
- Peças simples a moderadamente complexas
- Pesos de 0,5 kgf até 4.500 kgf (ou mais)
- Quantidades ilimitadas dependendo do tamanho
- Indicada para a maioria dos metais, exceto titânio

4.1.1 Moldes descartáveis

Moldes em areia verde

Moldes em areia verde são feitos de grãos de areia refratária e úmida revestida com uma mistura de argila betonita, água e, em alguns casos, aditivos que auxiliam no endurecimento e mantêm a forma da areia para que esta resista à pressão do metal derretido à medida que este é vazado no molde. O molde é montado com ou sem machos.

O metal derretido é vazado no canal de alimentação do molde através de um cone de vazamento escavado na cavidade da peça (criada pelo modelo). O molde de areia é quebrado para remover a peça fundida, que inclui a peça final unida aos canis de enchimento e massalotes. Estes deverão ser separados da peça e reciclados posteriormente.

Normalmente, a peça necessitará de uma remoção preliminar de aparas que podem aparecer ao longo da linha divisória do molde, e também de defeitos causados por pequenas falhas na areia. O fundido, então, passa por uma limpeza adicional por tamboreamento ou outros processos abrasivos. Fundidos caros, com pequenos defeitos, podem ser reparados por solda, desde que haja permissão do cliente.

Há dois tipos básicos de molde em areia: divididos horizontalmente (os mais tradicionais) e divididos verticalmente. Estes últimos tendem a ser mais caros, mas são mais fáceis de serem automatizados e, assim, passa a existir uma vantagem em termos de custos se grandes volumes de produções forem necessários.

Figura 4.13 A complexidade dos motores automotivos leva ao uso de fundição em areia

Figura 4.14 Produtos clássicos fundidos em areia

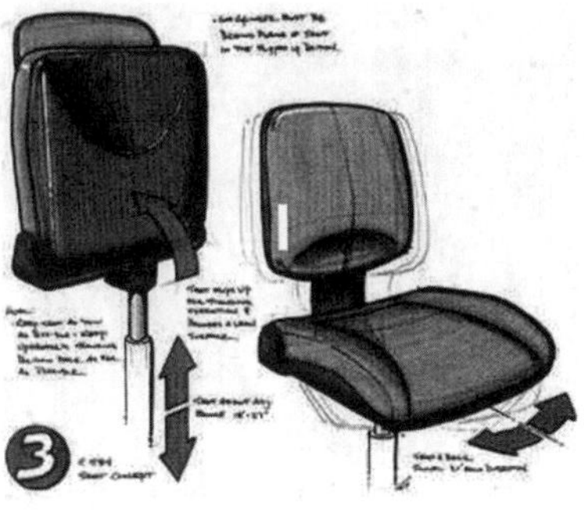

Figura 4.15abc Conceito e desenvolvimento de assento (cortesia Crown Equipment Corp.)

Sistemas com areia seca e aglomerada quimicamente

Os *sistemas com caixa fria ou catalisados por gás* utilizam uma família de aglomerantes nos quais o catalisador não é adicionado à mistura da areia. A mistura areia–resina é curada quando o catalisador é adicionado ao molde sob a forma de gás ou vapor. A mistura é soprada para o interior da caixa, compactando-a; em seguida, o catalisador é adicionado, endurecendo a areia do molde instantaneamente. A areia que não entra em contato com o catalisador ainda é capaz de ser curada de modo que ainda possa ser usada em outros moldes e machos.

O processo em casca usa areia pré-tratada como resina fenólica novalac contendo um catalisador à base de hexametilenotetramina. A areia revestida com resina é despejada, soprada ou injetada numa caixa de macho metálica ou sobre um modelo que foi aquecido a 343 °C – 450 °C. Moldes em casca são feitos em duas metades que, posteriormente, são unidas antes de o metal ser vazado.

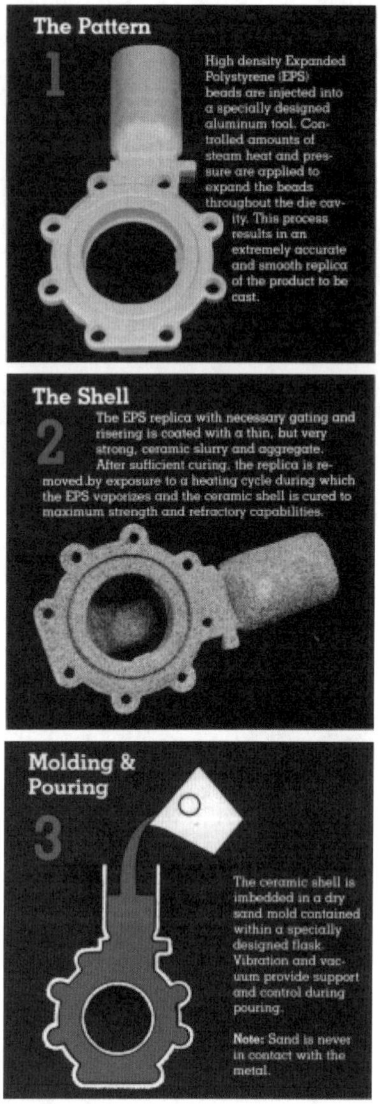

Figura 4.16 Fotos de modelo e molde em casca Replicast CS (cortesia Missouri Steel Castings)

Figura 4.17 Produtos fundidos pelo processo Replicast (cortesia Missouri Steel Castings)

Sistemas catalisados por gás ou em caixa fria

Características

- Boa precisão dimensional dos machos, pois estes são curados sem calor
- Excelente acabamento superficial
- Ciclo rápido, excelente para alta produção
- Vida elevada de molde e machos

Processo em casca

Características

- Excelente acabamento de molde e macho
- Armazenamento por tempo indefinido para entrega *just in time*
- Volume de produção elevado
- Moldes finos: machos ocos economizam material
- Ciclo rápido, excelente para alta produção
- Vida elevada de molde e machos

Sistemas sem cozimento

Características

- Capacidade de uso de caixas de macho em madeira ou polímero
- Moldes rígidos conferem boa precisão dimensional aos fundidos
- Bons acabamentos nos fundidos
- Fácil retirada do molde
- Armazenamento por tempo indefinido

Processos em areia seca não aderida

Fundição com modelo descartável em isopor

Neste processo, um modelo é feito a partir de esferas de isopor aquecidas no interior de um molde para o modelo ou fabricando-se um modelo em chapas. Os modelos são fixados a um conjunto que ainda contém os canais de alimentação, massalotes e extratores.

Esse conjunto é suspenso no interior de um recipiente que é, em seguida, colocado numa mesa vibratória ou de compactação. À medida que a areia é despejada no recipiente, a força vibratórias a faz escoar e ficar compactada. A areia cerca o modelo e os canais de alimentação. À proporção que o metal derretido é despejado no molde, o modelo em isopor é vaporizado. Para fundidos grandes, o modelo é revestido com areia aderida quimicamente. Este, após o endurecimento, é reforçado com uma segunda camada de areia quimicamente tratada e curada.

Na *moldagem por vácuo*, ou *processo V*, as metades superior e inferior são formadas separadamente por vácuo, por meio de um filme fino de plástico que se forma sobre os modelos em placas ocas. Areia seca e não aderida é despejada em um recipiente apropriado disposto sobre os modelos cobertos pelo filme, e o conjunto é vibrado para compactar a areia à máxima densidade possível. Em seguida, o recipiente é coberto com uma segunda camada de filme plástico. O vácuo é, então, formado no recipiente e a areia, entre as folhas de plástico, endurece. As partes inferior e superior do molde são, então, montadas para formar a cavidade revestida pelo plástico. À medida que o metal derretido é vazado, o filme plástico é vaporizado. Enquanto o metal solidifica e resfria, o vácuo é aliviado e a areia cai.

Fundição com modelo descartável em isopor

Adequada para:

- Ligas de ferro e alumínio
- Complexidade pequena a moderada
- Pequenas ou médias quantidades
- Fundidos de porte pequeno a médio, até 450 kg
- Tempo de preparo, fundição e custo de acabamento: baixo a moderado

Moldagem por vácuo

Adequada para:

- Todas as ligas
- Complexidade pequena a moderada
- Pequenas ou médias quantidades
- Fundidos de porte pequeno a grandes, até 4.500 kg
- Acabamento: custo de baixo a moderado

Figura 4.18 Fundição com modelo descartável em isopor (cortesia American Foundry Society)

Figura 4.19 Fundidos em processo por vácuo (cortesia Missouri Steel Castings)

Figura 4.20 Molde de processo por vácuo (cortesia Missouri Steel Castings)

Cera perdida

Fundição em *cera perdida* é o termo usado para a fabricação de moldes usados nas indústrias de aparatos médico–dentários, de joias e de peças artísticas. Neste processo, modelos em cera são montados em uma "árvore" com os canais em cera conectando os modelos a um canal de alimentação central cuja extremidade possui um cone para vazamento do metal. O conjunto em cera é colocado em um recipiente que é, então, preenchido por gesso composto por 70% a 90% de gipsita e 30% a 20% de fibras de reforço. Após secagem, o molde é invertido e aquecido, derretendo a cera que é drenada para fora do molde. Quando estiver pronto para a fundição, o molde é colocado novamente de pé. O metal derretido é despejado no canal de enchimento e segue pelos canais de alimentação até as cavidades da peça final, onde é solidificado. O molde é, então, aberto, e as peças metálicas são cortadas dos canais de alimentação. Estes são novamente derretidos para uso posterior.

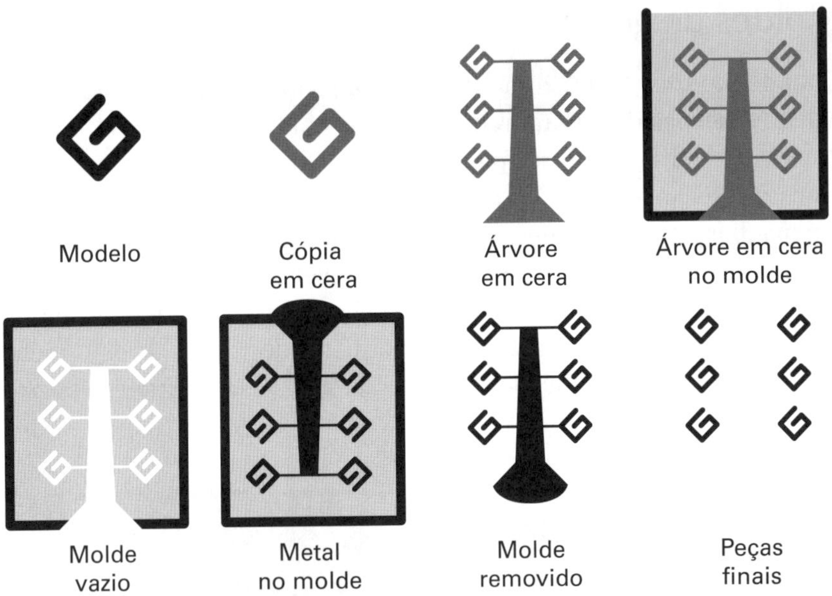

Figura 4.21 Sequência de fundição em cera perdida

Fundição com cera perdida

Características

- Liberdade total de projeto
- Ângulos de saída e reentrâncias não são problemas
- Acabamento superficial excelente
- Adequada para metais com baixo ponto de fusão

Moldes de gesso

Características

- Limitados a metais com baixo ponto de fusão
- Acabamento superficial excelente
- Complexidade pequena a moderada
- Pequenas ou médias quantidades
- Fundidos de porte pequeno a médio, até 90 kg
- Tempo de preparo, fundição e custo de acabamento: baixo a moderado

Figura 4.22 Escultura em bronze fundido em cera perdida feita pelo autor

Figura 4.23a Vazamento do metal (cortesia Armstrong Mold Corporation)

Moldes de gesso

Quando *moldes de gesso* são feitos, uma pasta do material, sulfato de cálcio, é despejada em um recipiente que contém um modelo. Após o gesso ter solidificado, o recipiente e o modelo são removidos e o gesso é posto a secar. Ângulos de saída e reentrâncias são obtidos fazendo-se machos em gesso que são posteriormente adicionados ao molde. Normalmente, o molde é cozido para remover a umidade remanescente. As metades do molde e os machos necessários são montados e pré-aquecidos no preparo para receber o metal derretido. Após o metal ser vazado e ter solidificado, o molde de gesso é rompido e a peça é removida.

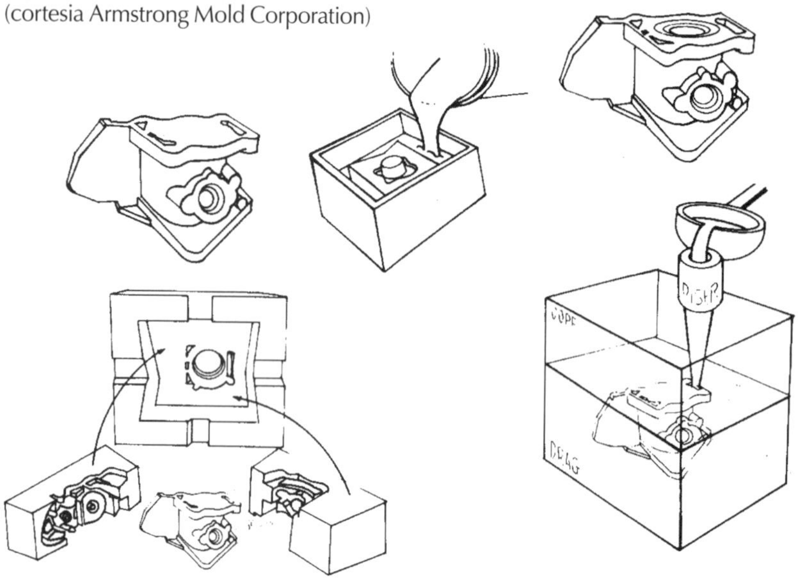

Figura 4.23b Moldes de gesso (cortesia Armstrong Mold Corporation)

Figura 4.23c Peça fundida em molde de gesso

Moldes perdidos

Fundição em *moldes perdidos* é um desenvolvimento do processo de cera perdida. É semelhante ao processo original, só que, neste caso, o modelo ou a árvore em cera a ser fundida é revestida por uma série de camadas de material cerâmico, formando camadas finas ao redor da cera. Neste processo, modelos em cera são montados numa árvore, com os canais de alimentação em cera conectando os modelos ao canal principal de alimentação em cuja extremidade está o cone para vazamento do metal. Uma casca cerâmica é formada ao redor da peça de cera à medida que é despejada na mistura cerâmica. Fibras de reforço são adicionadas no decorrer do processo. Após secagem, o molde é invertido e aquecido, provocando o derretimento da cera, que é retirada do molde. Quando está pronto para a fundição, o molde é cozido, criando uma liga de alta temperatura e tornado-o capaz de receber o metal a temperatura elevada.

Quando estiver pronto para a fundição, o molde é colocado de pé e o metal derretido é vazado no canal de alimentação principal, indo até as cavidades das peças onde solidifica. O molde é então rompido e as peças fundidas são cortadas dos canais de alimentação. Estes são derretidos novamente para uso em fundição de mais peças.

Moldes em cascas cerâmicas são feitos de uma mistura de cargas de material refratário que são misturadas até que se tenha um produto de consistência pastosa. Vários materiais refratários podem ser usados. A pasta é em seguida despejada sobre um modelo que foi colocado num recipiente. Inicialmente um gel é formado sobre o modelo, sendo retirado do molde em seguida. O molde é então aquecido sob elevada temperatura até que fique rígido. Após o molde resfriar, o metal derretido é vazado no molde, que pode ser pré-aquecido ou não. Metais com temperatura de fusão elevada podem então ser vazados na cavidade do molde fechado. O modelo é em seguida rompido para a remoção da peça fundida.

Fundição em molde cerâmico ou descartável

Características

- Liberdade total de projeto
- Ângulos de saída e reentrâncias não são problemas
- Acabamento superficial excelente
- Eliminação ou redução da usinagem
- Tolerâncias dimensionais excelentes
- Todos os metais fundíveis, incluindo titânio e outras superligas

O processo Hitchner de contrapressão

Todos os processos em que o molde cheio de ar é preenchido por gravidade apresentam três problemas inevitáveis. O ar é misturado com o metal derretido conforme este entra no molde, resultando em alguma oxidação no fundido. Há turbulência à medida que o metal vai ao encontro das paredes de canais e da base da cavidade da peça, o que causa defeitos e variações no fundido. Normalmente há contaminantes flutuando na superfície do metal fundido, que são muitas vezes misturados inadvertidamente no metal durante a fundição. Isto pode causar inclusões que podem enfraquecer a peça fundida.

Esses problemas são eliminados no processo Hitchner de contrapressão que é realizado com preenchimento pela base, sob vácuo. Os canais de alimentação não solidificam. Eles são esvaziados após as cavidades das peças terem sido preenchidas. Assim, diferentemente do que ocorre nos demais processos de fundição, a peça não precisa ser separada dos canais de enchimento. Além de eliminar esse processo de corte que pode ser difícil de realizar, também elimina-se a necessidade de lidar com os canais e ter que derretê-los novamente. Além disso, muito mais peças podem ser feitas em um mesmo vazamento. As peças fundidas podem ser montadas mais densamente no molde, pois não há necessidade do corte posterior.

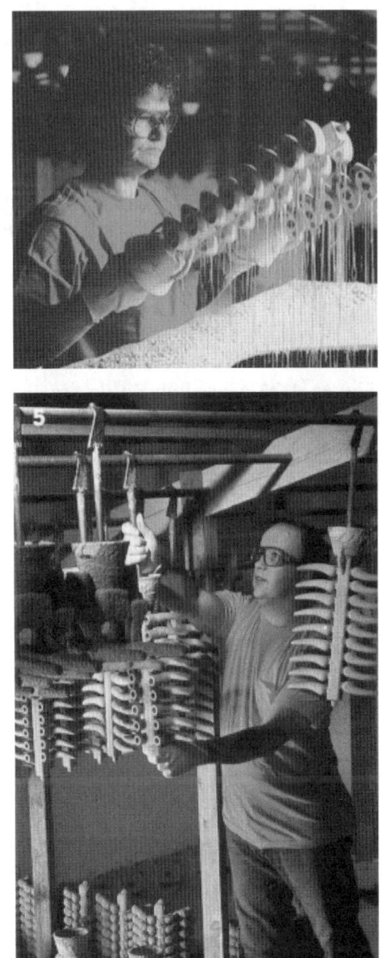

Figura 4.24ab Fundições com moldes perdidos (cortesia Lamothermic Corp.)

Figura 4.25 Classificação dos materiais para moldes não descartáveis

Moldes em grafite

Características

- Ângulo de saída mínimo 2°
- Acabamento superficial excelente
- Geralmente limitado a liga de zinco ZA-12
- Espessura de parede de 3 mm a 6 mm
- Tamanho da peça limitado a 30 × 35 × 12,5 cm

4.1.2 Moldes não descartáveis

Moldes em grafite

Moldes em grafite são moldes sólidos usinados a partir de blocos de grafite, que é refratário e não requer revestimento cerâmico como em outros moldes permanentes. O metal normalmente fundido é a liga ZA-12, em fundidos de 1 onça a 4,5 kg (uma quantidade limitada de alumínio fundido é feita em moldes de grafite, mas isso degrada o molde e sua vida útil é reduzida). O processo demanda um ângulo de saída mínimo de 2°, com espessuras de parede de 3 mm a 6 mm. O tamanho limite normal é 30 × 35 × 12,5 cm. Volumes de produção de 500 a 20.000 peças por ano são os mais econômicos para a maioria das peças.

Figura 4.26a Usinagem de um molde em grafite (cortesia Graphicast, Inc.)

Figura 4.26b Verificação da precisão do molde em grafite (cortesia Graphicast, Inc.)

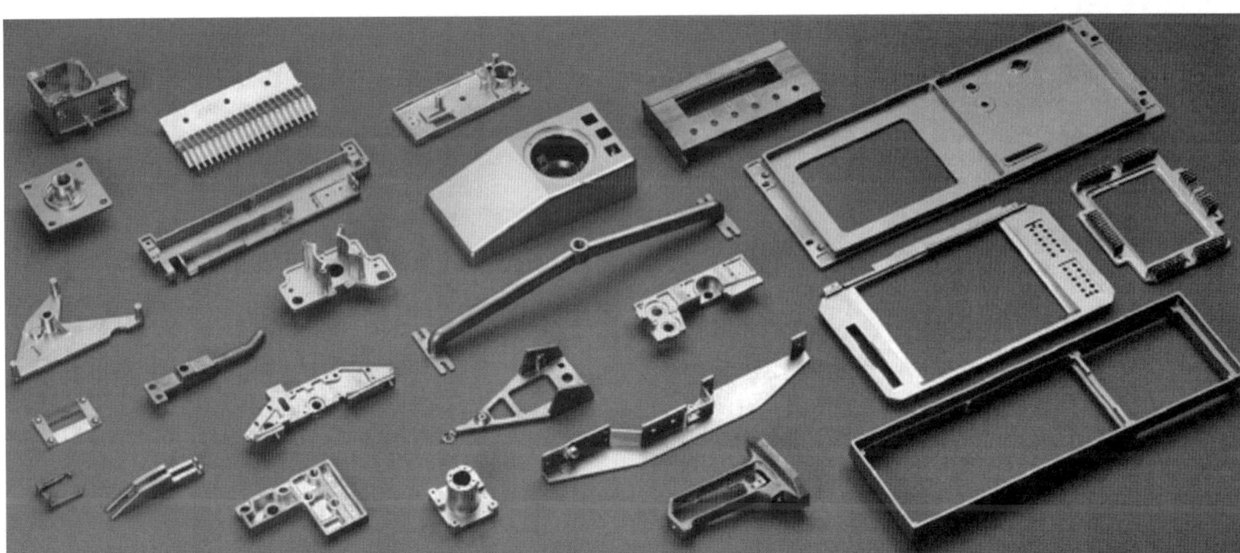

Figura 4.26c Peças de zinco fundidas em moldes de grafite (cortesia Graphicast, Inc.)

Moldes permanentes

Características

- Propriedades mecânicas superiores pois os moldes metálicos podem ser resfriados
- Acabamento superficial excelente
- Tolerâncias dimensionais excelentes
- Fundidos uniformes

Moldes permanentes

Moldes permanentes podem ser de ferro, mas atualmente são feitos primordialmente de aço-ferramenta usinado. Os machos podem ser metálicos, em areia ou em casca de areia. Os fundidos são limitados ao alumínio, zinco, alguns latões, bronze e chumbo. Os moldes são normalmente revestidos com cerâmica antes do vazamento do metal por gravidade. Moldes permanentes devem ser fabricados em metais com ponto de fusão mais elevado do que o do metal a ser fundido. Moldes permanentes podem ter linha divisória vertical ou horizontal. Machos para moldes permanentes podem ser metálicos e ser operados mecanicamente no interior do molde, ou podem ser feitos em areia, sendo colocados manualmente no interior do molde.

Moldes permanentes são preenchidos por gravidade na posição vertical (vazamento estático) ou podem ser cheios à medida que o molde é virado de uma posição horizontal para a vertical. Nesse caso, o metal derretido é vazado em um recipiente preso à entrada do molde. Em seguida, o molde é virado até a posição vertical, permitindo, assim, que o metal escoe para o interior da cavidade. Virar o molde à medida que é preenchido permite que o metal derretido escoe para o interior da cavidade com menos turbulência. A capacidade de isolar ou resfriar separadamente partes do molde metálico ajuda a controlar a solidificação, melhorando as propriedades do fundido.

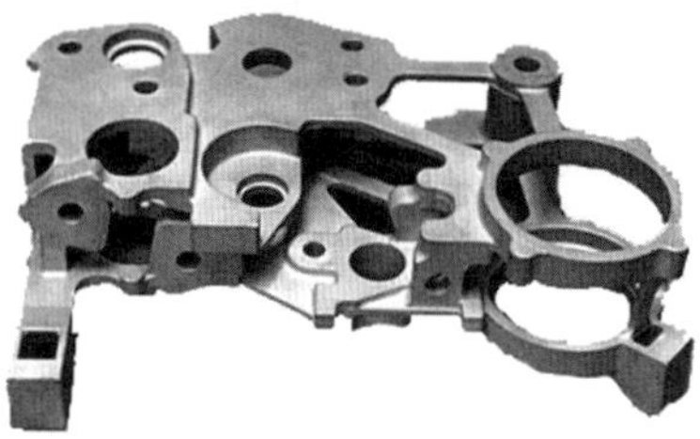

Figura 4.27 Peça fundida em molde permanente

Figura 4.28abc Processo de fundição em molde permanente

Fundição sob baixa pressão

Na *fundição sob baixa pressão*, o metal derretido é forçado por pressão de ar de 0,35 bar a 1,05 bar, desde um cadinho aquecido até o molde, passando pelo tubo de alimentação. O enchimento pela base elimina muito da turbulência típica na fundição com preenchimento do molde por gravidade. Após a peça ter solidificado, a pressão é reduzida e o excesso de metal retorna ao cadinho. As vantagens da fundição sob baixa pressão incluem aumento na densidade e estrutura granular uniforme, que asseguram boa repetibilidade e tolerância à fundição. Quando necessário, passagens internas podem ser feitas por machos acionados mecanicamente ou por machos feitos em areia colocados manualmente no molde.

Fundição sob baixa pressão

Características

- Acabamento superficial excelente
- Paredes finas
- Acabamento superficial excelente
- Tolerâncias dimensionais precisas
- Fundidos uniformes
- Limitada a metais com baixo ponto de fusão
- Tamanho limitado do fundido

- **Fundição a vácuo de baixa pressão**

Características

- Metalurgicamente superior
- Acabamento superficial excelente
- Paredes finas
- Tolerâncias dimensionais precisas
- Fundidos uniformes
- Limitada a metais com baixo ponto de fusão
- Tamanho limitado do fundido

Figura 4.29a Peça fundida sob baixa pressão

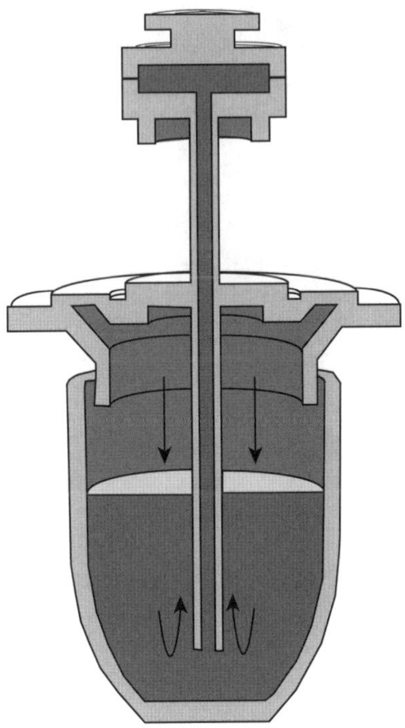

Figura 4.29b Esquema da fundição sob baixa pressão

Fundição a vácuo de baixa pressão

A *fundição a vácuo de baixa pressão*, criada, desenvolvida e patenteada pela Aurora Metals, é usada para produzir fundidos que demandam precisão e resistência. Nesse processo, uma matriz em aço é mantida em um vaso hermético e submersa no metal derretido. O vácuo é feito na câmara, o que causa o escoamento do metal pelos canais de alimentação até a cavidade. Após o molde ser preenchido, o vácuo é liberado e o metal no canal de alimentação retorna para o reservatório. Peças simétricas são particularmente adequadas a esse processo.

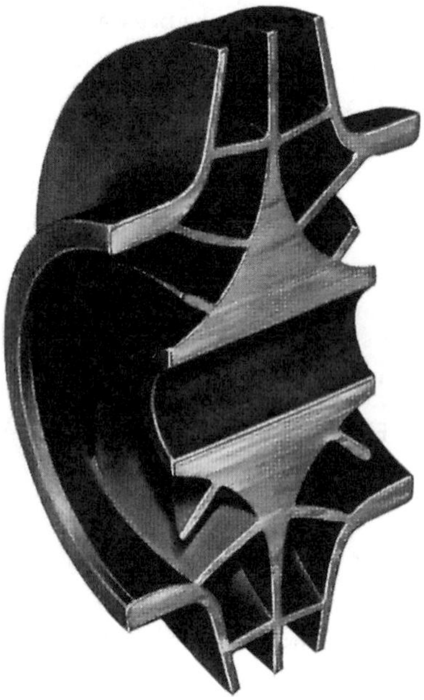

Figuras 4.30ab Complexo rotor de bomba cortado, fundido em peça única, e processo de fundição a vácuo. (Cortesia Aurora Metals Div. L. L. C.)

Fundição em molde metálico

Características

- Produção de grandes quantidades
- Boas tolerâncias
- Baixo custo por peça
- Acabamento superficial excelente
- Paredes finas
- Limitada a alumínio, magnésio e zinco
- Ferramentas caras e elevado tempo de aprovisonamento para o ferramental e processo
- Ângulos de saída necessários 0,3° a 3°
- Fundidos de pequeno a médio porte
- Até 14 kg
- Quantidades médias a muito grandes

Fundição sob pressão em molde metálico

A fundição sob pressão em *molde metálico* é empregada para produzir desde pequenas peças até fundidos de grande porte, em grandes quantidades. Quase todos os produtos são feitos com ligas não ferrosas de baixo ponto de fusão e poucas quantidades de peças, com paredes finas em ferro. Os moldes refrigerados à água, feitos em aço-ferramenta, são revestidos superficialmente e preaquecidos antes de serem preenchidos com material derretido.

Em uma câmara de fundição fria, quantidades preestabelecidas de metal são forçadas desde uma câmara de amazenagem para o interior da ferramenta ou matriz sob elevada pressão (> 1.034 bar). A fundição em câmara quente permite a fabricação de produtos superiores e pode ser automatizada.

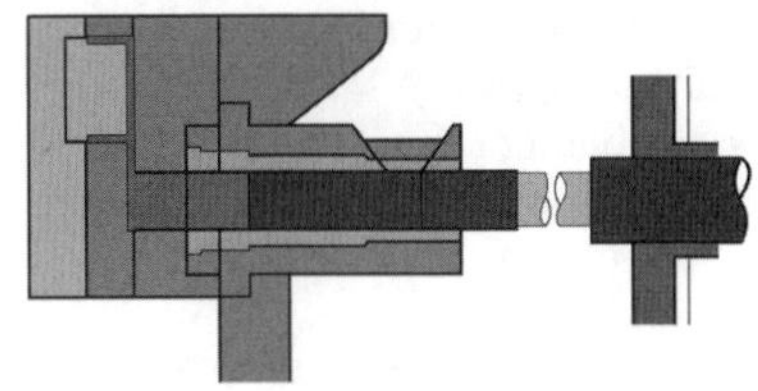

Figura 4.31 Esquema de fundição em câmara fria

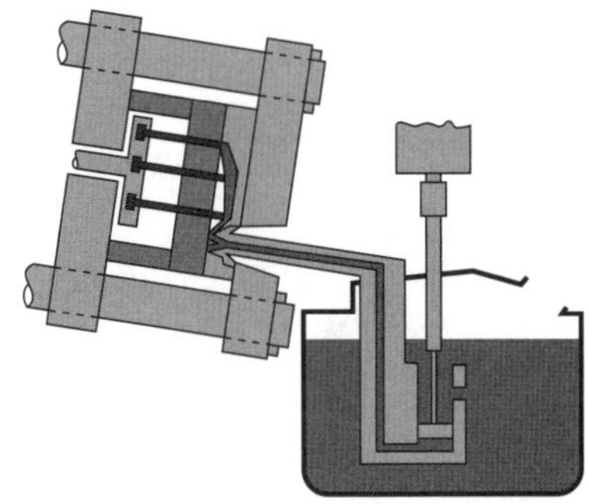

Figura 4.32 Esquema de fundição em câmara quente

Figura 4.33 Vista da cadeira Equa da Chadwick/Stumpf, que usa oito peças fundidas em molde metálico (cortesia Herman Miller)

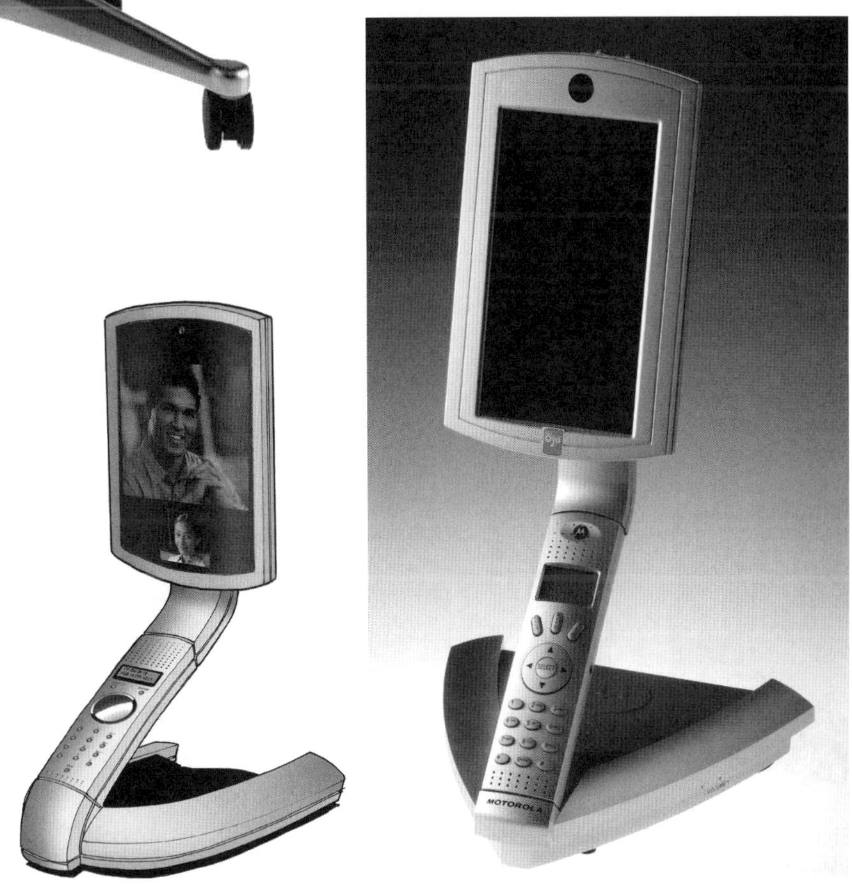

Figuras 4.34ab Esboço e produto final de um produto com coluna feita em zinco fundido em molde metálico. A peça sustenta o aparelho de videofone Ojo da Motorola. O fundido é pintado para combinar com o fone feito em ABS (cortesia Bressler-Group, Inc. e WorldGate Communications)

Fundição no estado semissólido
Características
- Acabamento superficial excelente
- Espessura de parede de 0,76 mm
- Tolerâncias dimensionais precisas
- Fundidos uniformes
- Limitada ao magnésio e algumas ligas de cobre
- Tamanho limitado das peças, gramas a 2,5 kg

Metalurgia do pó
Características
- Primariamente ferro, ligas de ferro, cobre, bronze, latão e aço inoxidável
- Custo moderado do ferramental
- Peças de baixo custo
- Espessura de parede de 0,76 mm a 2,3 mm
- Sem necessidade de ângulo de saída

Injeção de metais
Características
- Primariamente ligas ferrosas e algumas de cobre
- Espessura de parede de 0,38 mm
- Peças de custo elevado
- Ferramental de custo elevado
- Ângulo de saída de 0,25°
- Limitação de tamanho

Figura 4.35 Peças feitas em injeção de metais

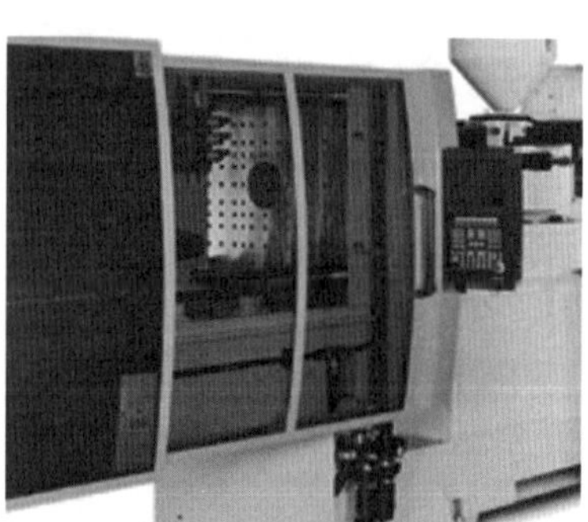

Figura 4.36 Máquina de injeção de plásticos

Fundição no estado semissólido

Na *fundição no estado semissólido*, a cavidade é preenchida muito lentamente e, após esta se encher por completo, o metal é solidificado sob pressão elevada, da ordem de 100 bar ou mais. O processo recebe esse nome pois, em vez de vazar o metal líquido na cavidade do molde, uma porção de metal aquecido é colocada no interior do molde. Em seguida, o mandril é inserido e o meio tixotrópico escoa e preenche o molde. O processamento nesse estado tem muitas vantagens, pois não há manuseio de metal líquido e porque o escoamento do metal na cavidade é semelhante ao escoamento de Bingham (como pasta de dente saindo do tubo). Assim, não há turbulência, há menos gás e a pressão elevada força os gases para fora da peça.

Metalurgia do pó

A *metalurgia do pó* abrange metais ferrosos e não ferrosos e tem gerado novos processos e novas ligas metálicas que podem reduzir de forma significativa o peso enquando proporcionam propriedades mecânicas melhoradas. Peças feitas com metalurgia do pó são usadas em produtos esportivos, eletrônicos e componentes de equipamento de escritório tais como atuadores, engrenagens de corrente, alavancas, parafusos, mancais, rotores, camos e engrenagens, além de peças automotivas, transmissões e chassis também em veículos *offroad*. Peças são conformadas por um processo de conformação e, então, sinterizadas. Elas podem ser forjadas em um processo subsequente para ficarem mais resistentes (ver Capítulo 3.3).

Injeção de metais

A *injeção de metais* é um desenvolvimento recente que usa o equipamento da injeção de plásticos. Pó metálico é combinado com um material aglomerante (plástico) e é injetado numa matriz. A parte é ejetada, em seguida sinterizada, o que também dissolve o aglomerante.

O molde é projetado como um molde típico para plásticos, mas com tolerâncias para encolhimento e resfriamento de um material rico em partículas metálicas. O material é misturado a partir de pó metálico fino, tipicamente com menos de 22 microns, e um aglomerante. Este pode ter como base água, cera ou outro sistema. Diferentes materiais terão características específicas como viscosidade, pressão e temperatura de injeção, além do processo de eliminação do aglomerante. A carga de pó varia de 55% a 65% em volume a 90% em peso para aços.

Lingotamento contínuo

Lingotamento contínuo é um processo primário da siderurgia. O metal derretido é vazado de uma matriz, e é puxado por rolos que também controlam a espessura. Contornos são compostos por mandris com formas específicas (contornos formados são limitados às ligas não ferrosas.)

O lingotamento contínuo, desenvolvido originalmente para produção em massa de aço, é realizado verticalmente e foi concebido para eliminar a cara e demorada fundição em lingotes e o manuseio destes. Variantes novas incluem lingotamento contínuo de chapas e barras, o que elimina uma série de passos de laminação. O lingotamento contínuo é usado também na produção de pequenas quantidades de peças como as engrenagens mostradas abaixo à direita.

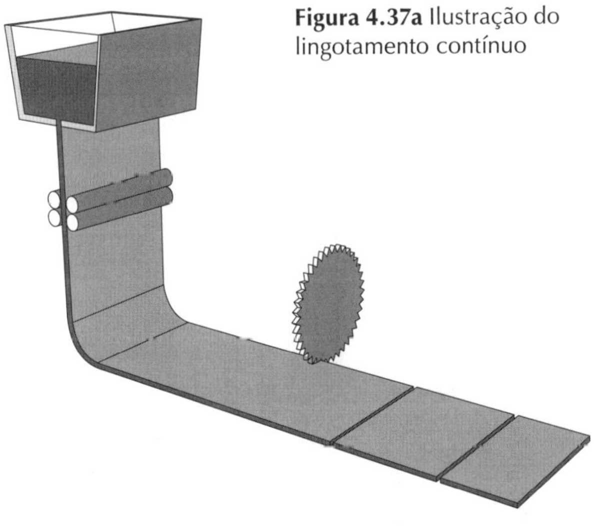

Figura 4.37a Ilustração do lingotamento contínuo

Figura 4.37b Peças feitas em lingotamento contínuo (cortesia Talbot Associates Inc.)

Figura 4.38 Barras feitas em lingotamento contínuo, trespassadas para formar tubos (cortesia American Iron and Steel Institute)

Fundição semicentrífuga

A *fundição semicentrífuga* é usada para dar forma a peças pequenas, em especial joias, a outra de médio porte. O processo é limitado a metais de baixo ponto de fusão como os metais preciosos, chumbo, estanho e zinco. Moldes de borracha podem ser usados para metais de baixíssimo ponto de fusão.

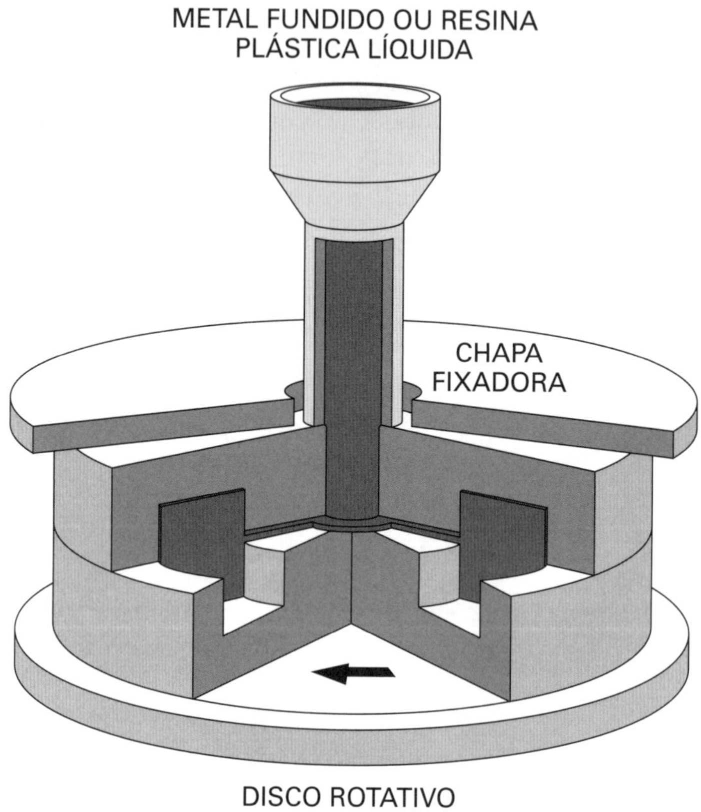

Figuras 4.39ab Desenho esquemático do processo de fundição semicentrífuga em um molde com oito cavidades (cortesia Seybert Castings)

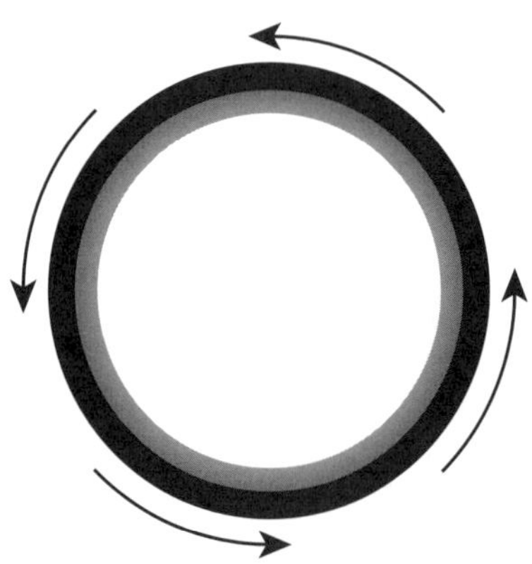

Figura 4.40 Ilustração do processo de fundição centrífuga. O molde está desenhado em preto e o metal derretido, em cinza. O metal com maior densidade é forçado contra as paredes do molde, enquanto as impurezas ficam na parede interna, que pode ser removida posteriormente por usinagem

Fundição centrífuga

A *fundição centrífuga* é usada na fabricação de peças tubulares grandes, simétricas. O metal derretido é girado em um molde em formato de tambor a alta velocidade. Durante o processo, o metal com maior densidade ganha a forma de tubo com grãos finos e densidade uniforme.

Moldes		Considerações físicas				Logística		Custos	
		Metais empregados	Faixa de tamanhos	Ângulo de saída mínimo	Espessura mínima da seção	Tempo de aprovisionamento de amostras (semanas)	Tempo de aprovisionamento de produção (semanas)	Custo da peça (1 = máximo 5 = mínimo)	Custo do ferramental (1 = máximo 5 = mínimo)
Descartáveis	Areia	Maioria dos metais fundíveis	Gramas a toneladas	Sem macho: 1–5° Com macho: 1–1,5°	Ferroso: 1/4–3/8″ Não ferroso: 1/8–1/4″	2–10	2–4	3–4	5 madeira, 4 Al, 2 Fe
	Casca de resina	Maioria dos metais fundíveis	< 3.200 cm^2	Externo: 0–0,5° Interno: 0,5–2°	Ferroso: 1/8″ Não ferroso: 3/32″	12–16	6–10	2	2
	Evaporativo (pleno)	Maioria dos metais fundíveis	Gramas a toneladas	Nenhum		2–10	2–4	2–3	3
	Gesso	Alumínio, latão, bronze, berílio, cobre, zinco	< 3.200 cm^2	Externo: 0–0,5° Interno: 0,5–2°	.07″	2–6	2–4	1	4
	Perdido	Maioria dos metais fundíveis	< 70 kg	Nenhum	Áreas pequenas: 0,03″ Áreas grandes: 006″	5–16	4–12	1	3
	Cerâmico	Maioria dos metais fundíveis	2,5 a 160 kg	0–0,5°	1/8″	3–8	2–8	1	5 wood, 4 metal
Não descartáveis	Grafite	Ligas de alumínio e zinco	28 g a 4,5 kg 30 × 35 × 17,5 cm	Externo: 0,5° Interno: 1°	0,09–0,125″	6–10	4	3	4
	Metalurgia do pó	Ferro, ligas ferrosas, cobre, bronze, latão, aço inox,	Ferroso < 130 cm^2 Não ferroso > 130 cm^2	Nenhum	0,03–0,09″	8–14	4–8	3	4
	Permanente	alumínio, zinco, alguns tipos de bronze e latão, chumbo, ferro fundido cinzento	Ferroso < 27 kg Al < 70 kg Bronze e cobre < 11 kg	Externo: 0,5° Interno: 1°	Ferroso: 1/2–1/4″ Al: 1/8–3/16″ Base de Cu: 0,09″	8–20	3–8	3–4 não ferrosos 4 Fe	2
	Molde metálico	alumínio, zinco, magnésio, alguns latões	Menos de 26 cm^2	Al; Mg: 1–3° Zinco: 0,5–2° Latão: 2–5°	Al: 0,03–0,06″ Mg: 0,03–0,045″ Zn: 0,025–0,04″	12–22	8–10	5	1
	Moldagem por injeção de metais	Primariamente ligas ferrosas, base de cobre	0,23 g a 100 g	0,25°	Áreas pequenas: 0,015″	10–16	4–8	1	2
	Semissólido	Al, Mg e algumas ligas de cobre	De gramas a 2,5 kg	0,1° Preferido 0,5° Possível	0,030″	10–15	6–8	4	1

Figura 4.41 Tabela de comparação de moldes

Figura 4.42 Gráfico de conformação plástica

Figura 4.43 Chapa laminada a quente (cortesia American Iron and Steel Institute)

4.2 Conformação no Estado Plástico

Conformação no estado plástico é um processo realizado sobre uma barra sólida de metal à temperatura elevada, mas inferior à temperatura crítica ou de fusão. O objetivo desse processo não é só dar forma ao metal, mas controlar a estrutura granular de modo que a resistência da peça conformada seja aumentada (calculada para resistir às forças esperadas). Processos de forjamento são relativamente caros, mas as propriedades mecânicas são melhoradas de forma significativa pelo processo, e é possível obter desempenho superior que não é normalmente possível por outros processos de fabricação. A extrusão direta é um processo comum de conformação plástica relativamente barato e muito versátil.

O valor da conformação plástica é demonstrado no esquema simplificado que apresenta três possibilidades de como dar forma a uma barra em forma de S.

O exemplo 1 apresenta a fundição. Fundidos possuem estrutura granular uniforme. Se tensões suficientes são aplicadas em uma barra em S fundida, logo uma trinca irá se desenvolver nos contornos de grão. Defeitos superficiais causarão concentrações de tensão que aumentam o potencial de falha.

O exemplo 2 apresenta a barra cortada de um material. O grão na placa é horizontal, e um corte através do grão será prejudicial à resistência. Como resultado, o potencial para que uma trinca se desenvolva ao longo do contorno de grão é quase tão grande como na peça fundida.

O exemplo 3 apresenta a peça forjada na qual os grãos acompanham a forma. Essa estrutura granular é melhor do que as outras em resistência a tensões e é um dos benefícios principais do forjamento ou da conformação plástica.

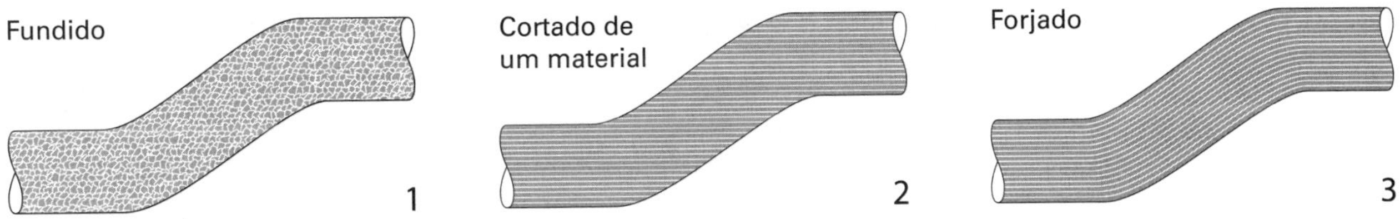

Figura 4.44 Exemplos de estrutura granular

4.2.1 Laminação

Laminação a quente e a frio

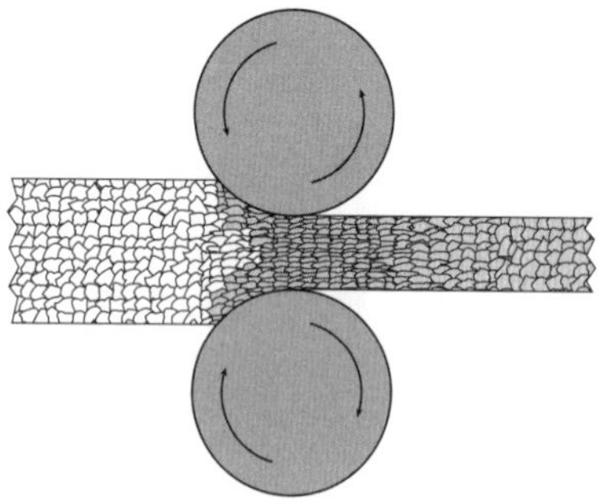

Figura 4.45 Laminação a quente. O tom cinza indica transformação no grão

Após a liga de aço derretida ficar na composição correta, o metal é vazado em lingotes ou em linha contínua e, subsequentemente, conformado em blocos, barras ou lingotes e, então, é laminado até as formas comuns. Os processos primários produzem os produtos siderúrgicos tais como grandes vigas I, trilhos e outros produtos para construção e indústria pesada. Uma boa proporção da produção de aço é subsequentemente laminada, formando produtos menores e mais estreitos que depois serão transformados por processos secundários de conformação, usinagem e união em produtos pequenos de uso industrial, médico e de consumo.

Designers industriais não são envolvidos normalmente nos processos primários de fabricação, mas é importante que eles entendam como a estrutura granular do metal é modificada durante o processo de laminação. As mudanças na estrutura granular são importantes em todas as operações de conformação e podem eventualmente causar alguns problemas, especialmente à medida que o metal envelhece.

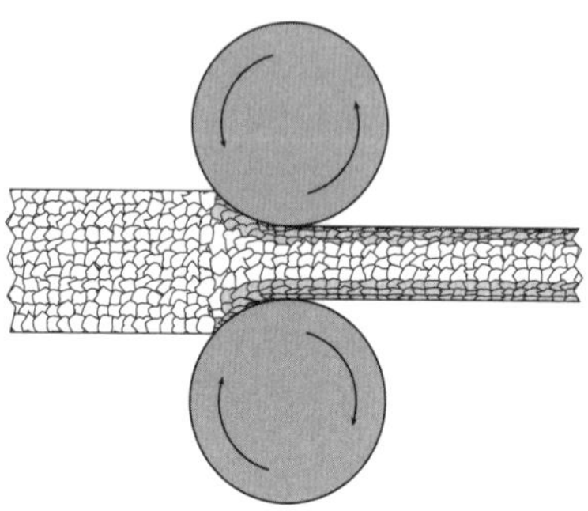

Figura 4.46a Laminação a frio. O tom cinza indica transformação no grão

Figura 4.46b Bobinas de chapas laminadas a frio (cortesia American Iron and Steel Institute)

Na *laminação a quente*, um lingote preaquecido abaixo da temperatura de fusão do metal (a temperatura crítica, TC) passa entre uma série de rolos que o espreme, conformando-o até que fique nos formatos de cantoneira e vigas, ou até mesmo de chapas. Algumas delas podem, inclusive, ser laminadas até formarem folhas de espessura de 6,3 mm ou menos. Durante a sequência de laminação a quente, a estrutura granular é esmagada e alongada. No período de resfriamento ou recuperação, os grãos tendem a novamente crescer de volta ao estado normalizado, resultando em peças estruturais livres de tensões com estrutura grosseira e superfície áspera.

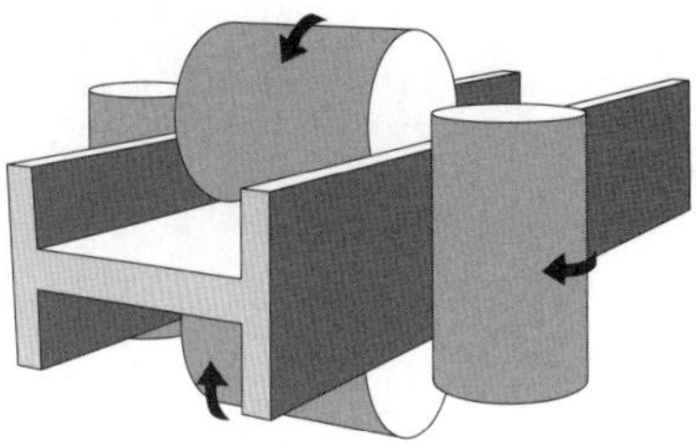

Figura 4.47a Processo de laminação a quente

Na *laminação a frio*, uma chapa previamente laminada a quente é ainda mais comprimida em rolos (agora na condição fria), o que esmaga e alonga os grãos. Diferente da laminação a quente, a estrutura granular não cresce novamente na temperatura mais baixa da laminação a frio. Isso causa fragilidade e tensão na estrutura granular externa. Assim, a chapa laminada a quente deverá ser recozida ou passar por alívio de tensões. O propósito da laminação a frio é produzir chapas com grãos menores na estrutura, levando a uma superfície mais lisa. Esse processo melhora a qualidade do aço da chapa, mas eleva os custos em 20%.

Figura 4.47b Vigas laminadas a quente

4.2.2 Forjamento e forjamento rotativo

Forjamento e forjamento rotativo

No *forjamento por martelo*, uma barra aquecida a uma temperatura inferior, mas próxima, à de fusão é conformada até a forma final por golpes repetidos de um martelo contra uma bigorna. Esse é o método que o ferreiro usa para dar forma a um metal.

O *processo com matriz* é semelhante ao anterior. Entretanto, nesse, a parte superior da matriz é montada em um pesado martelo fixado a uma máquina que o eleva, junto com a matriz, e deixa o conjunto cair repetidamente sobre uma peça aquecida posta na parte estacionária da matriz, presa à bigorna.

No *forjamento em prensa* ou *laminador*, uma barra aquecida é lentamente comprimida ou espremida contra duas matrizes opostas em formato de rolo. Formas complexas podem ser forjadas usando matrizes fechadas e punções laterais.

Figuras 4.48ab Forja por martelo, peça e matriz

No *forjamento por recalque*, um martelo aplaina ou deforma a extremidade de uma barra que é mantida em uma matriz estacionária. O forjamento por recalque é usado para fabricar pregos, parafusos e produtos similares.

No *forjamento rotativo* (matriz aberta), um tubo é espremido contra um mandril por matrizes de modo a reconformar a seção do tubo.

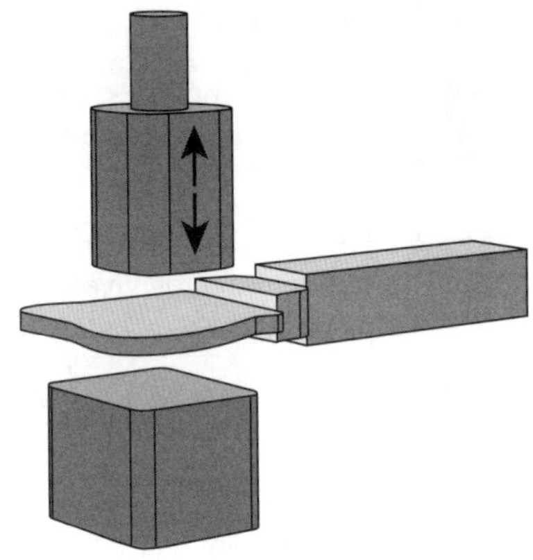

Figura 4.51 Operação de forjamento numa barra retangular

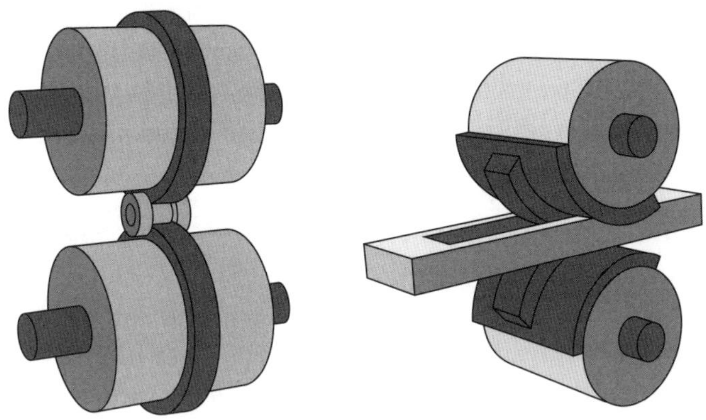

Figuras 4.49ab Dois exemplos de operação de forja em laminador, também conhecida como laminação cruzada

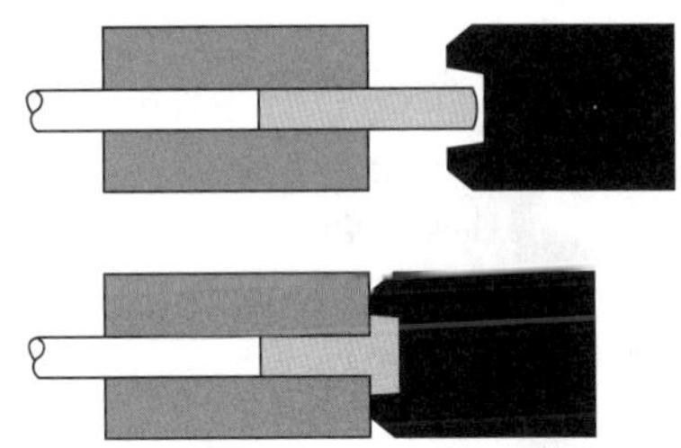

Figura 4.52 Forjamento por recalque, cabeça formada em punção

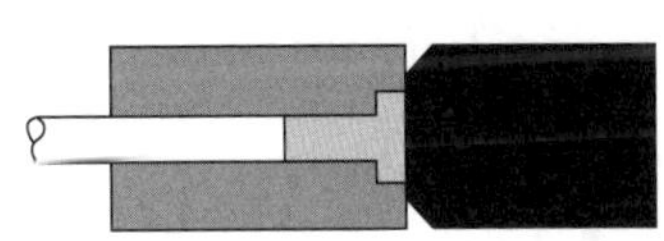

Figura 4.53 Forjamento por recalque, cabeça formada por matriz

4.2.3 Trefilação

Trefilação

O *processo de trefilação* é essencialmente o oposto da extrusão. Uma barra tem sua seção transversal reduzida quando puxada sucessivamente através de uma série de matrizes com aberturas cada vez menores (fieiras).

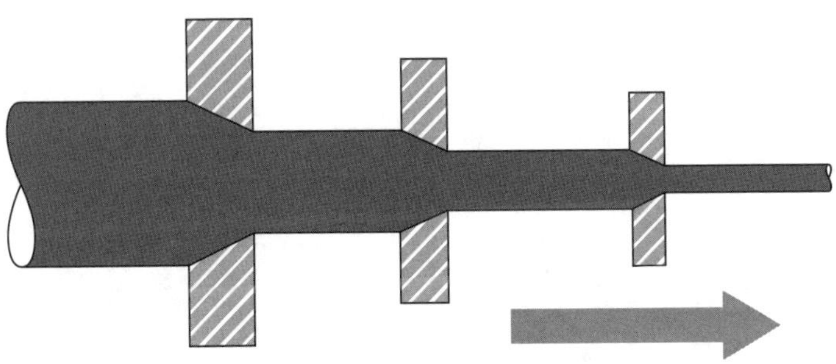

Figura 4.50 Esquema de trefilação

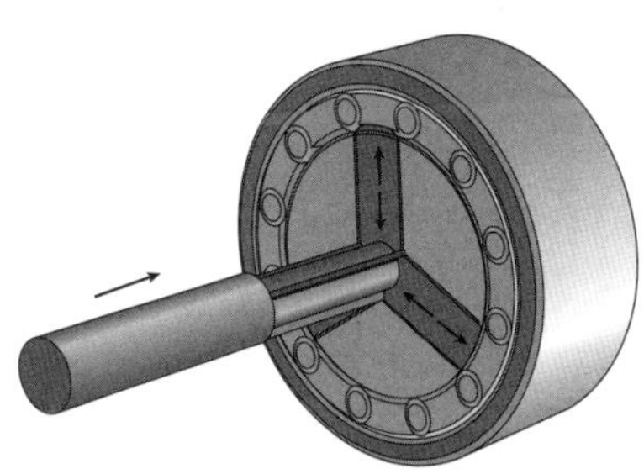

Figura 4.54 Ilustração do processo de forjamento rotativo

Tipos de extrudados

Forma simétrica cheia cuja seção transversal é redonda

Forma simétrica cheia que tem cantos vivos ou arredondados

Forma simétrica oca com parede uniforme

Qualquer forma extrudada que não seja oca ou semioca

Forma cuja seção transversal fecha parcialmente um vazio

Largura de abertura

Classe I
Lados iguais

Classe II
Lados desiguais

A máxima largura da abertura é 0,76 mm

Classe de extrudados ocos

Classe I
Forma com um vazio redondo

Classe II
Forma com um único vazio que não é redondo

Classe III
Forma com múltiplos vazios

Figura 4.55 Tipos básicos de extrudados

4.2.4 Extrusão

Extrusão direta

Na *extrusão direta*, uma barra redonda e aquecida é colocada na câmara de uma prensa grande e forçada por um pistão hidráulico a passar através de uma matriz, formando um longo perfilado.

As formas fabricadas podem ser cheias, semiocas ou ocas. Qualquer perfil é possível de modo a atender uma grande variedade de requisitos de projeto. Os extrudados têm revolucionado o projeto e a fabricação de muitos produtos, em parte porque a maioria dos materiais extrudados é de baixo custo.

O Aluminium Extrusion Council (aec.org) e a Extrusion Technology Foundation criaram um programa ousado para reconhecimentos dos profissionais e também estudantes de *design* por seu uso criativo de extrudados no *design* de produtos. Uma aparente infindável série de novos conceitos de produtos parece jorrar desse processo razoavelmente barato.

O Utilitary Rail (trilho utilitário) da Humanscale, Inc. é uma aplicação excelente do processo de extrusão, criando uma área de trabalho livre e flexível ao organizar o monitor, a iluminação pessoal, e arrumar a fiação. O Utilitary Rail usa as propriedades físicas vantajosas do alumínio, facilidade de acabamento e resistência inerente da extrusão.

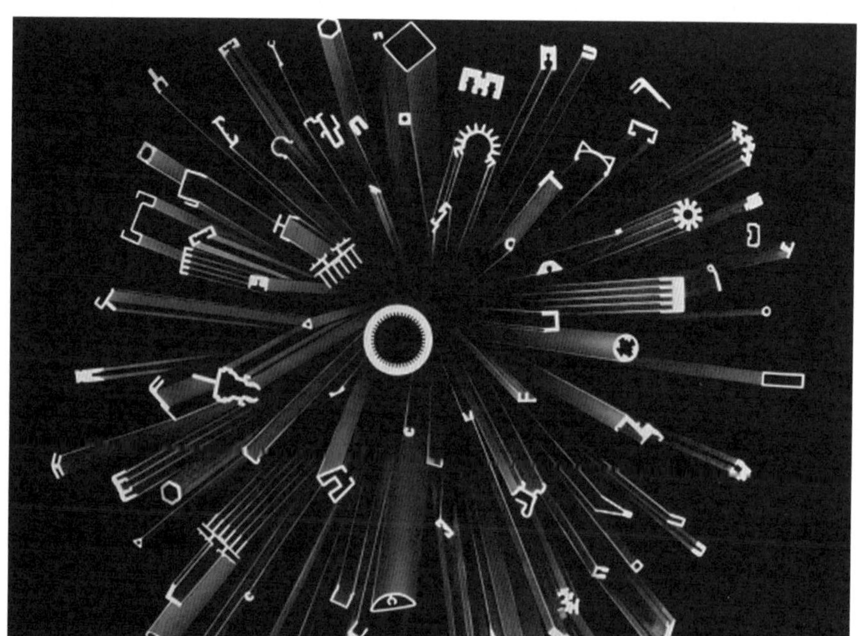

Figura 4.56 Extrudados (cortesia Minilex)

Figura 4.57 Conceito básico do processo de extrusão

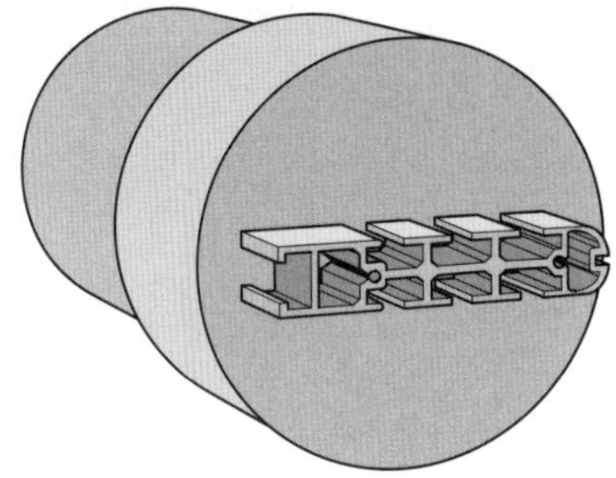

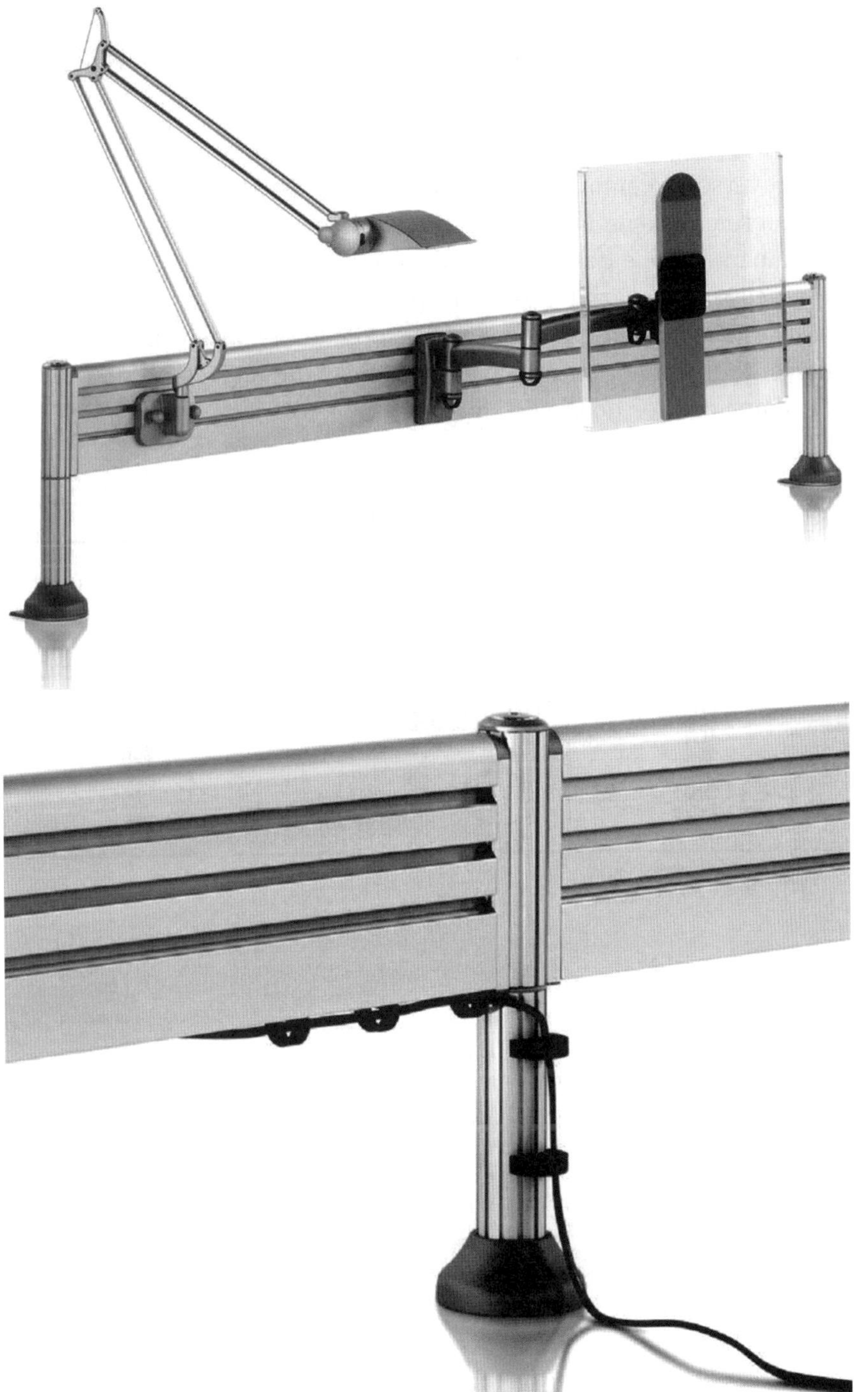

Figuras 4.58ab Utility Rail (cortesia de Humanscale Design Studio)

Extrusão por impacto

Na *extrusão por impacto* uma prensa de forjamento é usada para dar forma a peças de tamanho pequeno a médio, com paredes finas e sem ângulo de saída. Uma peça é colocada na matriz e é atingida por um martelo fazendo com que o material plastifique. Este é extrudado para cima, entre o martelo e a parede da matriz, ou para frente, fazendo várias formas curtas, incluindo recipientes de paredes finas. A peça, em seguida, é ejetada.

Há três tipos básicos de matrizes para extrusão por impacto: progressivo, reverso ou combinado. As peças podem ser extrudadas em alumínio, cobre e ligas de latão. As características do processo de extrusão por impacto são: é desnecessário o ângulo de saída, possível variação na espessura da parede, tolerâncias precisas e resistência melhorada da peça. Taxas de produção elevadas podem ser possíveis com baixos custos de ferramental, mas com limites às dimensões no diâmetro e em comprimentos de até 60 cm.

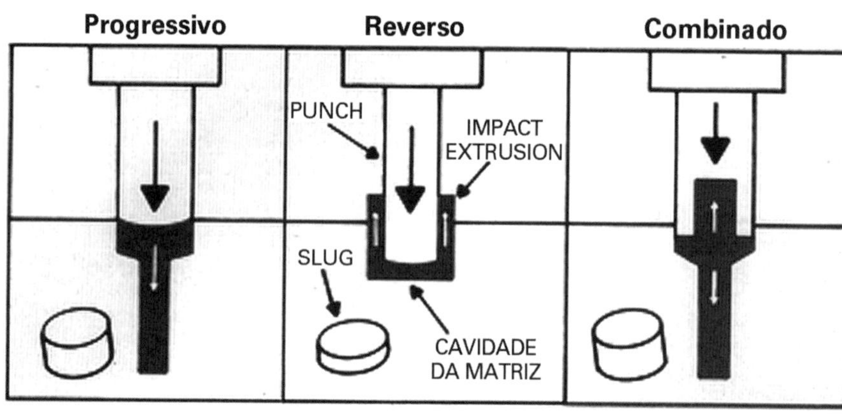

Figura 4.59 Desenho esquemático da extrusão por impacto, mostrando tanto a extrusão progressiva quanto a reversa

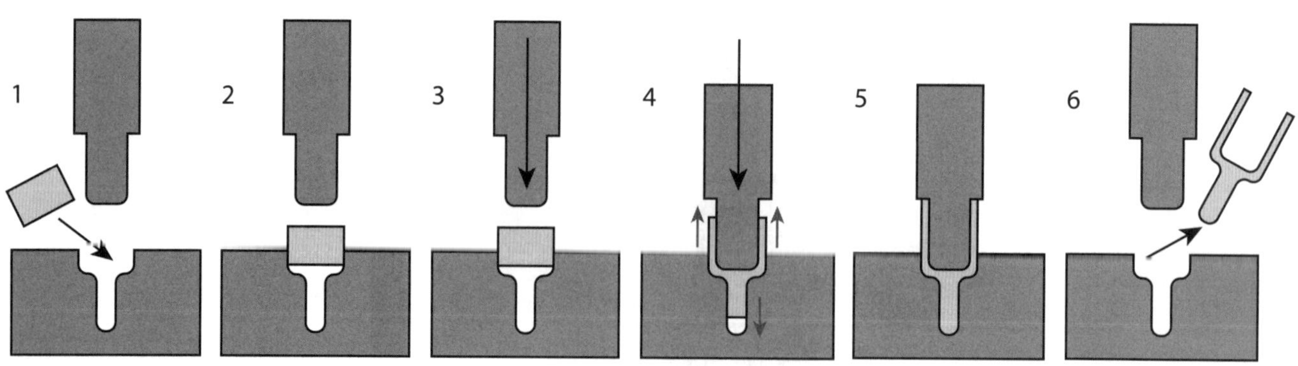

Figura 4.60 Extrudados por impacto em alumínio (cortesia Metal Impact Corp.)

Figura 4.61 Extrusão por impacto de alumínio

Figura 4.62 Máquina de extrusão por impacto (cortesia Metal Impact Corp.)

Figura 4.63 Gráfico da conformação em estado sólido

4.3 Conformação em Estado Sólido

A *conformação em estado sólido* é o processo de dar forma a chapas, barras, arames ou tubos geralmente realizado sob temperatura ambiente. Em alguns casos, aquecer o metal pode se necessário se a peça for espessa ou caso o material não seja muito dúctil ou ainda encrue durante o processo. Uma chapa é normalmente definida como a peça metálica que possui espessura, T, menor que 6,3 mm. Caso a espessura seja maior, trata-se de uma placa.

Embora exista algum escoamento do material durante a maioria dos processos em estado sólido, ele é incidental — diferente dos processos de conformação em estado plástico, nos quais o controle da direção dos grãos é o objetivo. Ainda assim, as propriedades mecânicas são afetadas e há algum ganho em resistência, que pode ser um objetivo da operação de conformação. Durante o processo de conformação, alguns metais podem fragilizar e, assim, necessitarem de recozimento antes de a operação de conformação prosseguir.

Nas dobras simples (ao redor de um eixo único), a regra básica é que o raio da dobra seja relacionado à espessura da chapa. Uma dobra 2T significa que o raio deve ser igual a duas vezes a espessura da chapa (r = 2T). Dobrar seguindo o grão deve ser evitado sempre que possível. As regras são dependentes da "dobrabilidade" do material e, de algum modo, do equipamento usado. Essas recomendações são fornecidas pelo fornecedor e/ou estão disponíveis em manuais.

Na conformação composta, chapa e tubo são conformados em formas volumétricas, muitas vezes com curvas compostas. Esses processos transformam chapas metálicas planas em peças de formas arredondadas, tais como recipientes, e também em formas com raios grandes, tais como para-lamas de automóvel e mesmo laterais internas de minivans.

Estampagem, conformação e corte são realizados em operações de grande volume, geralmente de peças pequenas e, muitas vezes, complexas. Peças simples, como arruelas, até frascos complexos de cosméticos, são conformadas em matrizes progressivas, de transferência ou de ação múltipla, que tanto cortam como conformam a peça, especialmente onde houver produção elevada e com necessidade de múltiplas ações.

4.3.1 Dobra simples

Conformação de arame e tubo

Por causa de seu custo relativamente baixo, resistência elevada e capacidade de resistir a abusos, chapas, barras, arames e tubos são importantes para designers industriais, especialmente no design automotivo e de transportes e em uma gama de campos nas indústrias de equipamentos de uso residencial, industrial, médico e de pesquisa. Gabinetes de qualquer tamanho feitos em pequenas quantidades são muito provavelmente feitos de chapa metálica – geralmente alumínio

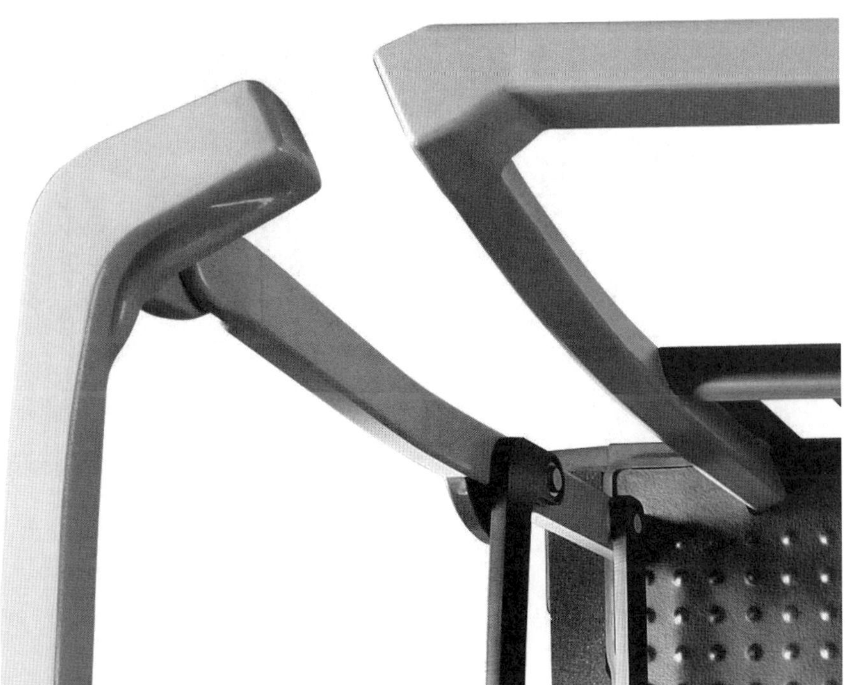

Figura 4.64ab Guarda-corpo feito em tubo conformado (cortesia Crown Equipment Corp.)

Figura 4.65 A coleção Bertoria, Cadeira de canto Bertoria (cortesia Knoll)

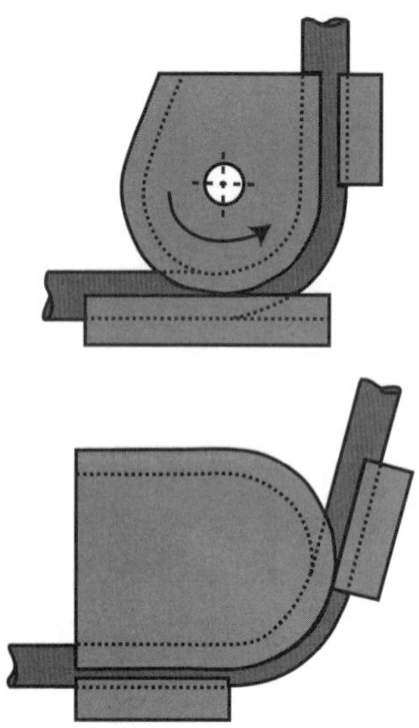

Figura 4.66 Esquema de dobramento de tubos

ou aço. A chapa metálica é usada na maioria dos equipamentos e gabinetes de grande porte de equipamentos domésticos, especialmente onde há grande geração de calor, como em fornos pequenos e grandes, além de luminárias. As chapas também são usadas para invólucros de proteção e tanques de combustível de equipamentos de jardinagem, onde são comuns os motores a gasolina e o uso em terreno acidentado. Chapa, barra, arame e tubos são importantes em mobiliário doméstico e de escritório, além de equipamentos para lojas e vitrines.

O *dobramento* e a *conformação de fios* (arames) necessitam de ferramental especial, mas trata-se de um método de produção barato. Arame conformado e soldado a ponto é forte e possui aplicações em muitas indústrias. As cadeiras aramadas de Harry Bertoria demonstram as possibilidades estéticas dos planos curvados, transparentes e texturados, feitos de linhas.

O *dobramento* e a *conformação de tubos* e outras seções vazadas necessitam de um suporte interno denominado *mandril* para evitar a flambagem dos tubos durante o processo de dobramento.

Os guarda-corpos da Crown TSP6000 possuem dobras compostas, que lhes conferem uma estética suave. Os perfis dobrados também permitem visibilidade máxima nas linhas principais de visada para melhor operação do veículo. Além disso, o encruamento aumenta a resistência do tubo, dando mais proteção ao operador em caso de impacto.

Figura 4.67 Cadeira Wassily de Breuer. A clássica cadeira Wassily de 1927 estabeleceu o padrão para o mobiliário moderno. Talvez inspirado por Thonet, Breuer usou tubos de aço em vez de madeira, eliminando, assim, o problema de Thonet de ter que dividir a madeira em curvas fechadas. Breuer também tinha limitações no dobramento. Ele transformou as curvas na estética da cadeira. O raio de dobramento consistente dá ao design o seu sentido de ordem e unidade (cortesia Knoll)

Chapa

Dobrar chapas ao longo de um plano é normalmente uma operação razoavelmente barata, que cria formas simples e confere à chapa alguma resistência e rigidez. Uma viradeira operada manualmente – uma ferramenta comum em muitas oficinas pequenas – pode dar conta de dobras limitadas.

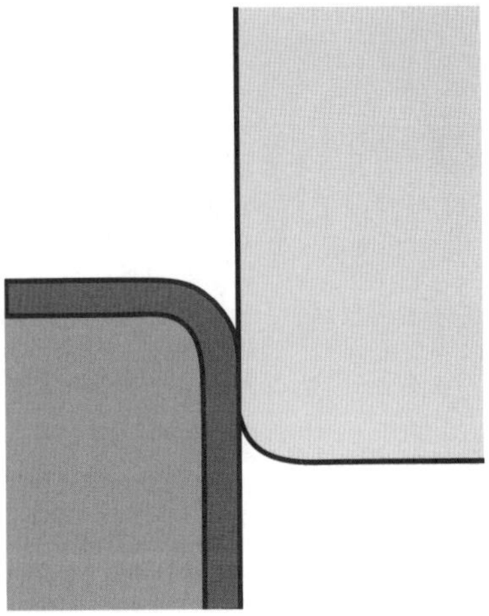

Figura 4.69 Ferramenta de dobrar e dobra simples

Uma *viradeira* é uma ferramenta barata de dobramento, muita vezes disponível em oficinas pequenas. Possui geralmente uma quantidade de ferramentas com raios diferentes para dobrar em raios diferentes. Uma versão dessas máquinas, operada manualmente, é usada nos canteiros de obra para dobras de perfis de alumínio de uso doméstico e comercial.

Calandragem ao redor de um eixo é uma operação barata. Máquinas operadas manualmente com um rolo ajustável permitem uma gama de raios de dobramento (r). Essas máquinas são usadas tipicamente em oficinas pequenas de modelagem.

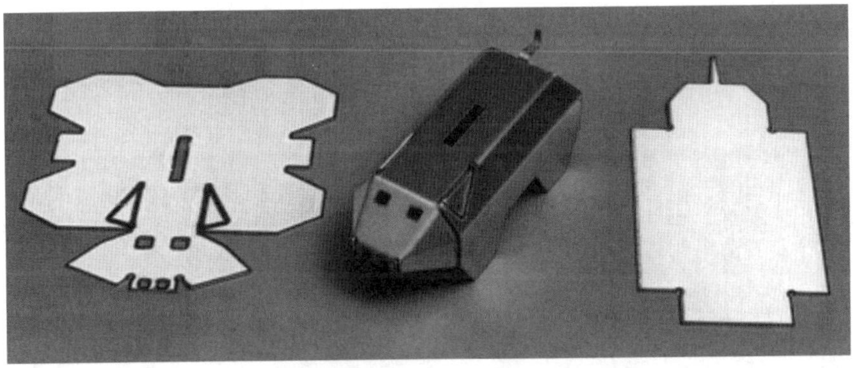

Figura 4.70 Cofre "porquinho" (cortesia Trumpf Inc.)

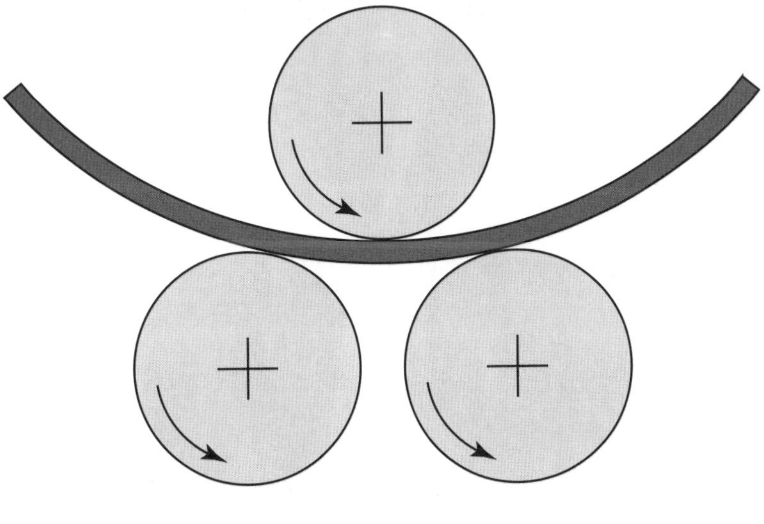

Figura 4.68 Calandragem

Figura 4.71 Calandrado (cortesia Crown Equipment Corp.)

Dobramento em três pontos e em matriz em V

O *dobramento em três pontos* é um processo de custo moderado que emprega um golpe único contra uma abertura e não contra uma matriz. O metal é apoiado em dois pontos e atingido pelo golpe (no terceiro ponto), o que cria a dobra. Embora a eliminação da matriz reduza o custo, também reduz a precisão em comparação ao dobramento em matriz em V. As grandes máquinas de dobramento de chapas, controladas por computador, são capazes de conformações razoavelmente complexas, mas ao longo de um único eixo apenas para cada dobra. Conceitualmente, pode ser útil imaginar o dobramento da chapa em um único eixo como algo semelhante à dobradura de papel. O cofre "porquinho" com a gaveta deslizante é cortado a laser a partir de uma chapa de aço inoxidável sendo conformado a seguir por meio de 14 dobras em uma viradeira pneumática.

O dobramento em matriz V é a operação mais cara, pois usa um conjunto de matriz e punção correspondentes e/ou um sofisticado controle por computador. A ferramenta, que produz dobras muito precisas, é quase sempre projetada para uma operação particular; embora fique com o fabricante, a ferramenta é própria e não poderá ser usada em qualquer outra aplicação sem a permissão do proprietário.

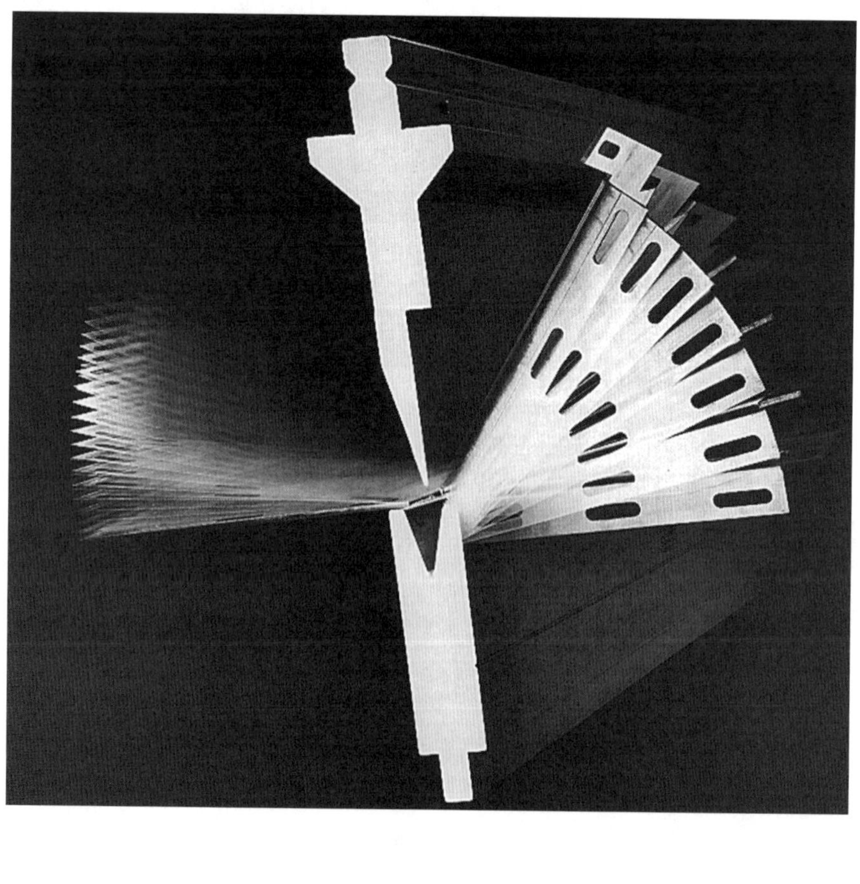

Figura 4.72 Ferramenta de dobramento (cortesia Trumpf, Inc).

Figura 4.74 Matriz de dobramento (cortesia Westport Precision)

Figura 4.75 Quiosque em chapa dobrada criado pelo autor (cortesia Concord Industries, Inc.)

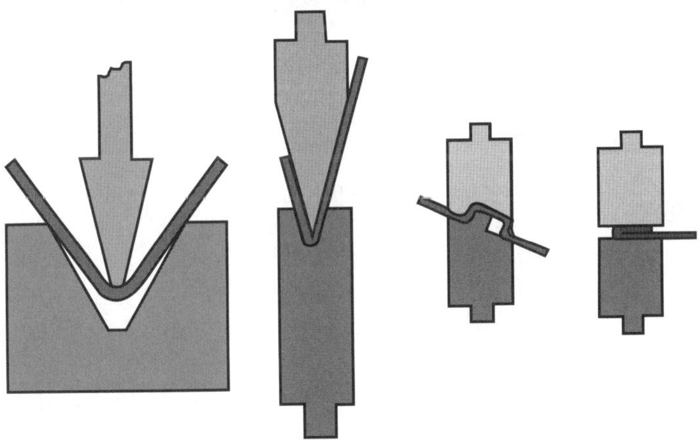

Figuras 4.73abcd exemplos de formas dobradas

Laminação contínua

Laminação contínua é um processo de alta velocidade usado para produzir formas metálicas que lembram os estrudados. Entretanto, nesse processo, o perfil é limitado à espessura original da chapa. Chapa proveniente de uma bobina é passada por uma combinação de rolos de topo, laterais e inferiores que gradualmente dão forma ao produto final ao longo do comprimento. Qualquer chapa fina, de material dúctil, pode

Figura 4.76 Laminação contínua

ser conformada pela laminação contínua, incluindo o aço galvanizado e pré-pintado, aço inoxidável e especiais, alumínio, latão e bronze. O processo de laminação contínua é usado para fabricar calhas.

Na máquina de laminar as calhas Leaf Guard, instalada em um caminhão, existem 14 grupos de rolos que dão forma a uma bobina de chapa de alumínio, criando uma calha sem emendas de comprimento contínuo.

Figura 4.77 Operador pronto para executar o corte no comprimento correto

Figura 4.78 Laminação contínua

Figura 4.79 Operação de laminação contínua

Figura 4.80 Peças laminadas

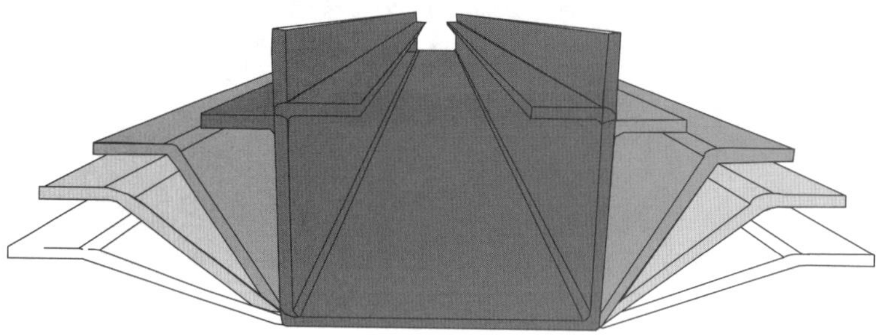

Figura 4.81 Esquema de laminação contínua

Figura 4.82 Saída da calha conformada no laminador

4.3.2 Dobramento composto

Repuxamento em torno

O *repuxamento em torno* é usado comumente para a produção de peças simétricas, com forma semelhante a vasos ou discos. O processo é muito interessante de ser observado e a transformação da chapa na forma final é quase inacreditável – mesmo ocorrendo diante dos nossos olhos. Uma ferramenta de conformar força a chapa contra um modelo metálico ou de madeira, à medida que gira em um torno especial.

Figura 4.83 Repuxamento em torno (cortesia Amalco)

Figura 4.84 Sputnik

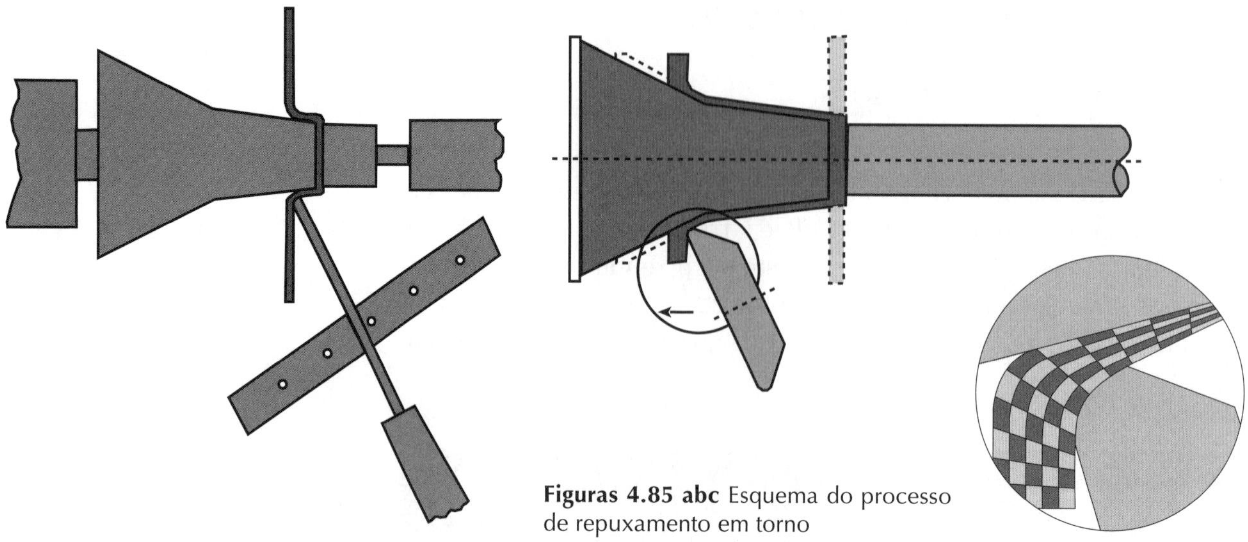

Figuras 4.85 abc Esquema do processo de repuxamento em torno

Figura 4.86 Luminária Luxo clássica (cortesia Luxo corp.)

Nas Figuras 4.85a e 4.85b, o metal é mostrado enquanto é comprimido, o que causa algum escoamento e resulta em mudança na espessura. Isso é tanto bom quanto ruim: bom, pois há algum ganho em resistência; e ruim, pois há fragilização e outras mudanças nas propriedades mecânicas. O designer pode aproveitar essa condição. O processo é laborioso, mas as matrizes não são caras. Entretanto, o repuxamento pode ser automatizado para grandes volumes de produção, mas não pode competir com o processo de embutimento para volumes muito elevados de produção.

Hidroconformação

Na *hidroconformação*, uma membrana flexível veda uma cavidade preenchida com fluido e permite que um punção com forma definida comprima a chapa contra a cavidade, criando uma forma composta que segue o contorno do punção. A pressão do fluido pela membrana elimina a necessidade de uma ferramenta fêmea compatível.

A hidroconformação é um modo econômico de conformar chapas maleáveis em peças leves, estruturalmente rígidas e resistentes. O processo emprega pressão de água, o que permite a fabricação de peças de formas complexas, com concavidades. Isso seria difícil ou mesmo impossível de realizar com ferramentas de estampar sólidas.

Peças hidroconformadas podem, geralmente, ser fabricadas com uma elevada relação rigidez por peso e a custo unitário inferior ao de peças estampadas de modo tradicional ou ainda estampadas e soldadas.

Os custos de ferramental são mais baixos do que aqueles da estampagem tradicional, o que torna a hidroconformação um processo ideal para produção de pequeno a médio porte.

Uma variante desse processo é empregada para dar forma a tubos de alumínio para quadros de bicicleta: um tubo de alumínio é colocado na parte negativa do molde. Pistões hidráulicos injetam um fluído sob pressão muito elevada no interior do tubo, fazendo com que este expanda até que preencha o molde (Esse tipo de hidroconformação é algo semelhante à moldagem por sopro de plásticos).

Figuras 4.87abcde Cobertura em chapa hidroconformada para a WF3000; desde o esboço, desenho ferramental e usinagem da ferramenta até o produto final (cortesia Crown Equipment Corp.)

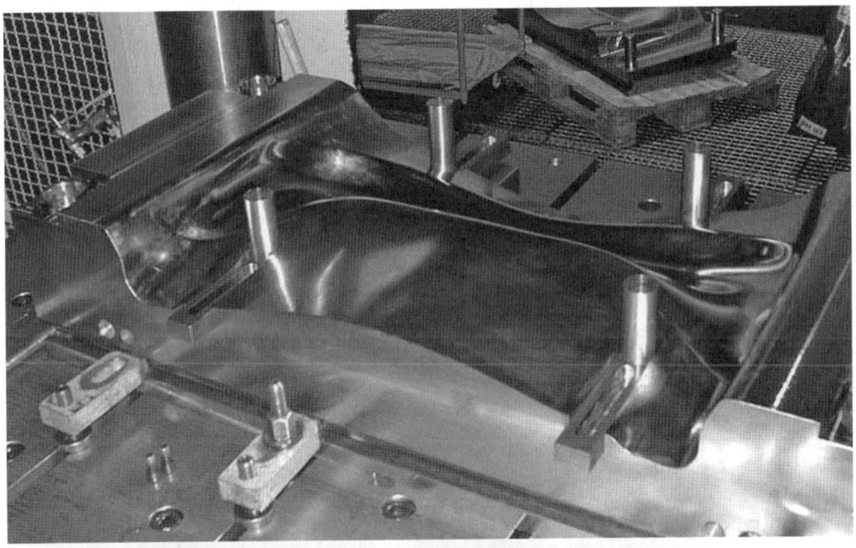

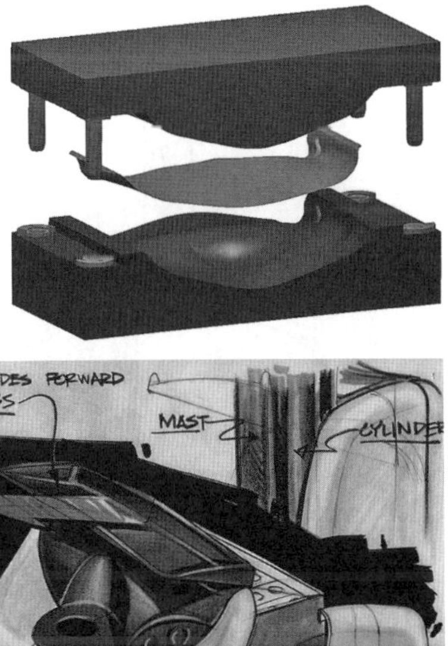

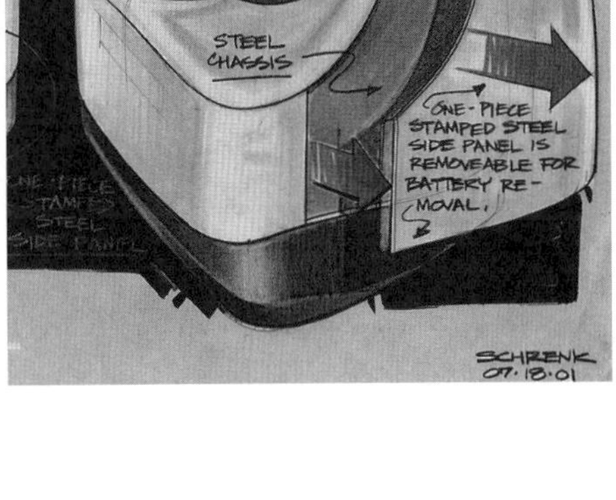

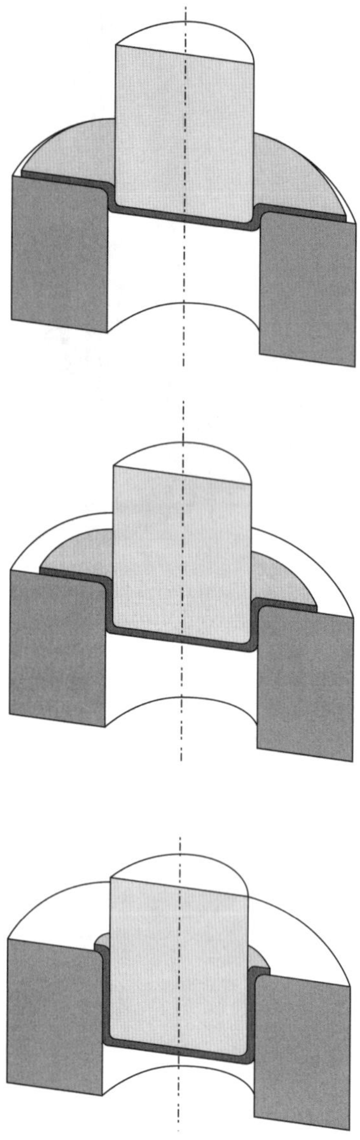

Figuras 4.88abc Esquema do processo de embutimento

Embutimento e Embutimento Profundo

No *embutimento*, uma chapa de metal restrita é forçada por um punção contra uma cavidade. Há dois tipos de prensas: as *mecânicas* e as *hidráulicas*.

Prensas mecânicas são usadas no embutimento de pequena profundidade, no qual esta dimensão é menor que a menor dimensão da abertura. Prensas mecânicas possuem um volante que armazena energia e, quando ativado, transfere a energia para o punção que golpeia a chapa, forçando-a contra a ferramenta. A faixa de tamanho das prensas mecânicas vai de 20 toneladas até 6.000 toneladas. O curso varia de 50 mm a 500 mm e as velocidades vão de 20 a 1.500 golpes por minuto.

Prensas hidráulicas são adequadas para *embutimento* profundo que normalmente é realizado em etapas. Nesse caso, a profundidade é maior que a menor dimensão da cavidade. Essas máquinas usam força hidráulica para gerar um esforço que varia de 20 toneladas a 10.000 toneladas, com cursos que podem variar de 100 mm a 800 mm. Essas máquinas podem aplicar sua máxima força em qualquer ponto do curso.

Figura 4.90 Caçarola de 1 litro da Calphalon

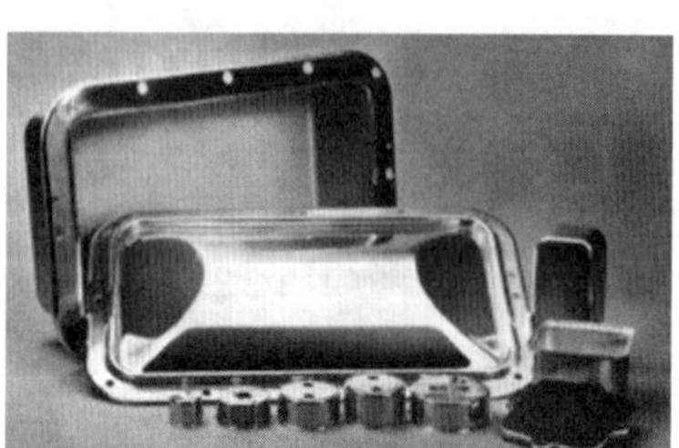

Figura 4.89 Gabinetes de carter, medidores e relés (cortesia Belmet Products Inc.)

Figura 4.91 Prensa de embutir (cortesia Belmet Products Inc.)

4.3.3 Conformação e corte

Estampagem

As máquinas de *estampagem* usam matrizes (estampos) de múltipla ação, progressivas ou de transferência para produção em grandes quantidades — normalmente de peças pequenas. Essas operações de estampagem separam formas simples e pequenas em metal tais como arruelas, geralmente com alguma operação de conformação.

Matrizes de transferência são as mais complexas. Elas podem executar uma variedade de complexas operações de conformação em tampas e recipientes metálicos, principalmente de cosméticos, nas indústrias de elementos de fixação e similares, que produzem aos milhões.

Por causa da complexidade das ferramentas de transferência, essas máquinas têm custo elevado e apresentam normalmente um diâmetro ótimo de 95 mm e profundidade de estampagem de 79 mm, produzindo em grandes quantidades peças razoavelmente complexas. Operações específicas incluem embutimento, caneladura, amassamento, embutimento reverso, abaulamento, ondulação, flangeamento, perfuração lateral/de topo, marcação, rosqueamento, bordeamento, recurvamento e recartilhamento.

Figura 4.92 Peças fabricadas por embutimento reverso (Cortesia Risdon International Inc.)

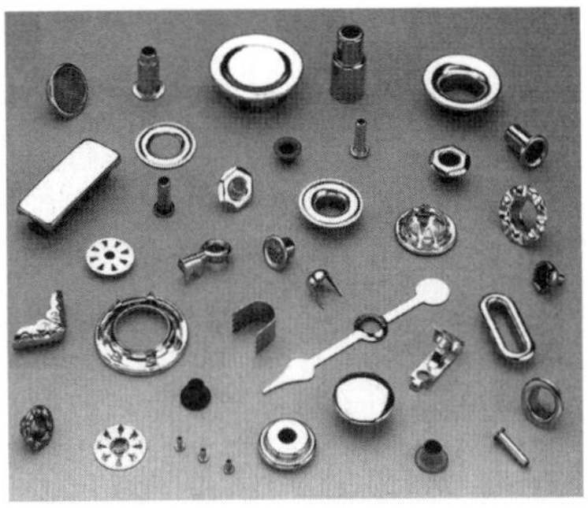

Figura 4.93 Peças estampadas (cortesia Stimpson Company, Inc.)

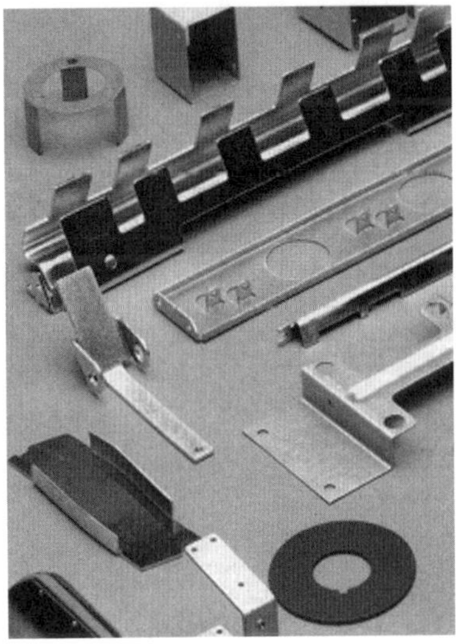

Figura 4.94 Estampados (Cortesia Bakers, Inc.)

Figura 4.95 Estampados (cortesia Peterson Manufacturing Co. Inc.)

O termo estampagem é usado para descrever todas essas operações, realizadas quase simultaneamente ou em sequência pela mesma máquina – geralmente em alta velocidade. Nesse caso, a conformação normalmente é pouco profunda.

Ferramentas ou *estampos de múltipla ação* ou compostos realizam duas ou mais ações separadas, tais como conformação e puncionamento, de uma vez em uma única máquina. A tira ou chapa metálica é mantida em posição enquanto as ferramentas acima e abaixo da chapa realizam uma série de passos de conformação. Peças produzidas em ferramentas de múltipla ação tendem a ser razoavelmente pequenas e complexas e são geralmente limitadas no que diz respeito às operações de conformação, com cadência de produção de moderada a alta.

Um *estampo progressivo* é projetado em uma série de operações de corte em sequência e conformação limitada sobre uma tira à medida que esta avança em cada estação de uma matriz complexa. As peças são mantidas ligadas à tira até a última estação, onde são finalmente destacadas da tira. Por conta da complexidade, os estampos progressivos tendem a ser caros e são limitados à fabricação em massa de peças razoavelmente planas, mas complexas.

Embora não seja rigorosamente correto, o termo estampagem é comumente empregado para designar quase todo tipo de conformação de chapas metálicas — mesmo o embutimento, especialmente de peças automotivas grandes.

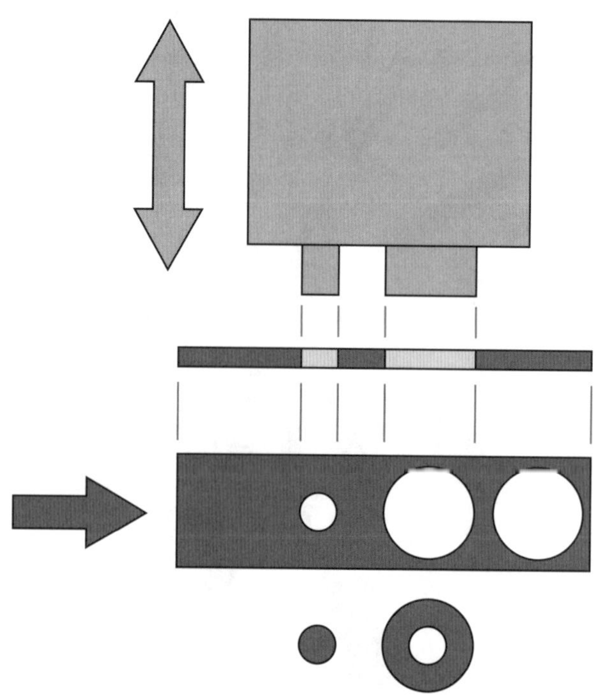

Figura 4.96 O esquema apresenta a estampagem progressiva de uma arruela simples, mas apresenta de forma clara o conceito. Muitos estampos progressivos são mais complexos e também contêm outras operações de corte e dobra.

Figuras 4.97ab Exemplos de matrizes de transferência e peças conformadas (cortesia Risdon Corp.)

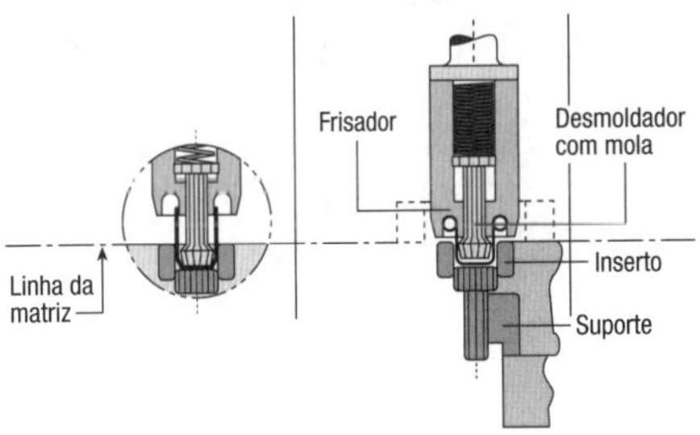

Figuras 4.98

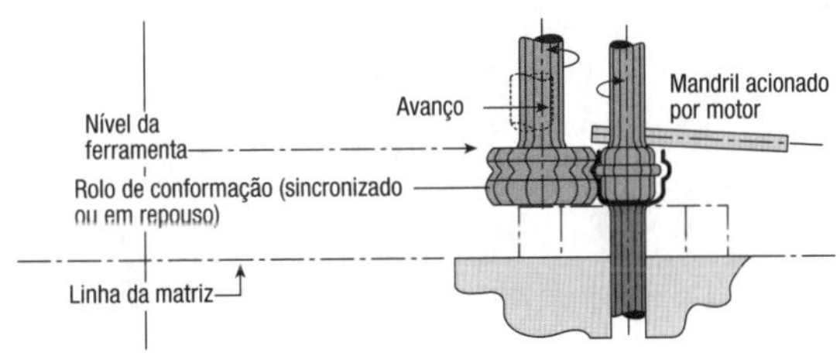

Figuras 4.98a

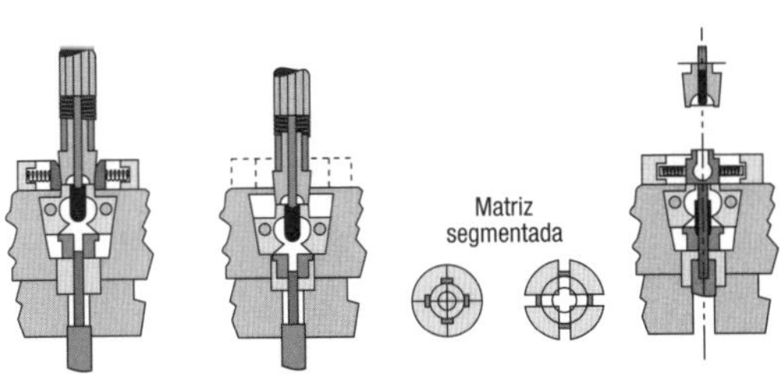

Figuras 4.98b

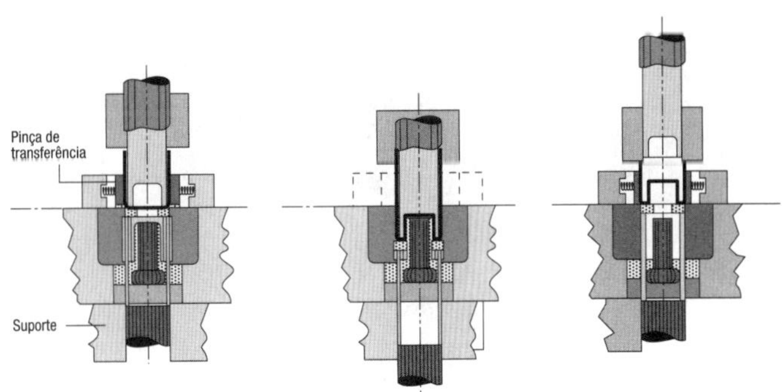

Figuras 4.98c

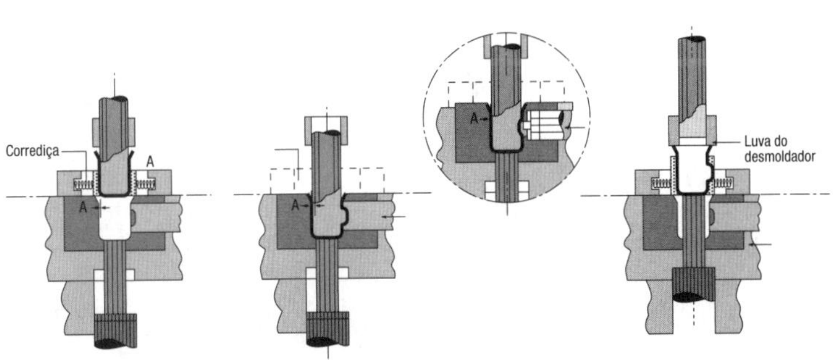

Figuras 4.98d

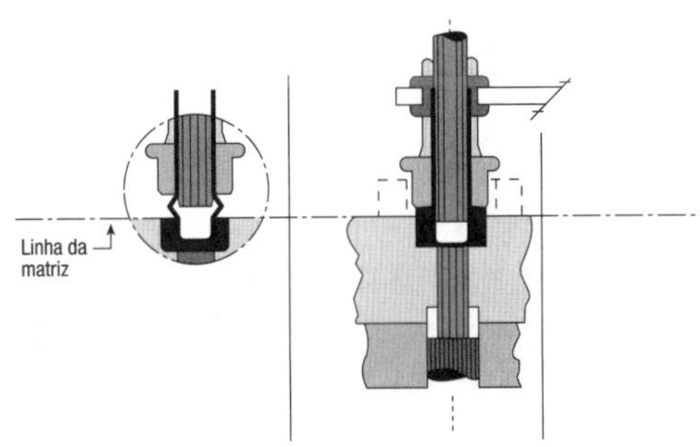

Figuras 4.98e

5 Corte de metais

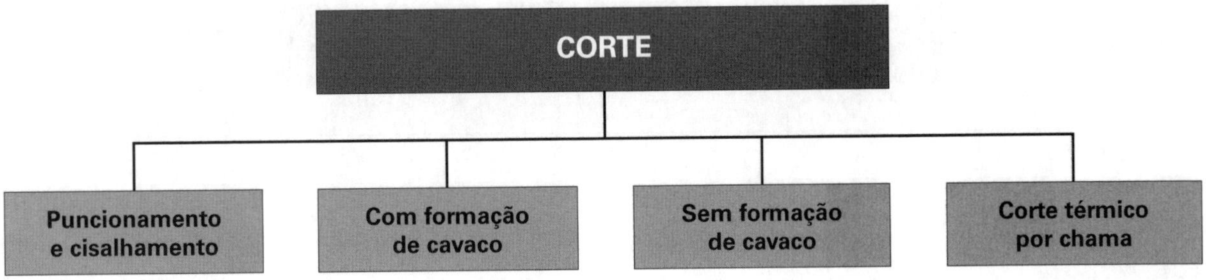

Figura 5.2 Processos de corte

O *dicionário Webster's College Edition* fornece meia página de definições para a palavra, aparentemente simples, *corte*. As definições são caracterizadas como resultados ou consequência, como se denotassem penetração ou incisão, separação, remoção ou divisão; ou ainda redução e semelhantes. Esses termos são depois subdivididos para explicar cada categoria mais detalhadamente.

Na fabricação, a palavra corte, usada para o processo ou resultado, é igualmente complexa e deve-se ter cuidado ao utilizar este termo para descrever o conceito em cada grupo particular de processo de fabricação. Geralmente, o termo exato para cada tipo de corte evoluiu em relação a cada tipo de processo de fabricação, forma do material a ser cortado e/ou tolerância demandada.

Na indústria de chapas metálicas, as palavras *cisalhamento*, *estampagem*, *puncionamento* são usadas para descrever a abertura de furos numa chapa. Além das operações padrão o corte a laser de chapas é hoje padrão na indústria. A palavra *corte* não é comumente usada para descrever os processos de cortar uma chapa, exceto quando se empregam tesouras para cortar a chapa num comprimento demandado, mas mesmo neste caso o processo é referido normalmente como *cisalhamento*. Entretanto, a sucata é referida por termos como aparas ou recortes.

Quando o corte é feito a partir de um bloco de metal (usando uma ferramenta formadora de cavaco), a palavra *usinagem* é empregada para descrever os processos, ainda que uma ferramenta de corte específica esteja sendo usada. O termo em inglês *machining* tem origem no emprego de uma máquina específica para acionar a ferramenta e obter determinada tolerância de fabricação. (O termo em português *usinagem* tem origem em *usine* – termo francês para *fábrica*). Em passado recente, mais ou menos cinco milésimos de polegada (+/– 0,13 mm) era considerado normal. Hoje, com controle por computador, mais ou menos cinco décimos de milésimo de polegada é o rotineiro.

Na *usinagem sem formação de cavaco*, processos químicos, eletro-químicos, elétricos, mecânicos e/ou térmicos são usados para cortar materiais. Processos de *corte térmico* empregam gás, laser e/ou plasma.

Figura 5-1 Na página anterior: Ilustração de Steve Svancara (cortesia de LMT-FETTE)

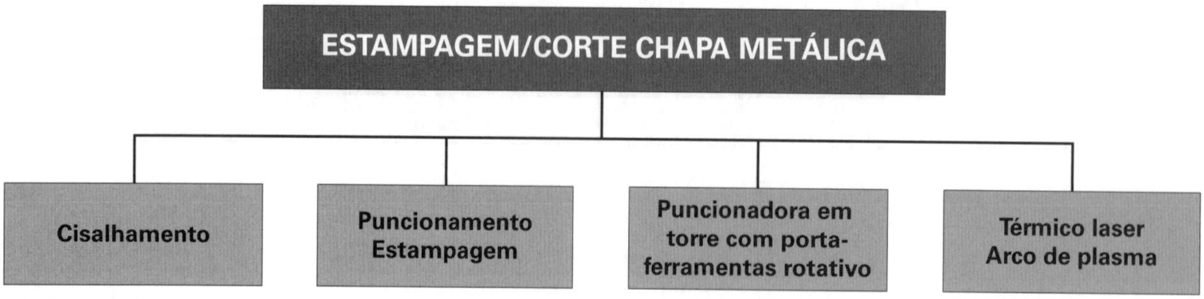

Figura 5.3 Estampagem/Corte de chapa metálica

5.1 Puncionamento de Chapas e Cisalhamento

O *puncionamento* e o *cisalhamento* de chapas são limitados àquelas com espessura (T) menor do que 6,3 mm. Chapas metálicas são importantes em design industrial especialmente em equipamentos e produtos de escritório, tais como computadores, copiadoras, e uma grande gama de equipamentos de pesquisa médica e industrial. Gabinetes feitos em pequena escala, de qualquer tamanho, bem como todos os invólucros de grande porte serão muito provavelmente feitos de chapas metálicas – normalmente de aço ou alumínio. Chapas são empregadas em eletrodomésticos e gabinetes onde há demasiada geração de calor, tais como motores a gasolina, fornos e luminárias.

Avanços no Controle Numérico Computadorizado (CNC) e programação têm melhorado muito a precisão, reduzindo sobremaneira os custos e tempo de troca de ferramenta, além de aumentar o potencial para inovação em *design*. No passado, um punção e uma matriz (ferramenta) tinham de ser especialmente projetados e fabricados de modo a realizar um furo com geometria especialmente criada em uma chapa. A tecnologia de corte a laser/plasma controlado por computador quase eliminou essa necessidade e o tempo total de preparo das peças leva atualmente alguns dias, em vez de semanas ou meses. Essas tecnologias novas têm melhorado a qualidade e quase eliminaram os erros. Avanços em revestimentos protetores e decorativos têm contribuído com o potencial de inovar em *design* com chapas metálicas.

A velha tecnologia de punção e prensa não foi totalmente eliminada pelas tecnologias novas. Há uma necessidade contínua das antigas tecnologias de puncionamento de chapas para produção de grandes lotes, em que uma ferramenta especialmente projetada é mais econômica em termos de estratégia de fabricação de peças.

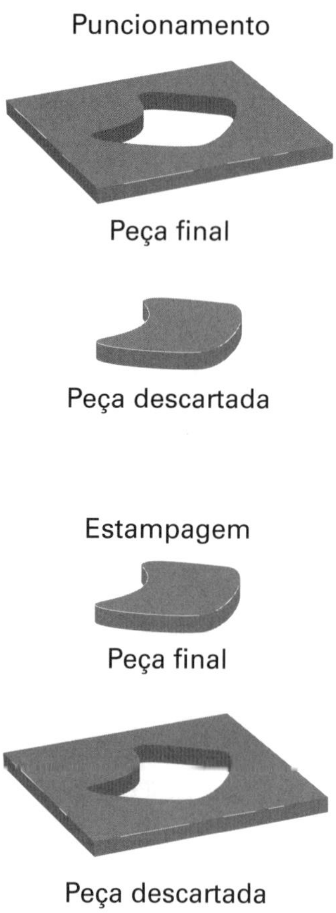

Figura 5.4 Desenho de puncionamento e estampagem

Terminologia da indústria de chapas

Na *indústria de processamento de chapas*, há uma tendência à maior especificidade a respeito de cada termo de estampagem ou puncionamento que é usado, embora possa haver pouca diferença entre eles. Um bom exemplo está em puncionamento e estampagem, que são praticamente idênticos exceto pela peça que é descartada. Um punção normalmente faz um furo em uma chapa; na estampagem, a peça é geralmente maior ou tem uma forma que pode ter furos feitos anteriormente à sua estampagem.

Puncionamento

A *puncionadora* possui em sua torre uma série de punções que podem realizar furos de tamanhos diferentes, continuamente. A troca de ferramenta é muito rápida desde que cortes de mesmo tamanho sejam feitos em uma chapa que é movida para frente e para trás sob o punção.

A maioria das operações de puncionamento em chapas é feita em uma máquina de comando numérico (CNC) com capacidade limitada de formatos. Essas máquinas são extremamente precisas e muito rápidas e também executam trocas rápidas de ferramentas. Elas substituem o método antigo de produção, no qual os punçoes eram projetados com formatos específicos. A maiora dos punções nas máquinas automáticas

Figura 5.5 Geralmente padrões de furos como aberturas de ventilação são produzidos por um punção específico. O *designer* deve descobrir quais punções padrão estão disponíveis antes de especificar um padrão que tenha de ser encomendado a custo mais elevado e ainda causar um atraso na produção. Na parte inferior, uma abertura permite que as peças e as aparas sejam liberadas da área de trabalho da puncionadora (cortesia Trumpf, Inc.)

possui formas padronizadas e são necessários vários golpes para produzir furos de formas variadas. Ferramentas específicas para formas, tais como aberturas para conectores eletrônicos ou entradas de ar, ainda são fabricadas para aplicações nas quais o projeto não mudará e as quantidades produzidas são grandes o suficiente para custear a despesa com ferramental. Uma característica nova é a adição do corte térmico usando laser ou plasma descrito no Capítulo 5.3. Foram recentemente desenvolvidos o manuseio automático de chapas e os centros de puncionamento.

Figura 5.6 Detalhe do punção (cortesia Trumpf, Inc.)

Figura 5.7 Puncionadora Trumat 500 (cortesia Trumpf, Inc.)

Figura 5.8 Abertura inferior da puncionadora (cortesia Trumpf, Inc.)

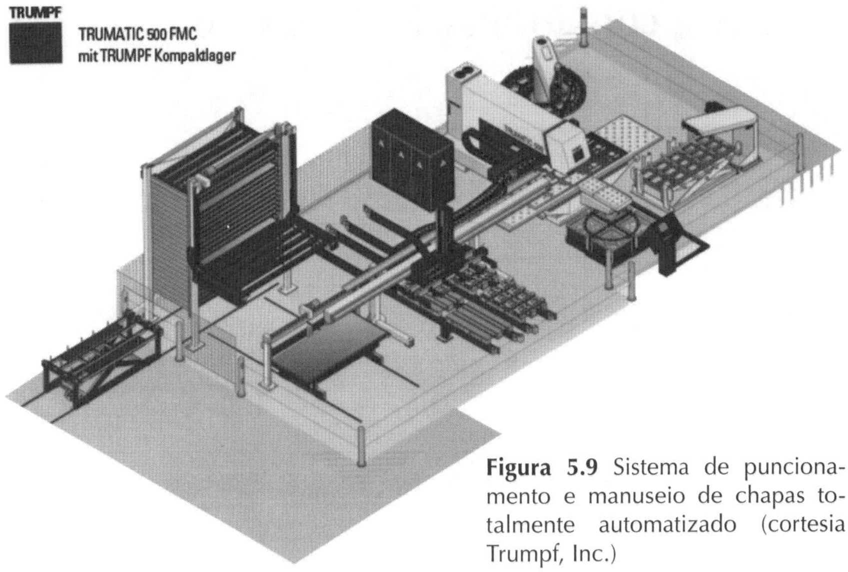

Figura 5.9 Sistema de puncionamento e manuseio de chapas totalmente automatizado (cortesia Trumpf, Inc.)

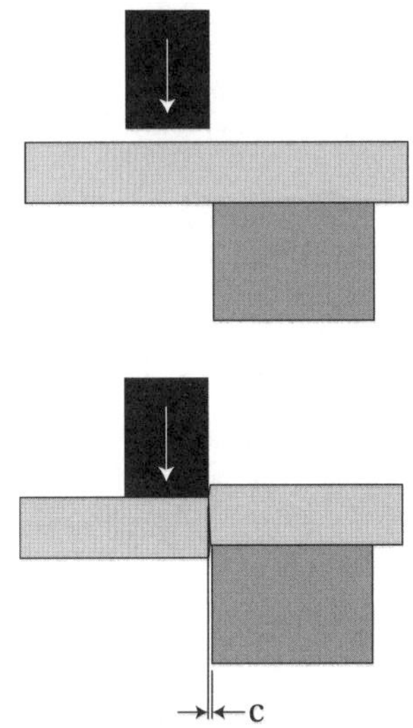

Figura 5.10 A folga adequada, c, na zona de deformação no cisalhamento

Puncionamento de chapas e cisalhamento

No processo de cisalhamento, ocorre uma ação semelhante à de uma tesoura comum, entre o punção e a ferramenta. O punção ou guilhotina rompe a superfície para iniciar a ação de corte (cisalhamento). A qualidade do corte depende da folga, "c" do inglês "clearance". O processo é uma ação de rasgamento e a aresta possui um resíduo, ou rebarba, que é muito afiada e deve ser removida. Se a folga for muito grande, a chapa será distorcida, ocorrerá uma rebarba grande e será difícil usar o processo para os propósitos normais.

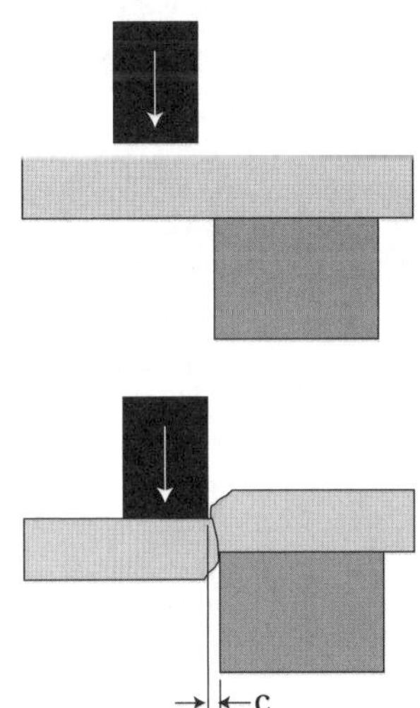

Figura 5.11 Efeito da folga, c, inadequada na zona de deformação no cisalhamento

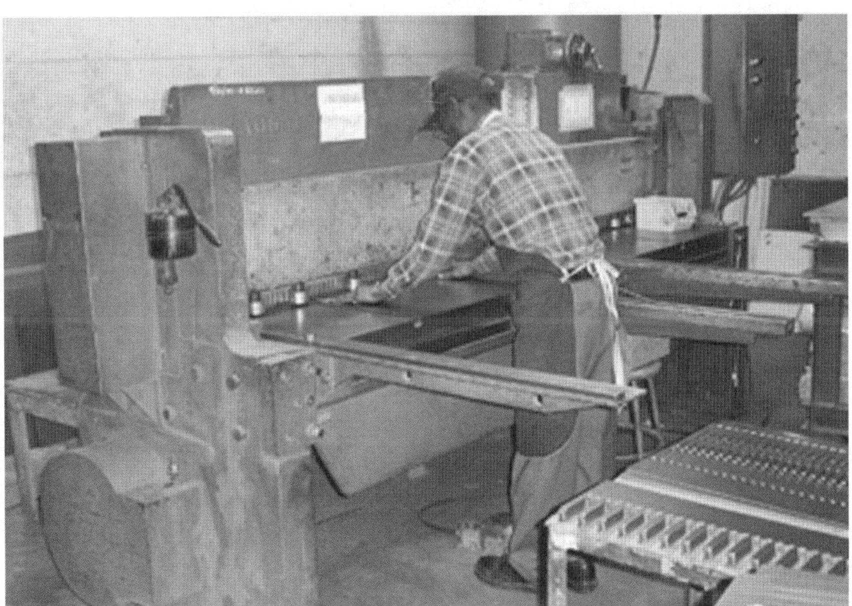

Figura 5.12 Guilhotina (cortesia Amalco)

5.2 Corte com formação de cavaco

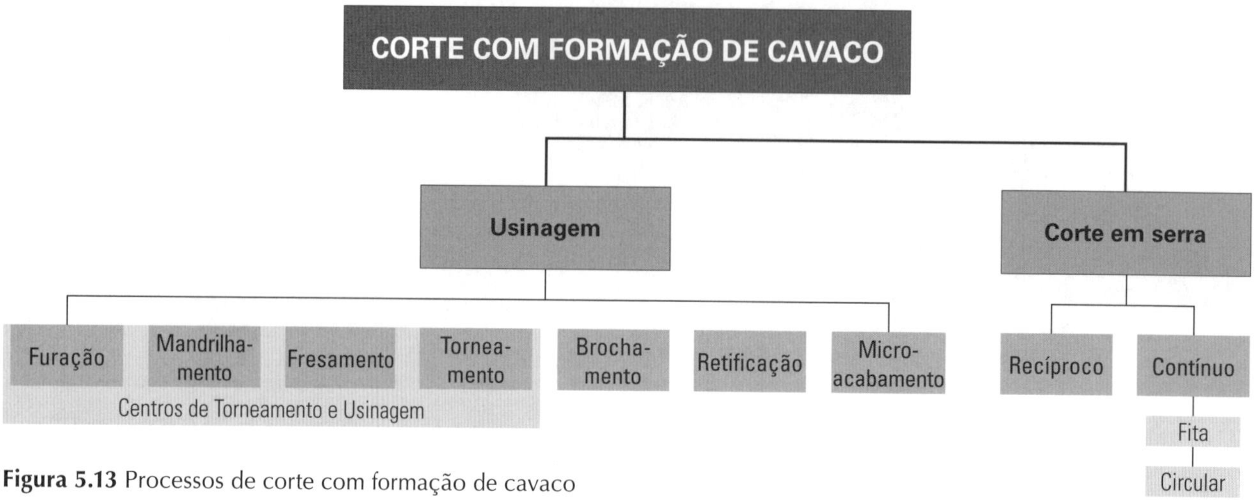

Figura 5.13 Processos de corte com formação de cavaco

Figura 5.14 Peças usinadas prontas para a fase seguinte de produção (cortesia Crown Equipment Corp.). Ver também a Figura 5.41

Neste capítulo, o termo *corte com formação de cavaco* refere-se à separação ou redução do material pela remoção de cavacos. A maioria dos materiais pode ser cortada por quase todas as máquinas-ferramentas desde que a ferramenta de corte seja mais dura que a peça ou o material sendo trabalhado.

Quando as tolerâncias do corte atingem um mínimo de +/– 0,127 mm, este é denominado usinagem. Na usinagem, a peça e a ferramenta de corte são mantidas em posições relativas precisas de modo a que se obtenha a tolerância necessária para o corte desejado. A velocidade e o avanço do corte juntamente com os lubrificantes e líquidos refrigerantes adequados são importantes para os aspectos econômicos e de duração das ferramentas na usinagem. Hoje, com o comando computadorizado, são comuns tolerâncias de +/– 0,0127 mm. Usinagem é normalmente um processo posterior a outro de conformação, mas normalmente antecede um processo de acabamento ou união.

Centros de usinagem e torneamento

O avanço mais importante no corte de blocos de metal é o centro de usinagem, que é hoje dominante nos processos de usinagem por conta de sua incrível velocidade e absoluta precisão comparado com a realização dos mesmos processos em uma máquina de cada vez (mesmo com CNC). Enquanto nesse modelo de produção pode-se levar horas para trocar ferramentas e ajustar a máquina toda vez que uma peça nova for movida, um centro de usinagem totalmente automatizado pode realizar várias operações de corte em todas as cinco faces sem precisar mover a peça. Isso reduz o tempo total de processo a minutos ou horas, em vez de dias ou semanas, com tolerâncias rotineiras na casa de mais ou menos cinco décimo milésimos de polegada (+/– 0,0127 mm), ou em vez da antiga tolerância padrão de cinco milésimos de polegada (+/– 0,127 mm).

Um *centro de usinagem* é projetado para levar várias ferramentas até a peça em trabalho, em vez de levar esta até cada máquina. A vantagem principal é que um centro de usinagem elimina os demorados ajustes de reposicionamento, cada vez que a peça é movida. O método antigo aumentava a possibilidade de erro e atrasava o tempo efetivo de corte enquanto a peça era levada de uma máquina a outra. Esses centros de usinagem controlados por computador, com capacidade de troca de ferramenta totalmente automatizada, são projetados para desempenhar uma variedade de operações de corte em até cinco superfícies sem movimentar ou reposicionar a peça.

Centros de torneamento são tornos controlados por computador que podem ter cabeçotes duplos com porta-ferramentas automatizado, também duplicado. Um programa de torneamento de peças pode preparar e trocar conjuntos completos de ferramentas em menos de 30 segundos, uma tarefa que anteriormente demorava uma ou mais horas para a troca de ferramentas e castanhas. Alguns centros de torneamento permitem acesso imediato à máquina de até 48 ferramentas de torneamento, que podem desempenhar todas as operações para a maioria das peças. As máquinas maiores são projetadas para máxima produtividade nos dois eixos, seja torneando as duas extremidades de uma mesma peça ou duas peças diferentes ao mesmo tempo.

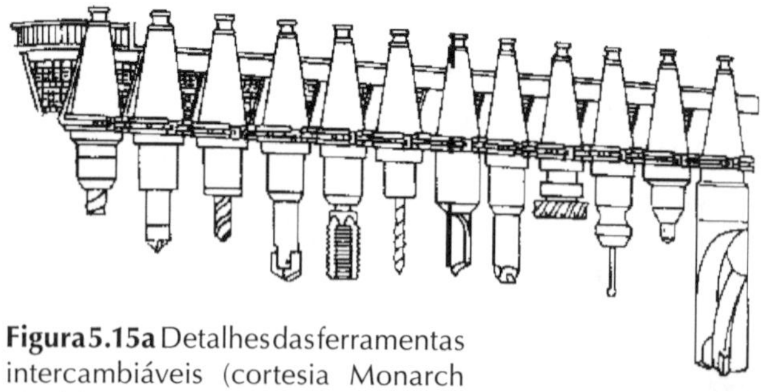

Figura 5.15a Detalhes das ferramentas intercambiáveis (cortesia Monarch Machining Centers)

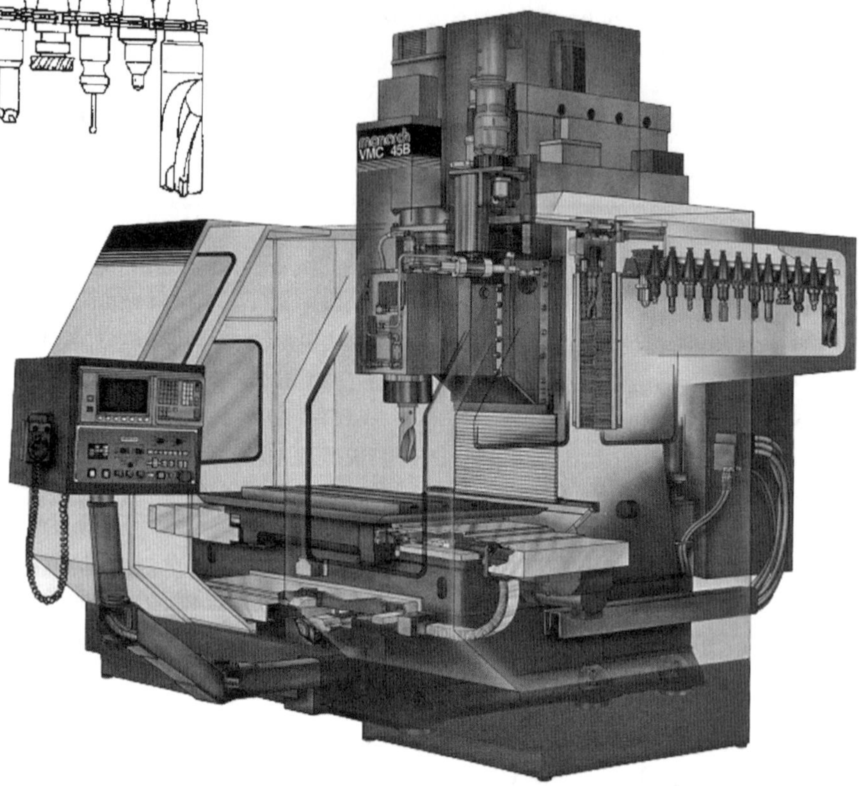

Figura 5.15b Centro de usinagem (cortesia Monarch Machining Centers)

Figura 5.16 Centro de torneamento (cortesia Monarch Machining Centers)

Torno/Torneamento

Um *torno* é usado na fabricação de peças cilíndricas cheias ou ocas, bem como na fabricação de roscas ou formas similares ao redor de um eixo. Nesse processo, a peça de trabalho, fixada a uma placa de castanhas, gira enquanto a ferramenta de corte, fixada no porta-ferramentas, move-se sob o controle de um operador.

O torno é uma das ferramentas mais antigas. Atualmente, centros de torneamento são automatizados e possuem cabeçotes com até oito ferramentas. Há tornos especiais para repuxamento e peças de grandes diâmetros.

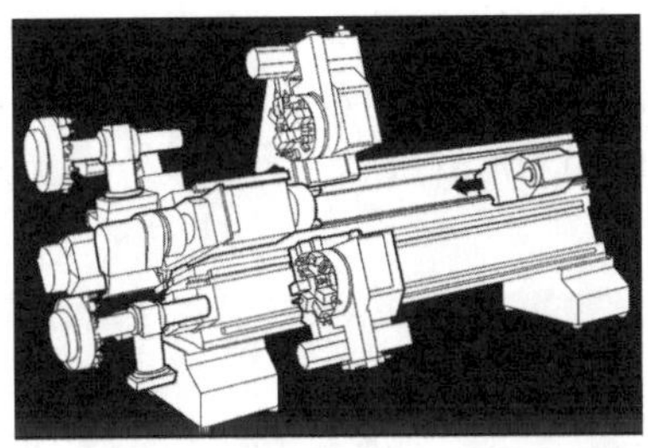

Figura 5.17 Desenho de centro de torneamento (cortesia Monarch Machining Centers)

Figura 5.19a Corte de metal em um torno com saída de cavaco (cortesia Iscar Metals, Inc.)

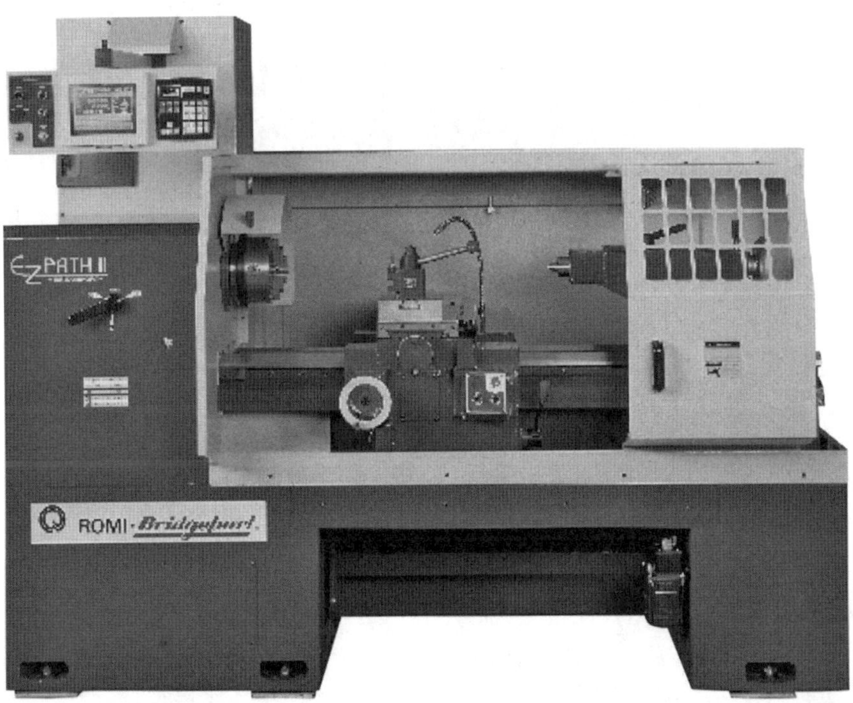

Figura 5.18 Torno automatizado (cortesia Bridgeport machines)

Figura 5.19b Torno (cortesia Platt Technical School)

Fresamento

Uma *fresadora vertical* parece uma furadeira, e funciona mais ou menos como uma, com exceção de permitir muito mais flexibilidade no seu eixo de corte e nos movimentos da peça em trabalho. O cabeçote pode ser inclinado em várias posições e a mesa pode ser ajustada com precisão nos eixos XYZ, em tolerâncias de mais ou menos cinco milésimos de polegada (+/– 0,127 mm)

Uma *fresadora horizontal* tem alguma semelhança com a vertical, exceto que o eixo da ferramenta está na horizontal para permitir o fresamento de comprimentos maiores. Fresadoras, junto com outras máquinas tradicionais, não são mais consideradas práticas para a usinagem de produção, foram substituídas pelos centros de usinagem e máquinas de eletroerosão (EDM). Fresadoras tradicionais ainda estão em uso em tarefas limitadas como reparo e fabricação de ferramental, bem como em pequenas oficinas de modelos.

Figura 5.20 Fresadoras verticais (cortesia Westport Precision)

Retificação

As operações básicas de *retificação* são a retífica de superfícies planas, cilindros, interna e sem centros (*center-less*). A ferramenta de corte é composta por grãos abrasivos aderidos a uma roda e distribuídos aleatoriamente. Cada grão remove um pequeno cavaco. O processo de abrasão é uma operação de acabamento, indicada primariamente para mancais e superfícies de atrito. Tolerâncias de 0,005 mm são comuns.

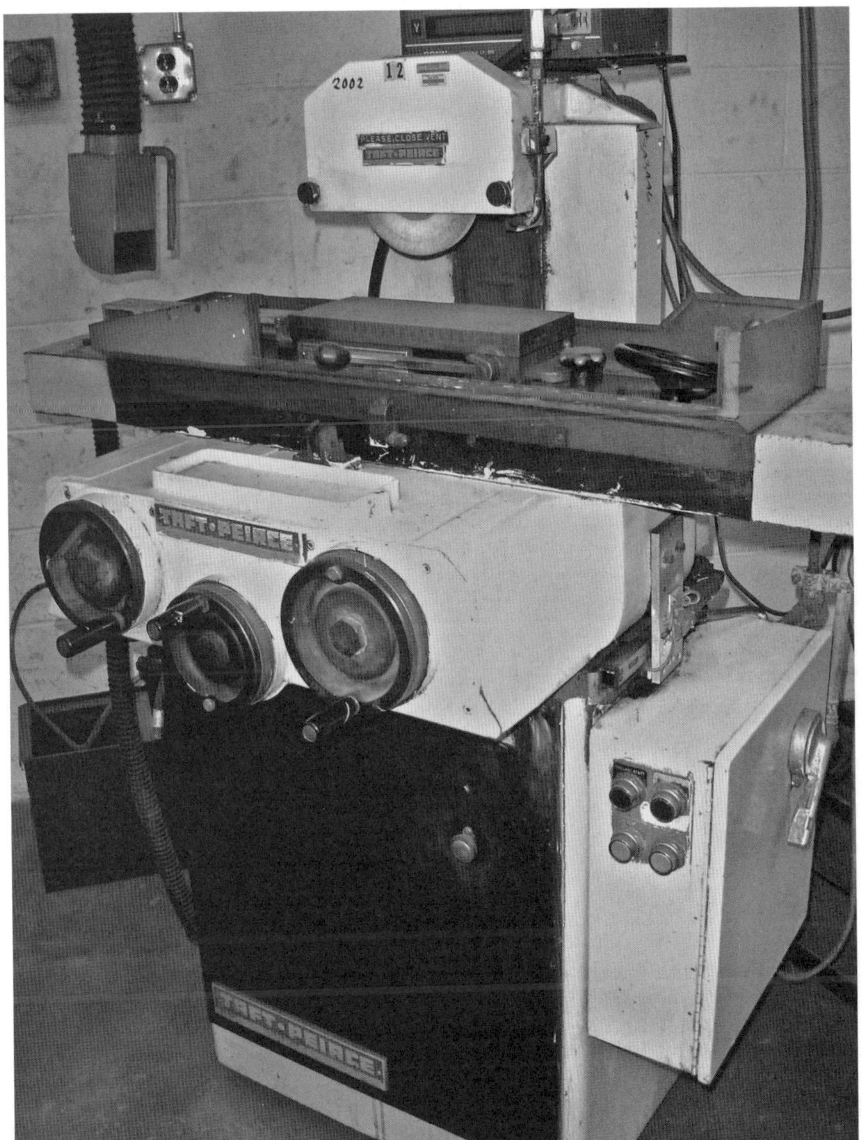

Figura 5.21 Retificadora (cortesia Platt Technical School)

Brochamento

Uma *brocha* é uma ferramenta com múltiplos dentes, empregada para cortar e dar acabamento a superfícies internas e externas. É, com efeito, uma longa ferramenta de corte de múltiplos dentes que se parece com uma lima muito grande. Pode, numa única passada, produzir cortes com bom acabamento superficial e precisão dimensional. O custo elevado de projeto e desenvolvimento de uma brocha só pode ser justificado na produção de elevadas quantidades.

Figura 5.22 Ferramenta de brochamento na máquina (cortesia Crown Equipment Corp.)

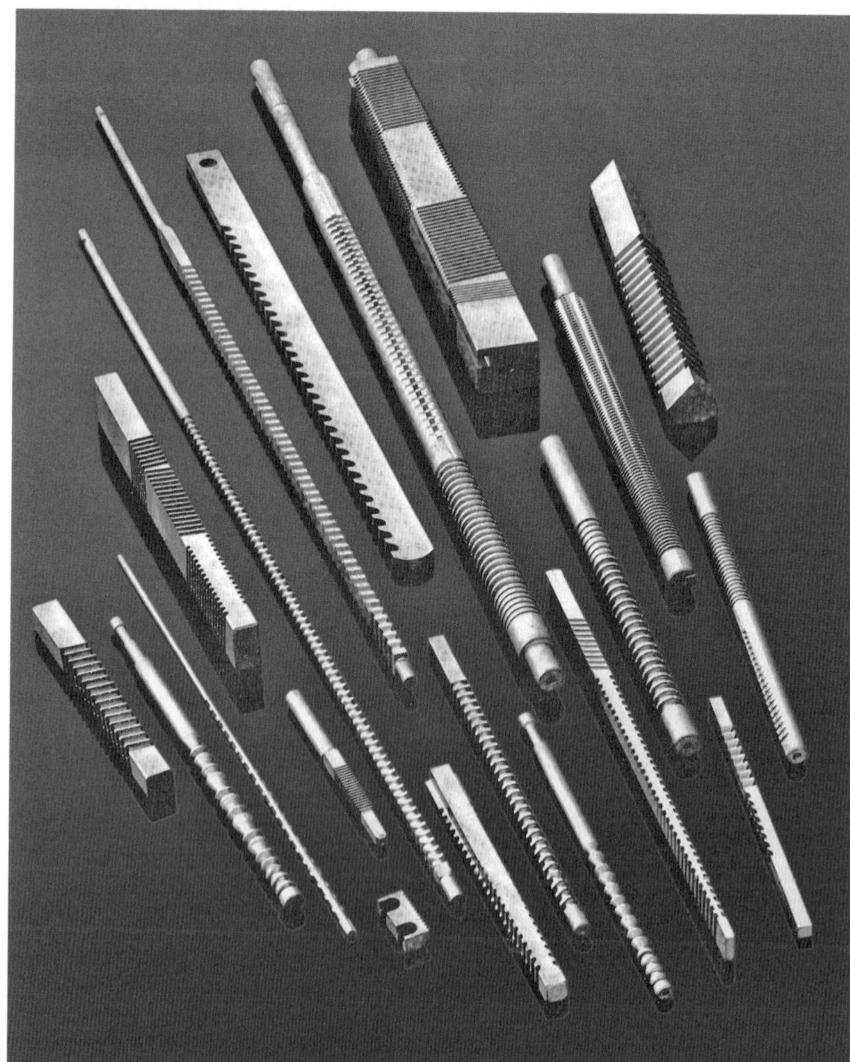

Figura 5.23ab Uma série de brochas e peças (cortesia duMont Corporation)

Furação

Furação, um dos processos de usinagem mais comuns, emprega uma ferramenta com aresta de corte helicoidal, a broca. Esta é usada para usinar furos em uma peça conforme um eixo.

Serra

O processo de *serrar* é, muitas vezes, usado para cortar um pedaço de material que será trabalhado em outros processos subsequentes. Ferramentas essenciais de produção, as máquinas de uso industrial em sua maioria são capazes de cortar com precisão de até +/– 0,127 mm. Os dois tipos básicos são as serras de movimento alternativo e contínuo. As ferramentas de corte contínuo são divididas em serra de fita e disco. A máquina e a lâmina apropriadas são escolhidas pelo tipo e espessura ou forma do material a ser cortado.

Figura 5.24 Três tipos de serras (cortesia DoAll)

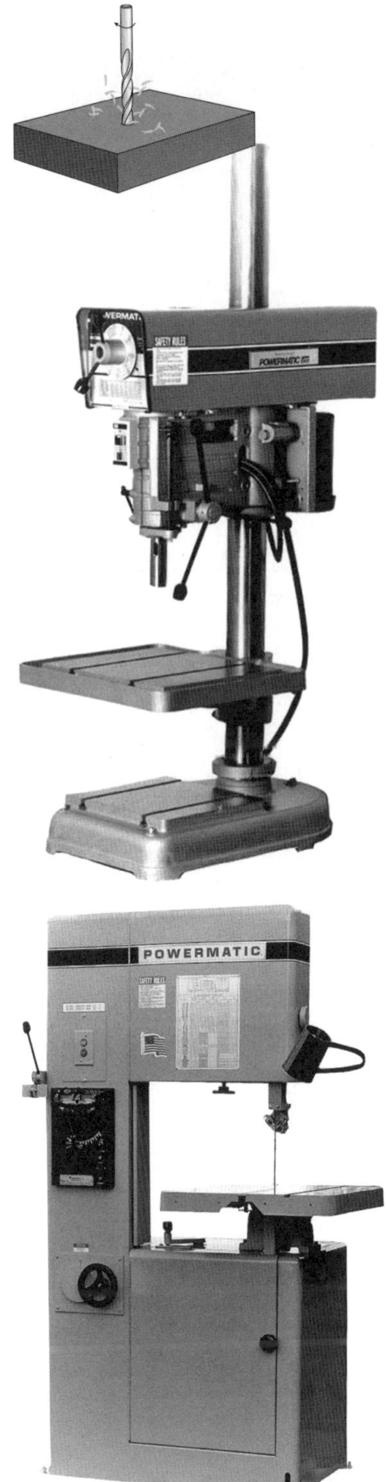

Figuras 5.25abc Ilustração da furação com saída do cavaco, furadeira de bancada, serra de fita (cortesia Bridgeport Machines)

Mandrilhamento

Uma *mandrilhadora* é usada para acabar e usinar os perfis circulares internos em peças ocas ou furos feitos em fundição ou outros processos. Suportes de ferramentas de mandrilhar são feitos com a capacidade de amortecer vibrações. Mandrilhadoras foram originalmente criadas para fazer o acabamento interno dos canos de canhões. Em inglês, emprega-se o termo *bore*, referente ao processo que dá ao interior do cano de canhão a configuração espiralada e ajusta o diâmetro interno, além de fazer o acabamento da superfície interna do cano.

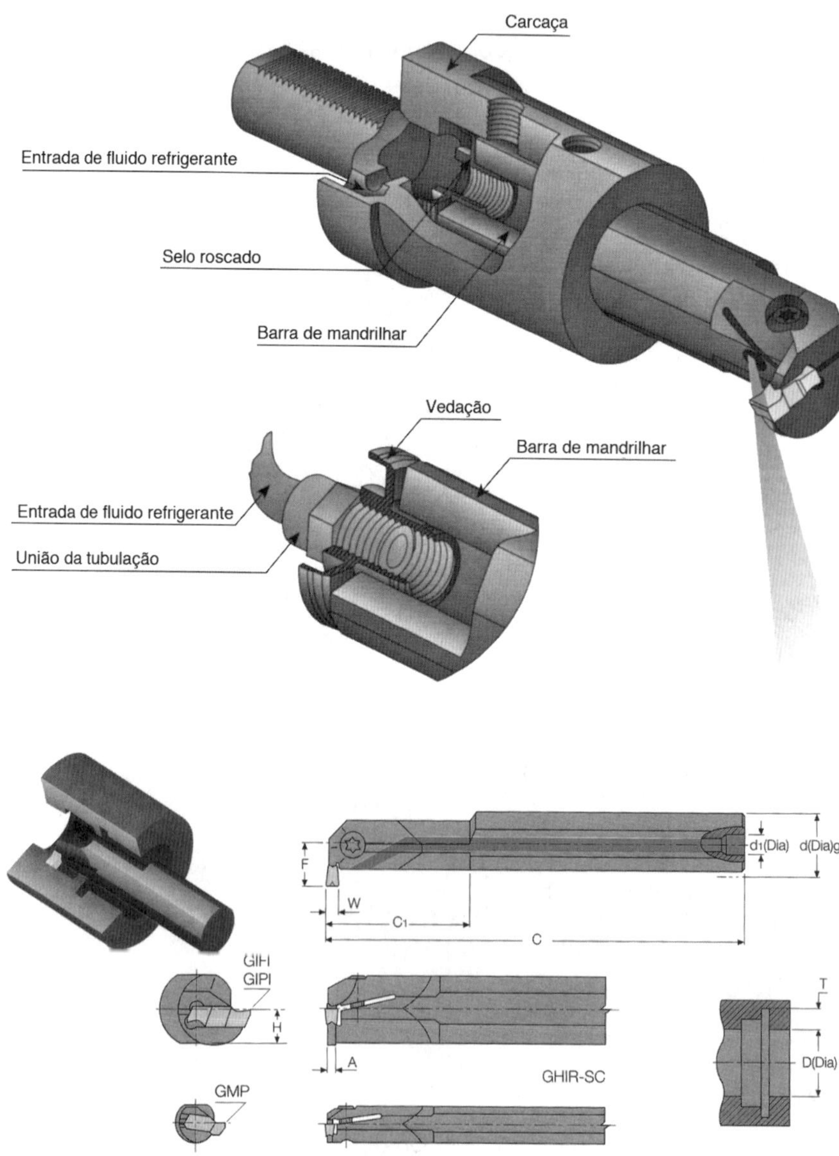

Figura 5.26 Suporte e ferramenta de mandrilhar (cortesia Iscar Metals, Inc.)

5.3 Corte sem formação de cavaco

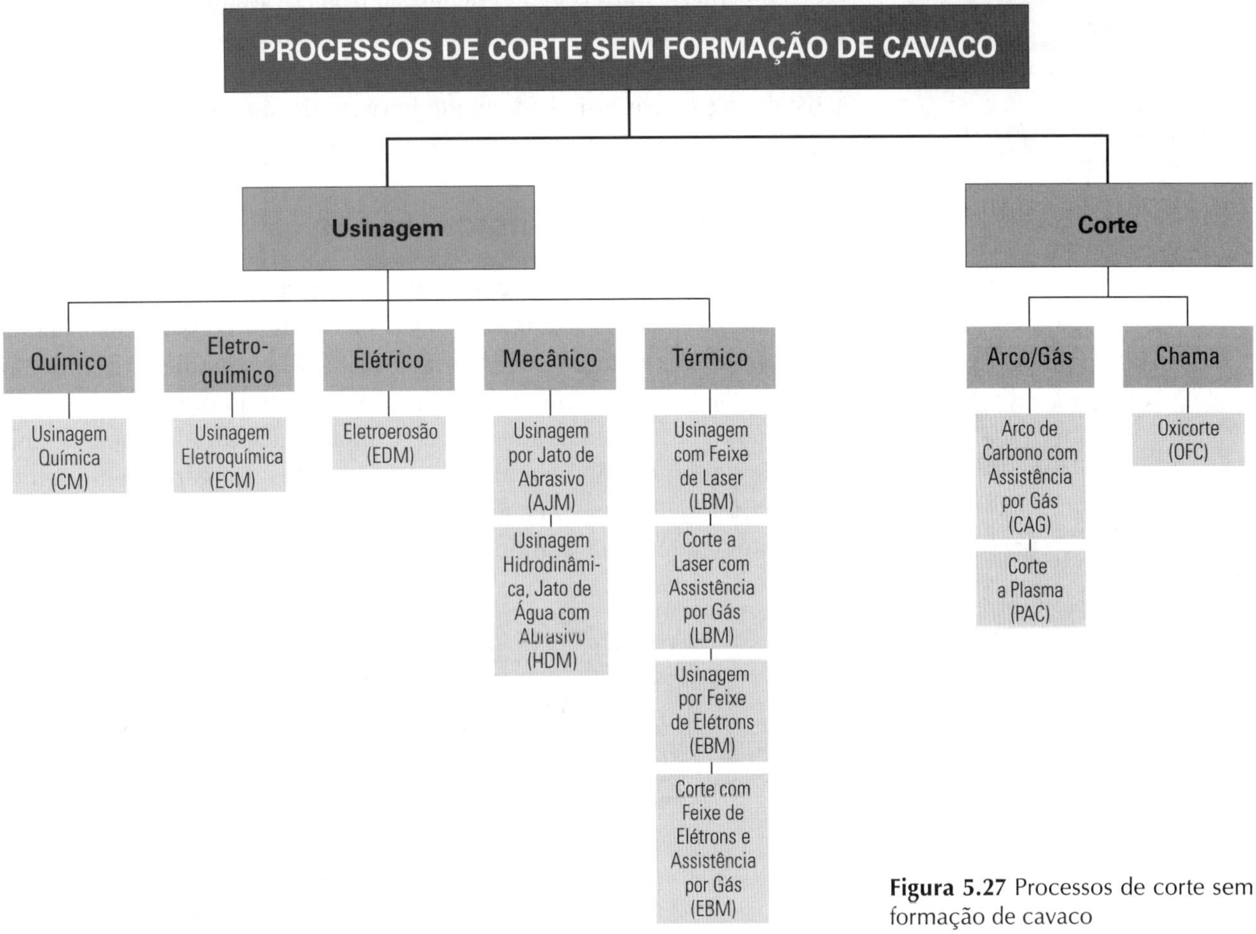

Figura 5.27 Processos de corte sem formação de cavaco

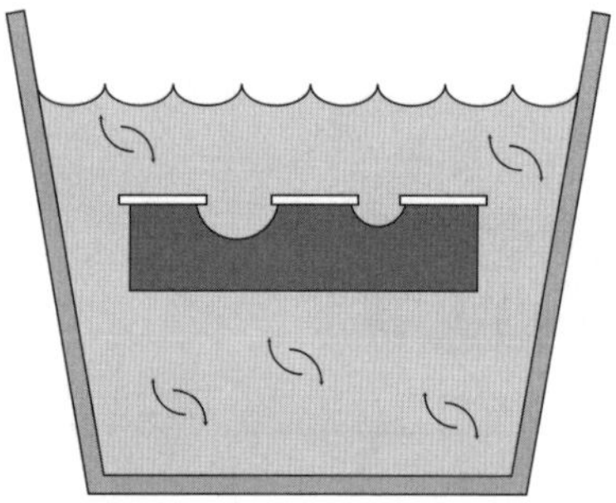

Figura 5.28 Esquema de usinagem química

Usinagem química (CM)

Na *usinagem química*, cavidades rasas (até 12 mm) são normalmente feitas nas peças para redução global de peso. O ataque seletivo de uma peça por um produto químico é controlado por máscaras ou por imersão parcial no produto. Os custos associados de ferramental e equipamento são baixos e o processo é adequado para produção de pequeno volume.

Usinagem eletroquímica (ECM)

Usinagem eletroquímica é essencialmente o reverso da eletrodeposição; remove grandes quantidades de metal de cavidades profundas e com formatos complexos. Uma solução salina condutora remove o material da peça por ação eletroquímica, formando uma cavidade. Os custos associados de ferramental e equipamento são elevados, o consumo de energia também é alto. As ferramentas são geralmente feitas de latão, cobre, bronze ou aço inoxidável. O processo é adequado para produção de médios a grandes volumes.

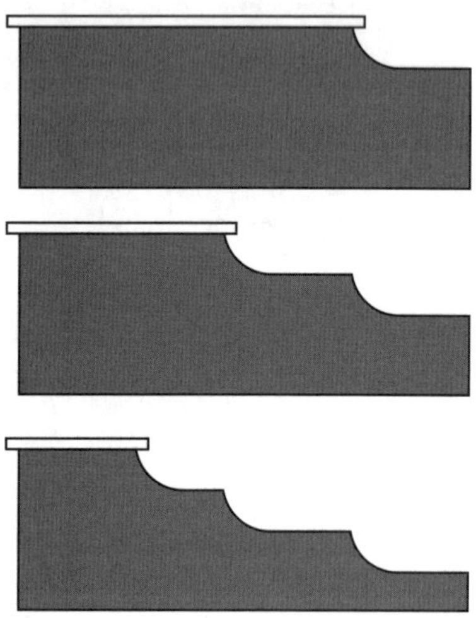

Figuras 5.29abc Estágios de produção de uma cavidade com perfil específico usando usinagem química

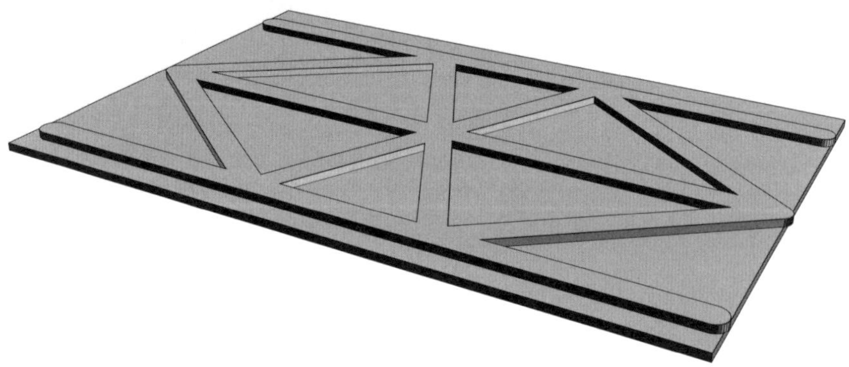

Figura 5.31 Projeto típico para redução de peso usando usinagem química

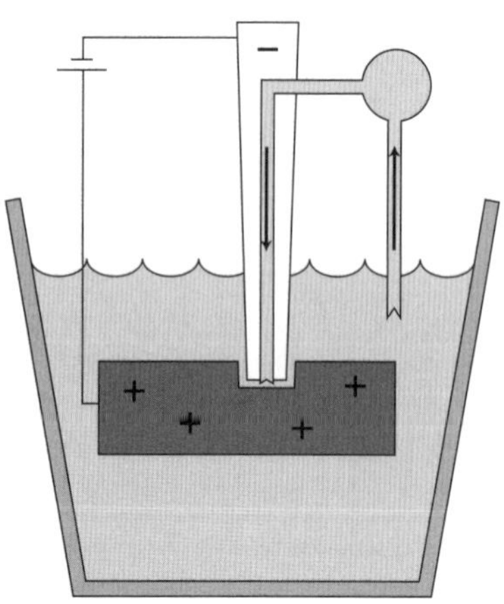

Figura 5.30 Esquema do processo de usinagem eletroquímica

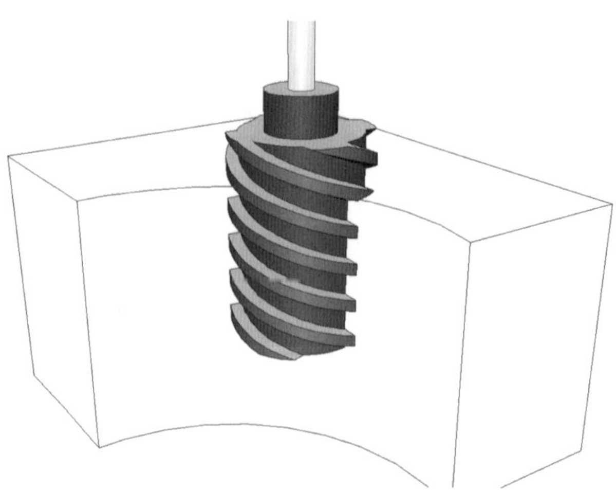

Figura 5.32 Cavidade em espiral produzida por ferramenta rotativa de eletroerosão

Eletroerosão (EDM)

Na usinagem por eletroerosão, os metais são erodidos por descargas elétricas. Desenvolvido nos anos 1940, o processo emprega uma ferramenta de forma feita em carbono. A peça em trabalho, imersa em uma solução não condutora, é conectada a uma fonte de energia. Uma faísca descarrega através do fluido, removendo uma pequena quantidade de metal. Os custos associados de ferramental e equipamento são elevados, mas o procedimento pode valer a pena quando comparado ao freamento convencional, principalmente por conta da eliminação dos erros. A eletroerosão é bastante usada na fabricação de ferramentas de injeção e moldes metálicos. Um desenvolvimento recente é a eletroerosão por fio, que emprega um arame móvel como ferramenta.

Figura 5.33 CM 434Z + 50EZ (cortesia Elvis Jiang, CHMER EDM)

Usinagem por jato abrasivo

Na *usinagem por jato abrasivo* (AJM), ar seco e limpo (ou gás), com partículas ou pó abrasivo, é direcionado sobre a peça, sob velocidades de até 300 m/s, através de um bocal de carbeto de tungstênio ou safira. Esse processo pode cortar qualquer metal com pouco calor e é seguro para o operador. Materiais frágeis e muito finos podem ser cortados sem quebrar porque há pouco impacto. O processo é lento e necessita de um sistema de coleta da poeira que é caro.

Usinagem hidrodinâmica/Corte por jato d'água com abrasivo

Na *usinagem hidrodinâmica*, água pura (com um abrasivo), sob a forma de um jato coeso, é lançada sobre o material a velocidades de até 1.040 m/s, resultanto em cortes lisos e limpos feitos em alta velocidade. Esse processo é usado para cortar quase todo material em qualquer direção, sem aquecimento ou geração de partículas e com pouco desperdício. Geralmente não é necessário acabamento.

Usinagem por feixe de elétrons

A fonte de energia para a *usinagem por feixe de elétrons* (EBM) são elétrons em alta velocidade. Suas aplicações são semelhantes àquelas da usinagem feita por laser (LBM), exceto pela necessidade de vácuo. Máquinas de usinagem por feixe de elétrons usam alta tensão para acelerar elétrons até 80% da velocidade da luz. O equipamento é caro e produz raios X, prejudiciais à saúde.

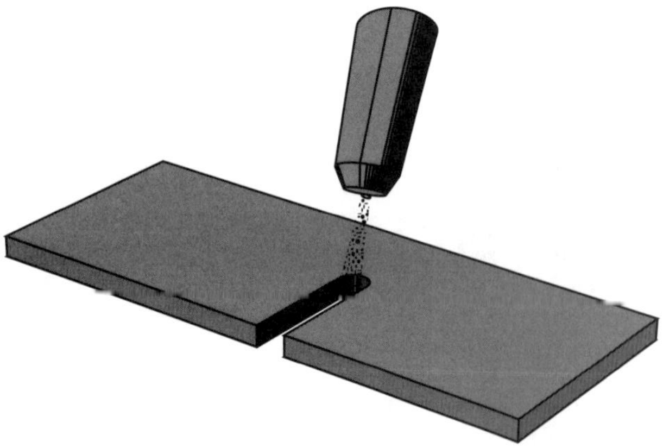

Figura 5.34 Usinagem por jato abrasivo

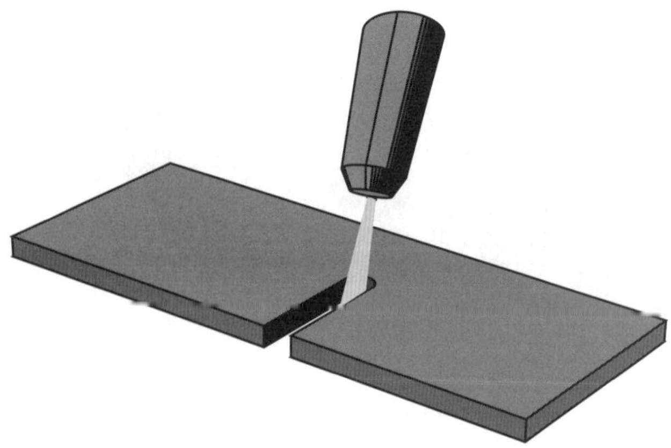

Figura 5.35 Processo de usinagem hidrodinâmica ou usinagem por jato d'água

Usinagem por feixe de laser

Na *usinagem por feixe de laser* (LBM), um laser emprega energia de alta densidade, focada diretamente sobre a peça, para derreter e vaporizar porções da peça. Esse processo é usado para usinar materiais metálicos e não metálicos e para abrir furos com diâmetros tão pequenos como 0,005 mm, e com relação profundidade por diâmetro de 50 por 1. O equipamento de LBM é caro e consome elevadas quantidades de energia, mas não requer vácuo.

Equipamentos de laser e feixe de elétrons são usados em cortes extremamente precisos. O acabamento superficial é melhor e a largura do entalhe é menor que em outros processos térmicos.

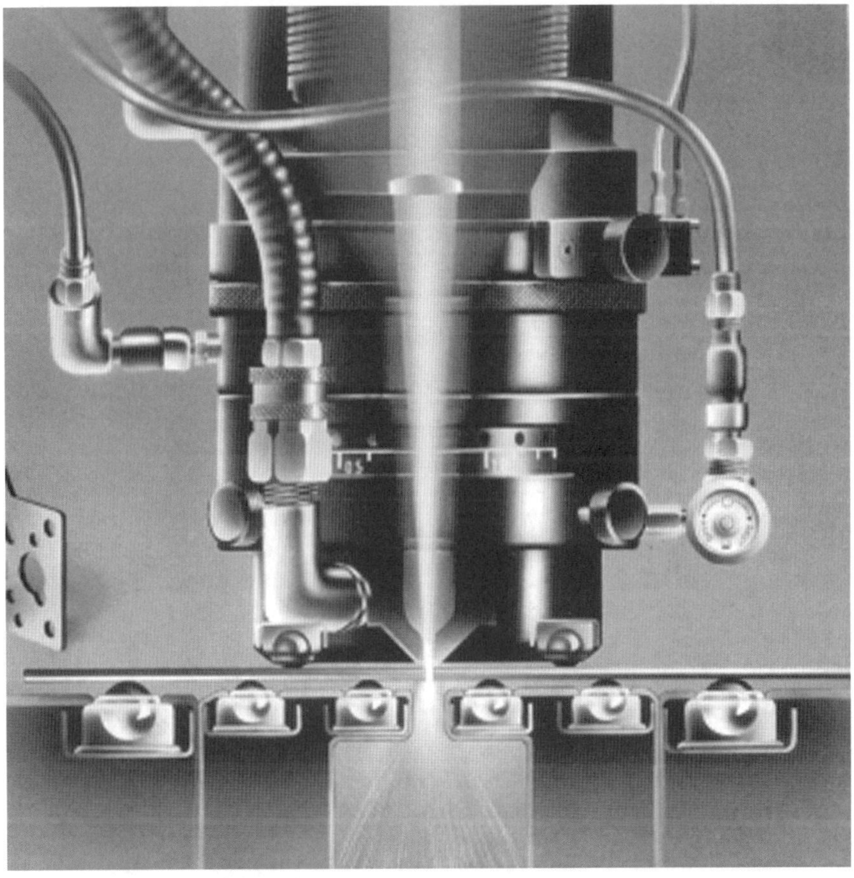

Figura 5.36 Ilustração do conceito de usinagem por laser (cortesia Amada)

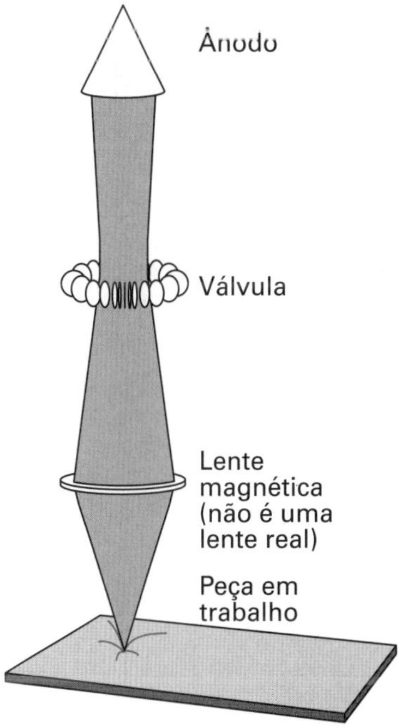

Figura 5.37 Esquema do feixe de elétrons

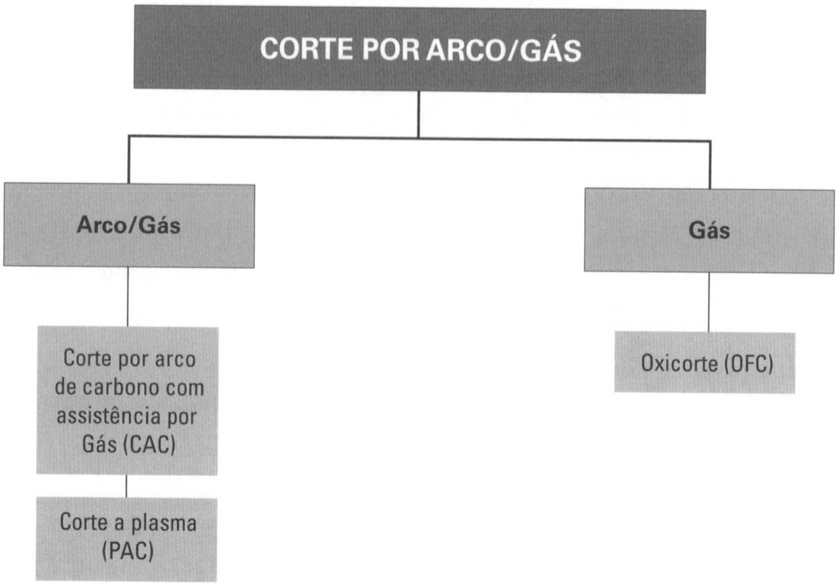

Figura 5.38 Processos de corte por arco/gás

Figura 5.39 Corte por chama (cortesia Crown Equipment Corp.)

5.4 Corte Térmico/Por Chama

Oxicorte

No *oxicorte*, os gases oxigênio e acetileno são misturados na câmara de um maçarico e entram em combustão em um bocal especial. À medida que o metal é aquecido até uma temperatura crítica, a vazão de oxigênio é aumentada, o que oxida o metal e cria um corte através da placa.

Placas de aço de até 6 polegadas de espessura (150 mm) podem ser cortadas facilmente usando esse processo. Duas desvantagens são os desajeitados tanques e o sistema de mangueiras necessários. Entretanto, como a única energia necessária está nos tanques de gás, a grande vantagem do oxicorte é a sua portabilidade.

Figura 5.40 Corte por chama de tubo de aço (cortesia ESAB Welding e Cutting Products)

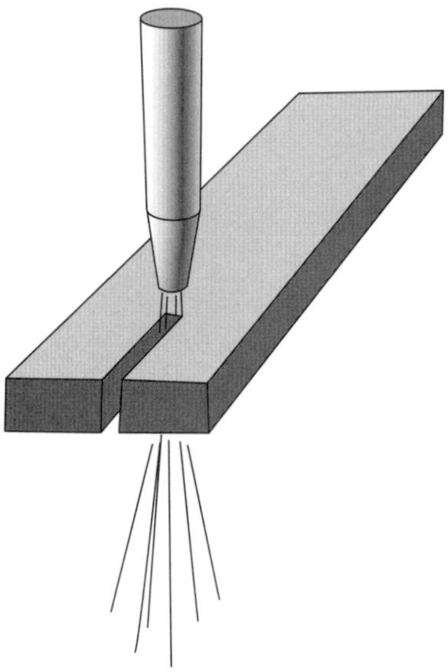

Figura 5.41 Corte de uma placa de aço usando chama de um maçarico de oxiacetileno

Figura 5.44 Corte de aço por chama (cortesia Crown Equipment Corp.)

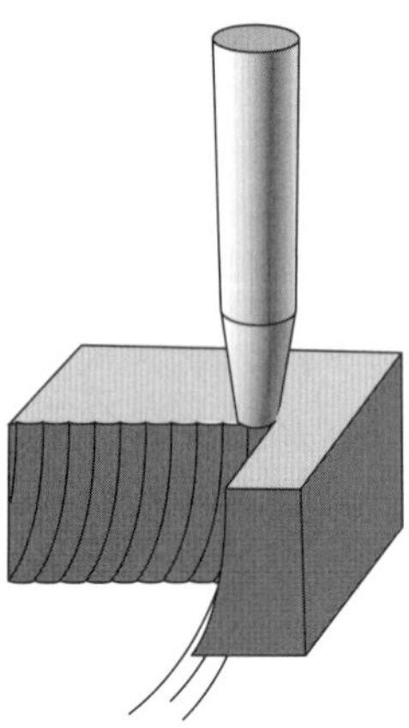

Figura 5.42 Seção transversal de uma chapa cortada por chama mostrando as linhas de separação

Figura 5.43 Corte por chama (cortesia Crown Equipment Corp.)

Corte a plasma

O *corte a plasma* (PAC) produz temperaturas mais elevadas que aquelas do oxicorte e portanto é mais produtivo. Resulta em um corte liso e é empregado para cortar não ferrosos e aço inoxidável, podendo ser automatizado facilmente, e tem se tornado um método de corte térmico cada vez mais popular. Uma vantagem real sobre o oxicorte é que é mais compacto e não requer tanques e mangueiras pouco práticos. Necessita de uma fonte de alta-tensão.

Figura 5.45a Corte por chama (cortesia ESAB Welding e Cutting Products)

Figura 5.45b Corte por chama (cortesia Crown Equipment Corp)

União de metais

6

Figura 6.1 Unir o aileron e outras peças a um avião é uma situação na qual não pode haver falha e todas as uniões são críticas

Figura 6.2 Métodos de união de metais

Quase todos os produtos são montagens. Unir peças de materiais diferentes é normalmente necessário nos processos de fabricação. As opções disponíveis são mostradas acima. Cada opção tem vantagens e desvantagens. Todas são caras e a decisão final a respeito de qual deverá ser escolhida dependerá de uma série de considerações, tais como resistência/confiabilidade da união, aparência, requisitos de manutenção/reparo, além dos materiais ou peças a serem unidos.

A melhor estratégia é minimizar a necessidade de montar usando *reprojeto* criativo ou concepção aplicável de peças para montagem por

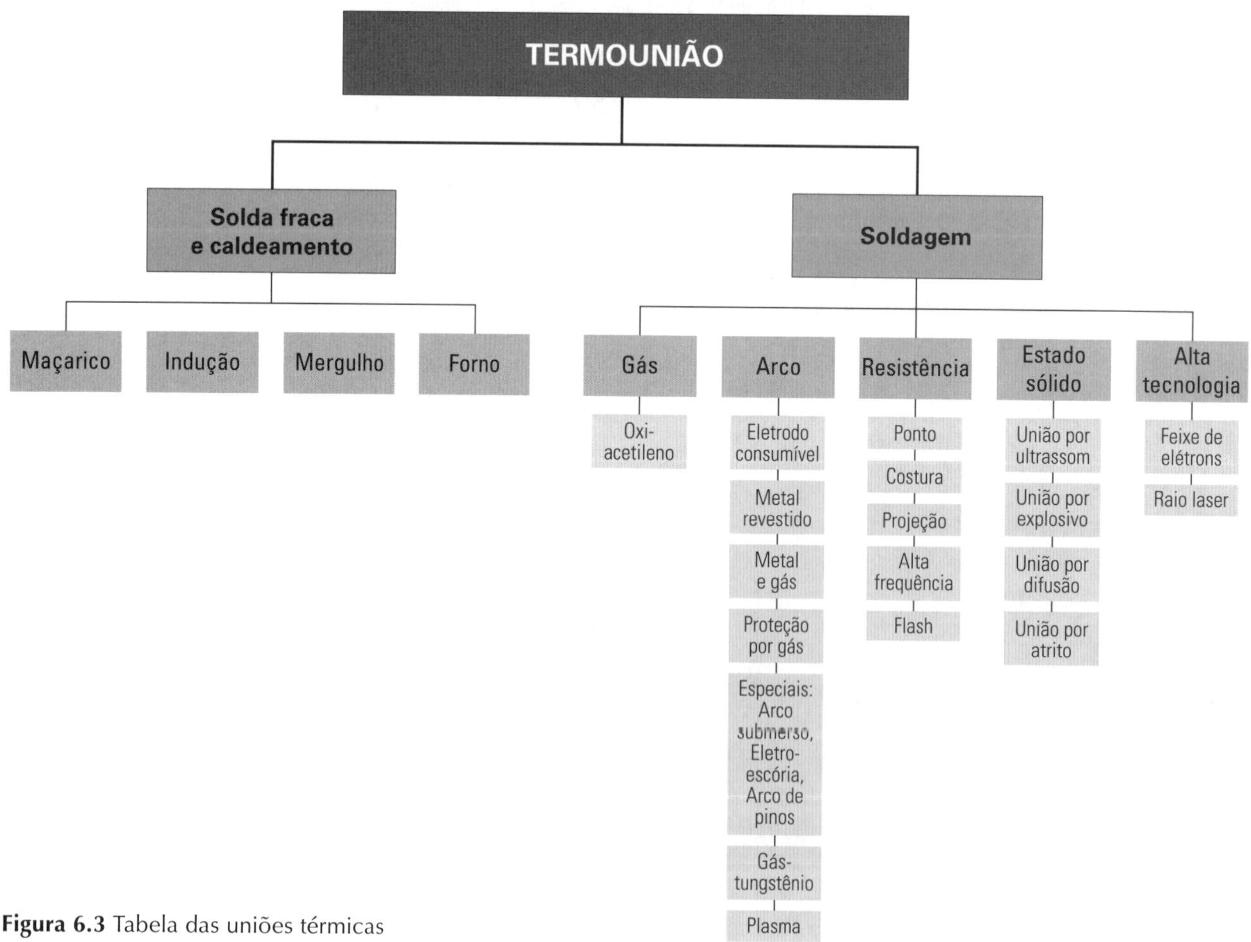

Figura 6.3 Tabela das uniões térmicas

robôs — Projeto Visando à Montagem (DFM em inglês). Brasagem, soldagem e adesivos apresentam dificuldades que deixam a montagem lenta e, ao menos que haja volume de produção suficiente, sua automação não é econômica. Quando elementos de união mecânica são empregados, o número de peças em um produto é tipicamente proporcional aos custo de montá-lo.

Características da solda fraca

- A temperatura necessária é baixa
- É necessário usar um mordente
- A união é estanque e condutora
- A união auxilia a amortecer vibrações
- A união não é estrutural

6.1 Solda Fraca

Este processo é bastante usado na indústria eletroeletrônica para ligar componentes que conduzem corrente elétrica. Outro uso importante é selar latas, costuras de radiadores e produtos semelhantes.

Na *solda fraca*, um metal não ferroso de enchimento e um mordente são empregados para unir metais usando temperaturas inferiores a 450 °C. As peças a serem unidas devem ter pontos de fusão maiores que o da solda e devem ser metalurgicamente compatíveis. Quando aquecida, a solda escoa para a união que deve ser coberta com o mordente para prevenir a oxidação. À medida que esfria, a solda une as peças.

A solda fraca é mais bem empregada quando a união não estiver sob esforço. A solda tem pouca resistência, assim, a união deverá ser projetada para resistir a uma carga. Alguns não metais podem ser unidos quando adequadamente revestidos para receber a solda.

Ligas de solda

- Estanho–chumbo
- Estanho–chumbo–antimônio
- Estanho–prata
- Estanho–zinco
- Chumbo–prata
- Cádmio–zinco
- Zinco–alumínio

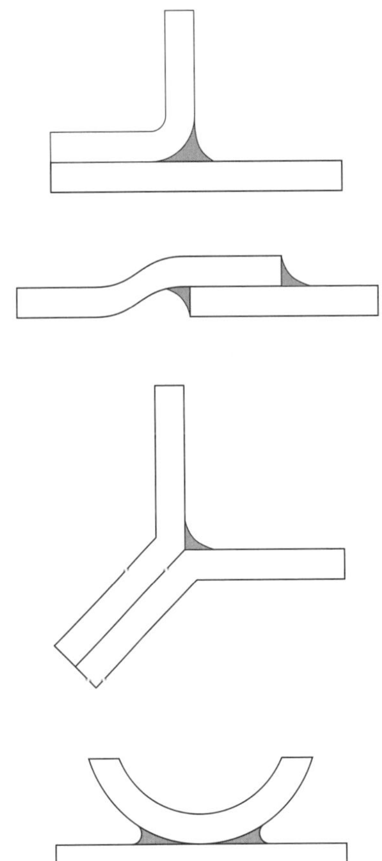

Figuras 6.4abcd Projetos de união por solda fraca

Figura 6.5 Prendedor de gravata com a imagem de uma fresadora unida à joia. Presenteado ao autor pela Sra. Dorothy Larson, Anjo de um programa de *design*

Vantagens do caldeamento

- Metais diferentes podem ser unidos
- Espessuras diferentes podem ser ligadas
- Não metais podem ser unidos a metais mesmo quando os primeiros não são revestidos
- Conjuntos podem ser unidos numa condição livre de tensões de montagens
- Metais forjados e fundidos podem ser unidos
- As propriedades mecânicas são (geralmente não seriamente) afetadas
- Conjuntos podem ser unidos em condições praticamente livres de tensões de montagens
- Conjuntos complexos podem ser unidos em vários passos ao se usar metais de enchimento cujos pontos de fusão diminuem progressivamente
- Uniões caldeadas precisam de nenhum ou pouco acabamento além da remoção de escória
- A união é estanque e condutora

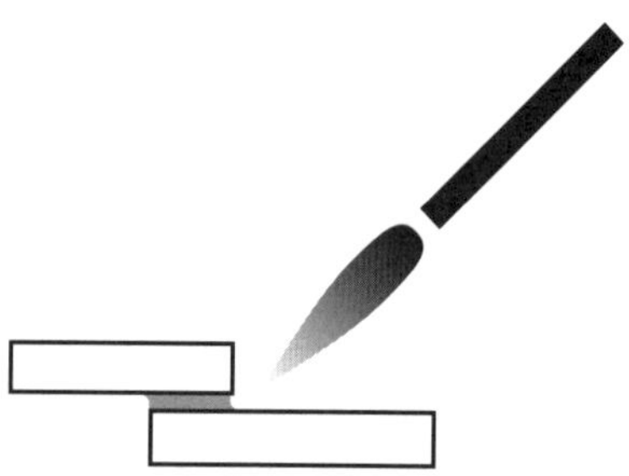

Figura 6.6 caldeamento por chama

6.2 Caldeamento/Soldagem

Caldeamento

O *caldeamento* é semelhante à solda fraca, exceto pelo primeiro ser feito sob temperaturas maiores que 450 °C, mas abaixo do ponto de fusão. Um metal não ferroso de enchimento e um mordente são usados para unir duas peças, que devem ter pontos de fusão mais elevados que a liga usada para caldear, além de serem metalurgicamente compatíveis. Quando aquecidos, a liga de caldeamento escoa para a união que deverá ser revestida pelo mordente para prevenir a oxidação. À medida que resfria, a liga de caldeamento une-se aos materiais. O caldeamento promove uma união mais resistente que a solda fraca, pois alguma formação de liga limitada ocorre entre o metal de enchimento e os metais das peças sob a temperatura elevada, alguma interpenetração granular ocorre e há forças atômicas entre os metais na união.

Materiais de enchimento para o caldeamento

(Mordentes são sódio, potássio e lítio)

Metal base	Temperatura °C	Metal de enchimento
Ligas de alumínio	570-620	Alumínio–Silício
Ligas de magnésio	580-625	Magnésio–Alumínio
Cobre e ligas	700-925	Cobre–Fósforo
Ferrosos/não ferrosos	620-1150	Prata/Ligas de cobre
Ferro/Níquel–Cobalto	900-1100	Ouro
Aços inoxidáveis	925-1200	Níquel–Prata

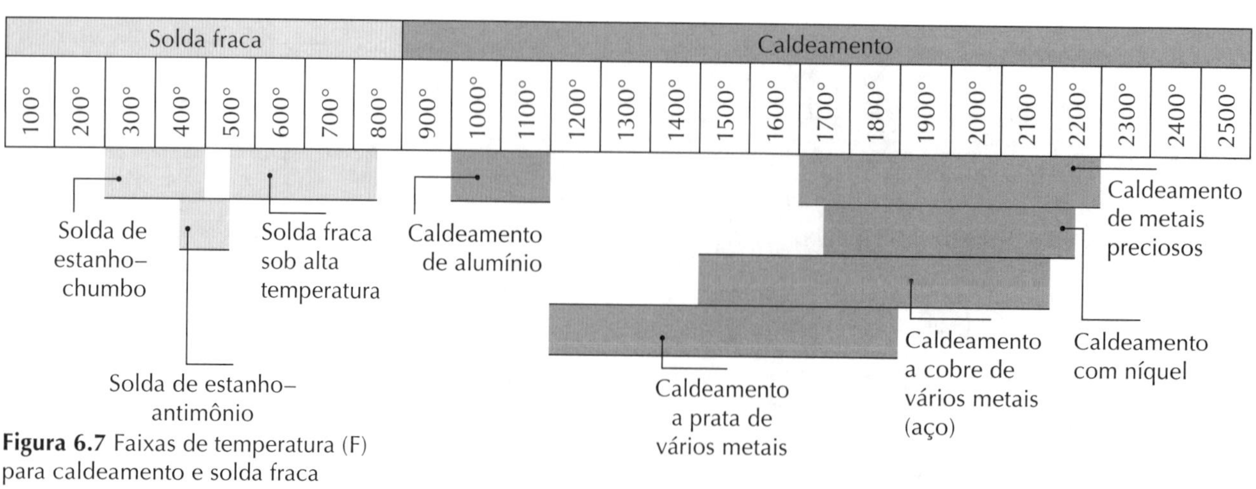

Figura 6.7 Faixas de temperatura (F) para caldeamento e solda fraca

Caldeamento por chama

O *caldeamento por chama* é comum para a maioria da produção limitada. É manual e versátil, além de empregar misturas de gases em combustão em uma chama ligeiramente redutora.

Caldeamento por indução

Uma bobina elétrica é colocada próxima à união e atua como fonte de calor. O *caldeamento por indução* é normalmente automatizado e produz uma junção rápida, uniforme e precisa.

Caldeamento por mergulho

O *caldeamento por mergulho* é usado para unir montagens em alumínio que são fixadas a gabaritos e, em seguida, colocadas em um banho de sal derretido.

Caldeamento em forno

No *caldeamento em forno*, um forno com atmosfera de hidrogênio é usado para caldear peças previamente encaixadas que podem resistir ao calor. Não é necessário mordente, pois não há oxigênio presente no forno.

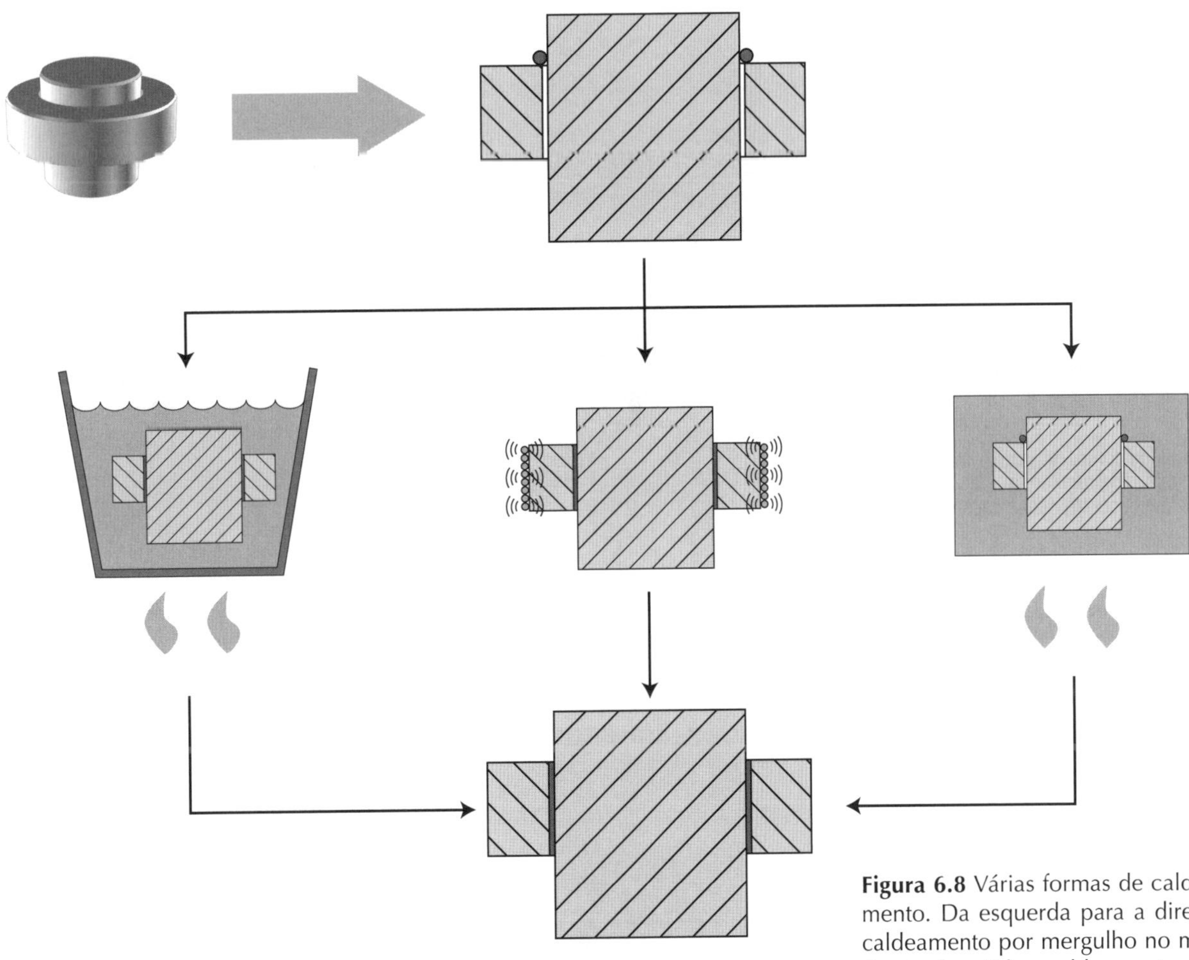

Figura 6.8 Várias formas de caldeamento. Da esquerda para a direita: caldeamento por mergulho no mordente derretido, caldeamento por indução e caldeamento em forno

Soldagem a gás

Na *soldagem a gás*, os gases oxigênio e acetileno (oxiacetileno) são misturados em um maçarico e inflamados à temperatura capaz de derreter peças metálicas que serão unidas no processo. As peças a serem unidas devem ter espessura, ponto de fusão e metalurgia semelhantes. Uma barra de material de preenchimento é usada para fornecer metal para ligar as peças a serem soldadas.

A mistura adequada dos gases oxigênio e acetileno é necessária para prevenir danos à solda. O calor demasiado da soldagem a gás modifica a estrutura granular e as propriedades mecânicas dos metais soldados na zona termicamente afetada. Por conta do aquecimento desigual na solda, aparecem tensões quando ocorre o resfriamento. Essas tensões podem ser aliviadas com o tratamento térmico adequado.

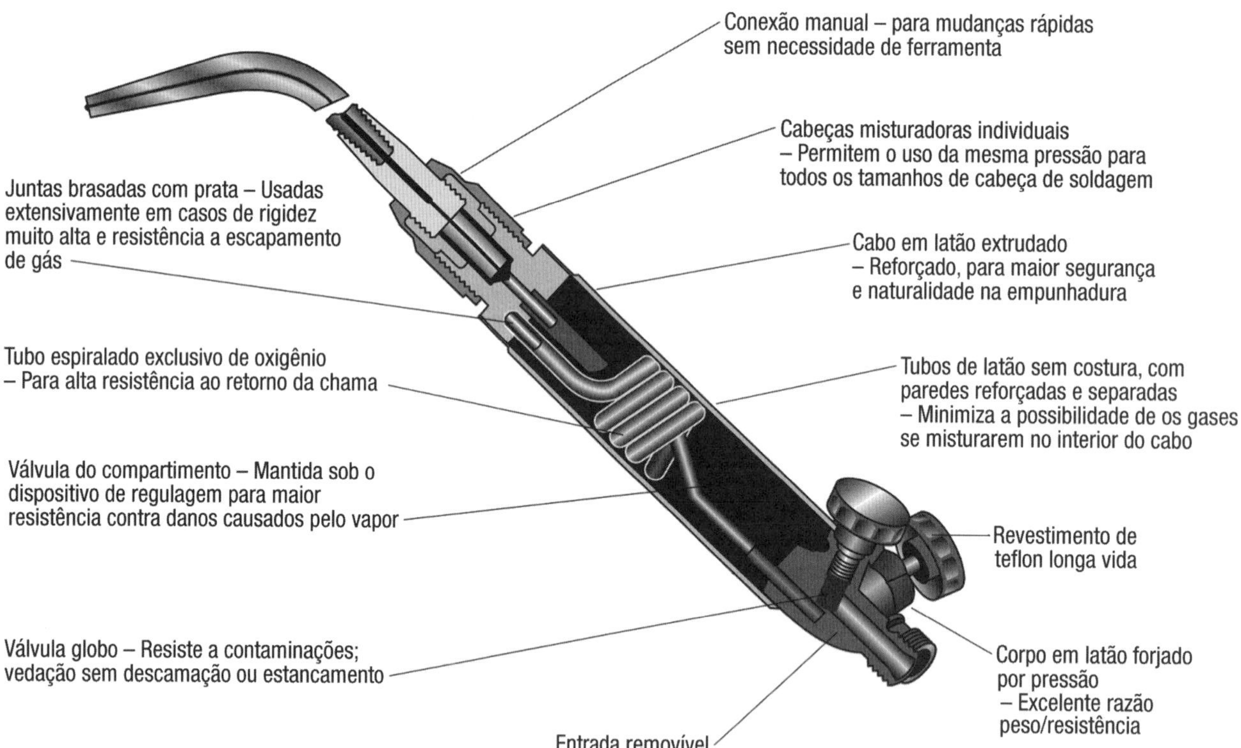

Figura 6.9 Maçarico de oxiacetileno (cortesia Purox)

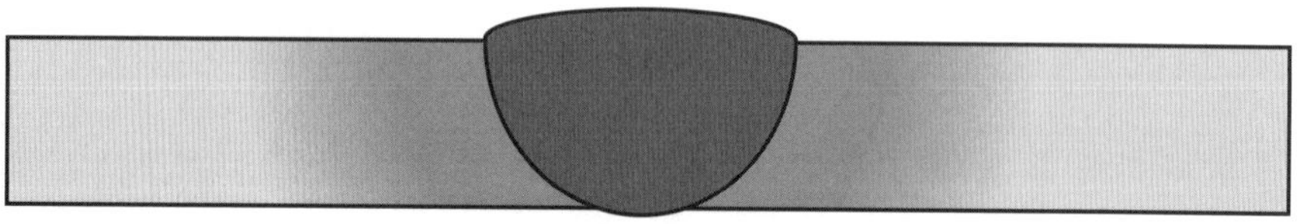

Figura 6.10 Zona termicamente afetada

Soldagem a arco elétrico

A *soldagem por arco elétrico* com *eletrodo revestido* é o processo mais comum de soldagem por arco elétrico. Um arco elétrico é estabelecido entre a peça aterrada e o eletrodo consumível. O calor gerado derrete o metal a ser soldado e o revestimento protege o metal derretido contra a oxidação. À medida que o eletrodo vai sendo consumido, fornecendo material para a solda, deverá ser substituído; isso demora e perturba o processo de soldagem, causando ou aumentando as tensões aleatórias na união soldada. O revestimento derretido – ou escória – que é coletado na solda deverá ser removido posteriormente por esmerilhamento antes que outro passe seja feito sobre a solda. Esse é um processo versátil, manobrável e de baixo custo, mas não pode ser automatizado por conta do comprimento limitado do eletrodo.

A *soldagem por arco elétrico com eletrodo* com núcleo antioxidante surgiu da soldagem com eletrodo convencional e foi desenvolvida para superar as desvantagens desta. O fio eletrodo que fornece o metal de preenchimento para a solda é enrolado em uma bobina e possui um núclo antioxidante. É alimentado automaticamente à medida que vai sendo consumido pela solda. Gás inerte é acrescentado como uma opção quando o antioxidante não for adequado. Esse processo tem vantagens sobre o anterior, pois é contínuo e pode ser automatizado.

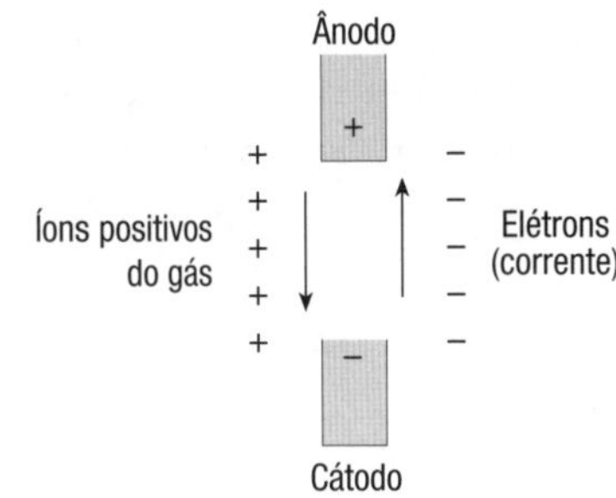

Figura 6.12 Características do arco (cortesia The Lincoln Electric Company)

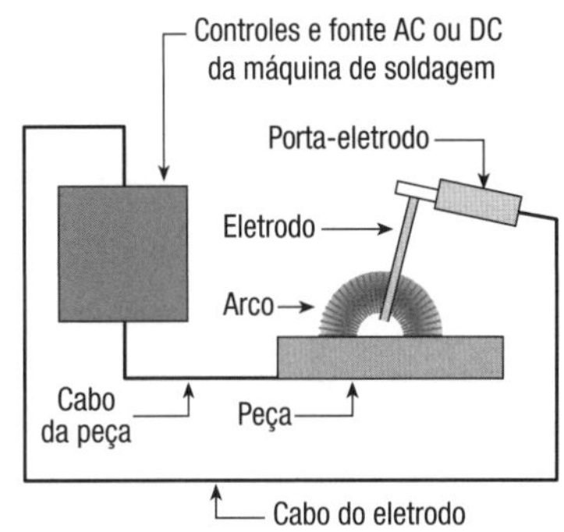

Figura 6.13 Circuito básico da soldagem por arco (cortesia The Lincoln Electric Company)

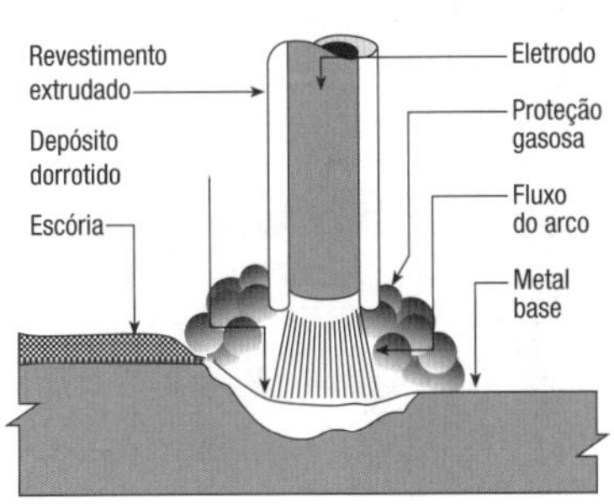

Figura 6.11a Como o arco e o metal derretido são protegidos por gases do eletrodo (cortesia The Lincoln Electric Company)

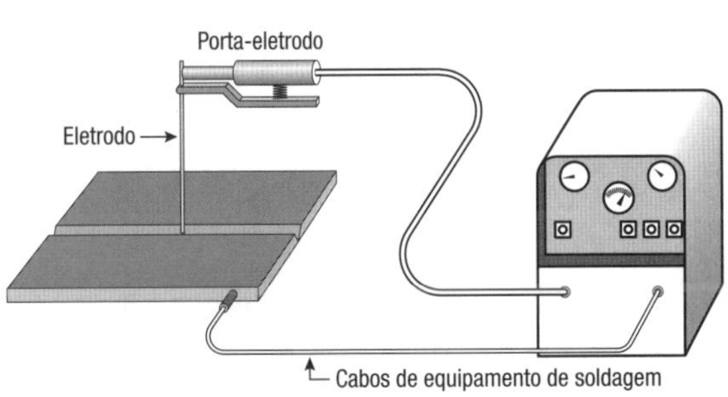

Figura 6.11b Componentes básicos de um equipamento de soldagem por arco elétrico (cortesia The Lincoln Electric Company)

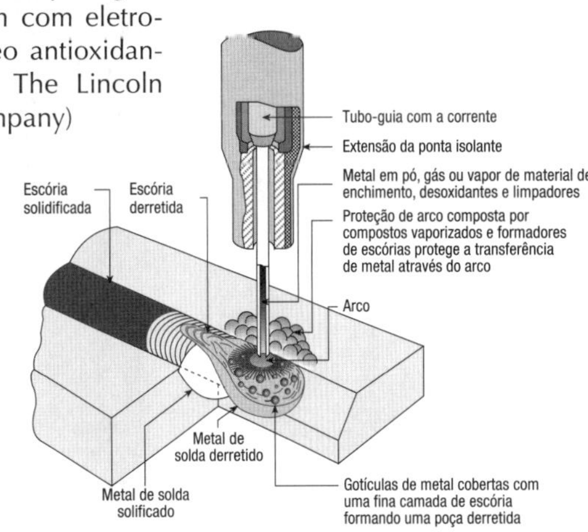

Figura 6.14 Princípios do processo autoprotegido de soldagem com eletrodo de núcleo antioxidante (cortesia The Lincoln Electric Company)

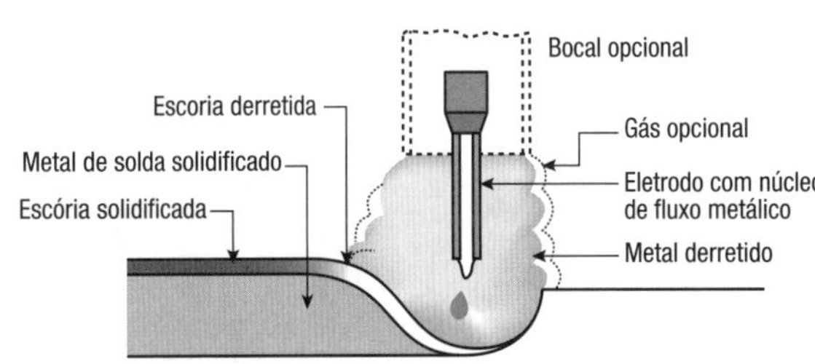

Figura 6.15 Princípios do processo autoprotegido de soldagem com eletrodo de núcleo antioxidante e com gás inerte (cortesia The Lincoln Electric Company)

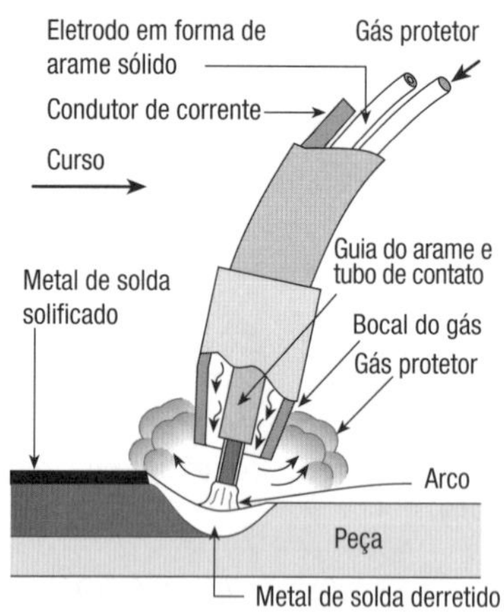

Figura 6.16 Princípios do processo MIG ((cortesia The Lincoln Electric Company)

Soldagem por arco elétrico com gás, também denominada *soldagem com eletrodo metálico e gás inerte* (MIG), é similar ao processo anterior, pois emprega um eletrodo sem revestimento, enrolado em uma bobina. Em vez de ter o núcleo com desoxidante, o eletrodo é cercado por gás inerte para evitar que oxigênio contamine a solda. O eletrodo avança à medida que é consumido. O processo pode ser automatizado. A vantagem real é que não há desoxidante derretido ou escória para remover, obtendo-se, assim, uma solda não contaminada. O processo custa mais e é menos flexível que a soldagem com eletrodo em bastão, pois requer tanque de gás. Como o processo anterior, esse é contínuo e pode ser automatizado.

Na *soldagem por arco submerso* (SAW), um arco parte de um arame eletrodo não revestido submerso na junção sob uma quantidade de antioxidante em grânulos. O processo é empregado para soldar placas metálicas com espessura variando de 50 mm a 200 mm com penetração profunda, usadas em vagões ferroviários, construção de navios e barcaças; fabricação de tubos, vigas industriais, colunas, e em outras aplicações onde são necessárias soldas longas. O processo produz elevadas densidades de corrente e a cobertura de antioxidante previne o escape rápido de calor, concentrando-o na zona de soldagem.

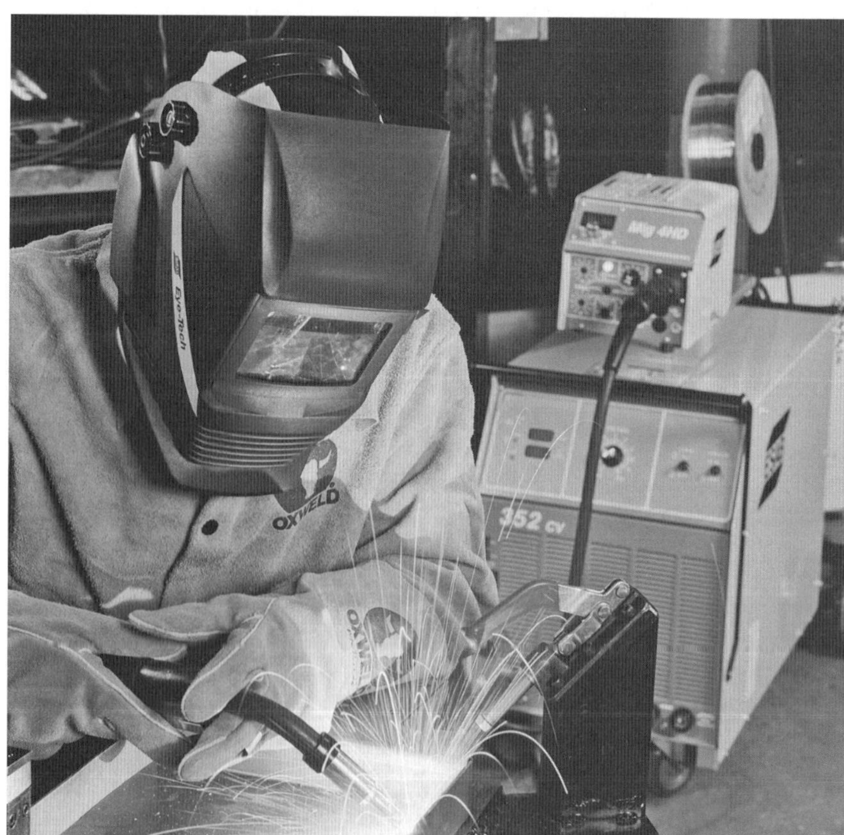

Figura 6.17 Soldagem por arco elétrico com gás (cortesia ESAB Welding and Cutting Products)

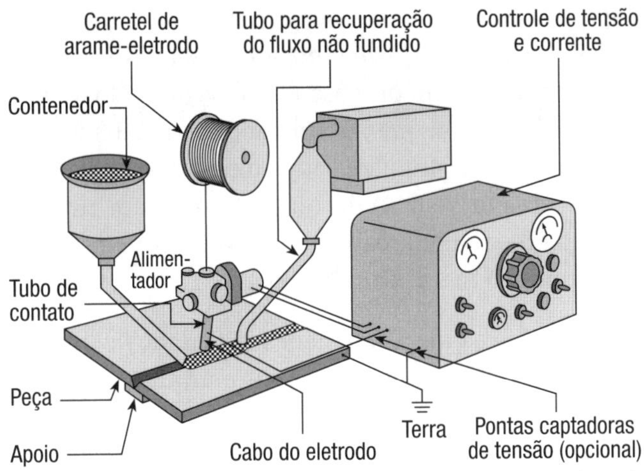

Figura 6.18 Processo de soldagem com arco submerso (cortesia The Lincoln Electric Company)

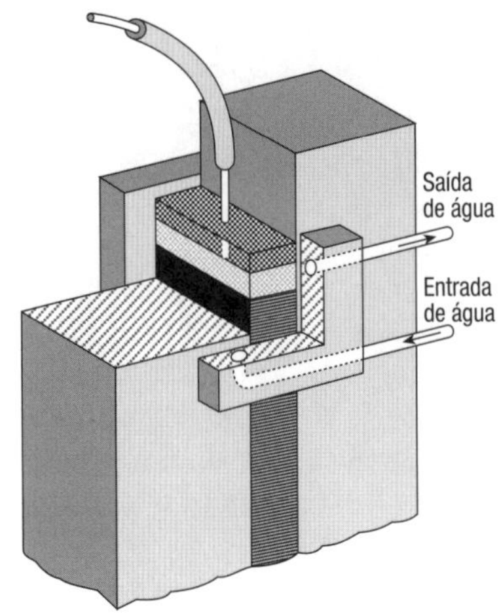

Figura 6.19 Esboço esquemático da soldagem eletroescória (cortesia The Lincoln Electric Company)

Soldagem eletroescória (ESW) é uma adaptação do processo de arco submerso para unir materiais espessos na posição vertical. Um antioxidante em grânulos é colocado na folga entre placas na vertical. Sapatas de soldar movem-se até a junta soldando placas de 38 a 38 mm de espessura.

Na *soldagem em cartucho*, um cartucho (eletrodo) é fundido na superfície do metal usando uma pistola de soldagem. Quando o gatilho é puxado, a corrente passa entre o cartucho em aço inoxidável ou alumínio (fixado pela pistola) e a superfície metálica, derretendo ligeiramente as duas partes. Em seguida, o cartucho é pressionado contra a superfície, o metal resfria, e a pistola é retirada.

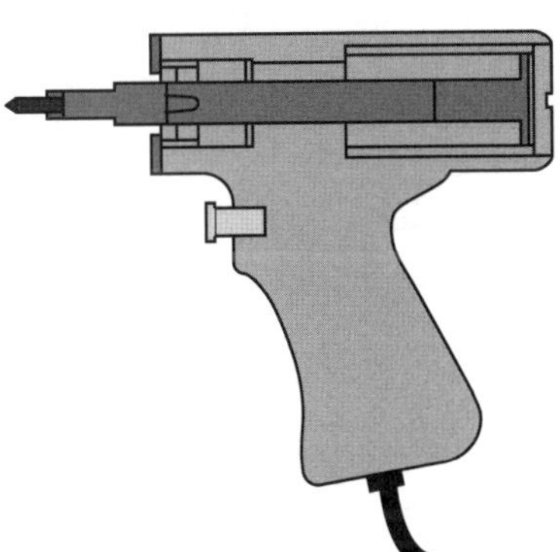

Figura 6. 20 Vista em corte de uma pistola de soldagem

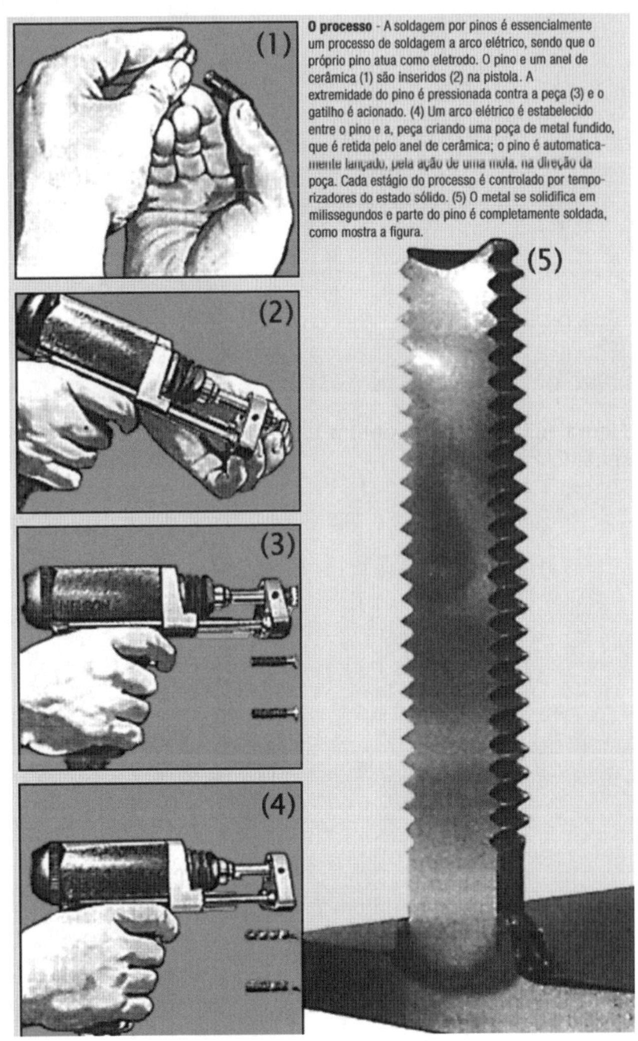

Figura 6.21 Processo de soldagem em cartucho e detalhe do cartucho (cortesia TRW Nelson Stud Weld Division)

Soldagem a arco com eletrodo de tungstênio e gás, também conhecido por *soldagem com eletrodo de tungstênio e gás inerte* (TIG), é algo semelhante ao processo MIG exceto pelo fato de o eletrodo ser feito em tungstênio, que possui ponto de fusão muito elevado. O eletrodo não derrete e assim não é consumido durante o processo de soldagem. Uma proteção gasosa é usada em vez de um antioxidante. Se necessário, uma barra com material de preenchimento é usada para fornecer uma fonte de metal para a solda.

Quase todos os metais podem ser soldados pelo processo TIG, incluindo a maioria dos aços, ligas de alumínio, ligas de magnésio, cobre, alguns latões, além de bronze, titânio, ouro e prata. O processo pode ser adaptado para soldagem de alta qualidade de materiais de pequena espessura.

Figura 6.22a Detalhe de um canto soldado

Figura 6.22b Detalhe de um canto soldado que foi retificado para deixar a superfície lisa e está pronto para receber acabamento (cortesia Crown Equipment Corp.)

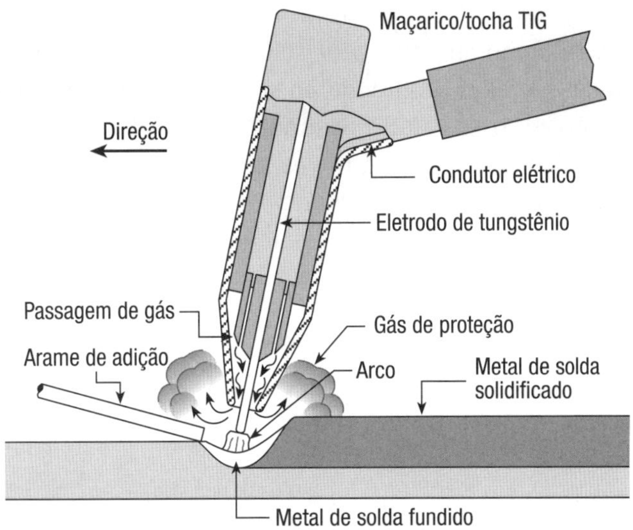

Figura 6.23 Princípios da soldagem com eletrodo de tungstênio e gás (cortesia The Lincoln Electric Company)

Figura 6.24 Soldagem com eletrodo de tungstênio e gás inerte (cortesia ESAB Welding and Cutting Products)

Vantagens

- Tempo total de soldagem reduzido
- Preparo reduzido da junção
- Penetração uniforme
- Maior tolerância para juntas que não casam

Desvantagens

- Processo mais complexo
- São necessários dois gases protetores
- É difícil obter proteção completa pelo gás

Soldagem a plasma é o processo mais novo que é usado frequentemente como substituto do TIG. Oferece maiores velocidades de soldagem, melhor qualidade da solda e menor sensibilidade às variáveis do processo. O calor é originário de um arco, mas não é difuso como em outros processos. Em vez disso, o arco é restrito ao ser forçado a passar por um orifício pequeno antes de atingir a peça em trabalho. O plasma chega a 33.300 °C, criando uma maior concentração de energia, velocidade e melhor estabilidade do arco.

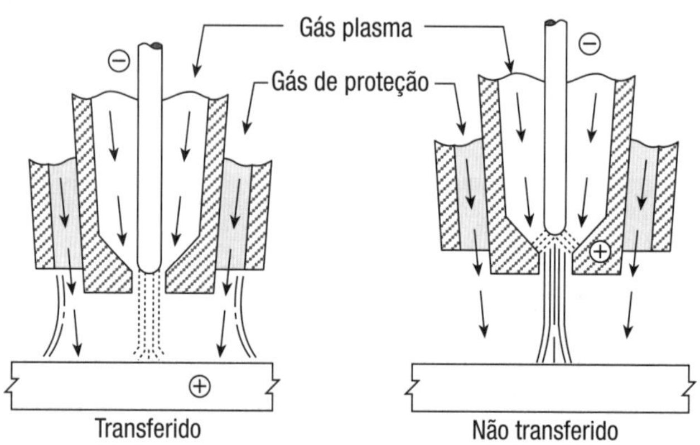

Figura 6.25 Soldagem a plasma, arco transferido e não transferido (cortesia The Lincoln Electric Company)

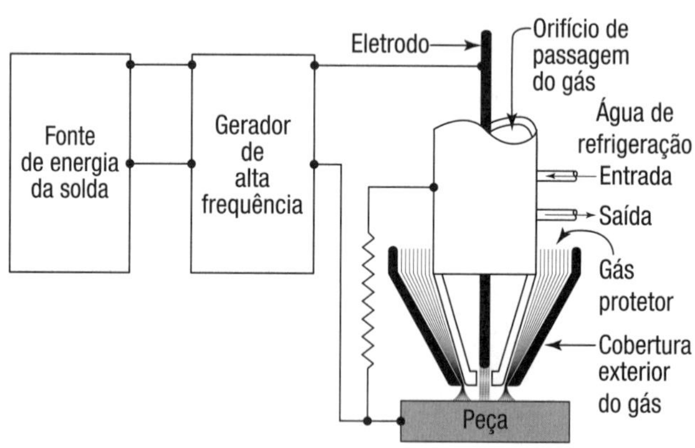

Figura 6.26 Esquema de soldagem a plasma (cortesia The Lincoln Electric Company)

Soldagem por resistência

Solda ponto (RESW) é um processo relativamente simples, rápido e econômico. É usado comumente na fabricação de chapas metálicas e é largamente empregado na indústria automotiva. Nesse processo, chapas metálicas são comprimidas entre dois eletrodos que conduzem uma corrente predeterminada. Pequenas reduções na pressão irão danificar as chapas soldadas nas regiões de contato. A pressão de contato dos eletrodos pode ser ajustada para eliminar mossa no lado acabado.

Características da soldagem por resistência

- Alguns metais não similares podem ser unidos
- Antioxidantes e metais de enchimento não são necessários
- O processo pode ser contínuo
- O processo pode ser automatizado
- O processo funciona bem com robôs

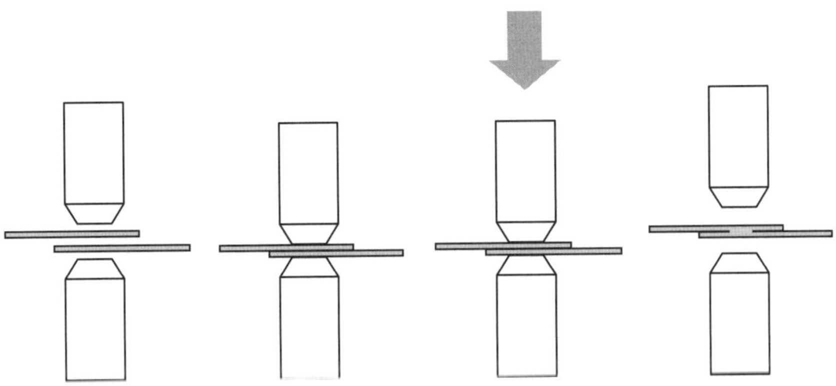

Figura 6.27a Sequência do processo de solda ponto

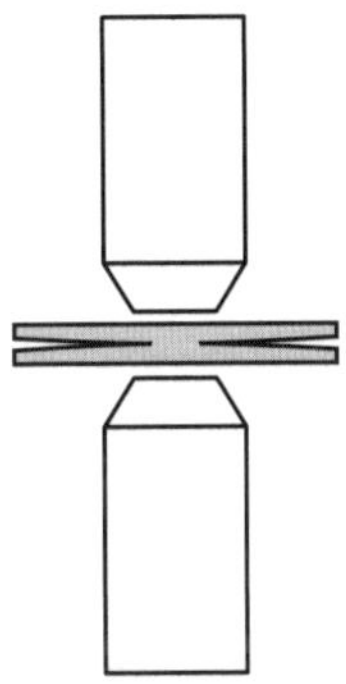

Figura 6.27b Seção transversal de uma solda ponto

Soldagem de costura (RSEW) é uma variação da solda ponto com eletrodos rotativos de formato circular que produzem uma solda contínua. Soldas sobrepostas podem resultar em uma junção que é estanque a líquido ou gases em produtos como latas, containers, silenciosos de escapamentos veiculares e tanques de combustível.

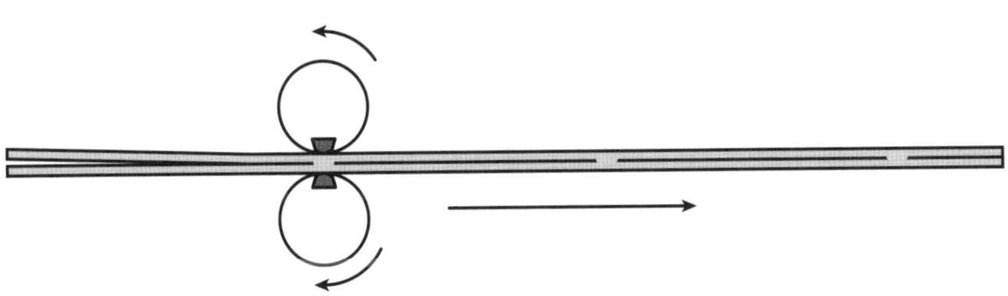

Figura 6.28 Processo de soldagem de costura

Na *soldagem por projeção* (RPW), mossas em relevo ou projeções são feitas na chapa. Estas formam pontos de contato que localizam o calor produzido pela corrente. O calor e a pressão fazem com que essas mossas entrem em colapso, unindo as duas chapas.

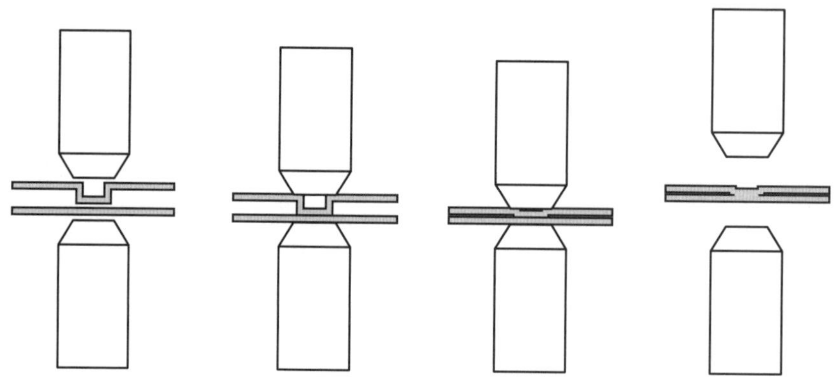

Figura 6.29 Sequência do processo de soldagem por projeção

A soldagem sob alta frequência é usada para fornecer soldas longas e contínuas para fabricar produtos, tais como tubos costurados de aço e outras tubulações costuradas. Esse tipo de soldagem emprega uma frequência de 450kHz para criar uma indutância que faz costuras de solda em tubos à medida que estes passam pela fonte de energia e são pressionados por rolos.

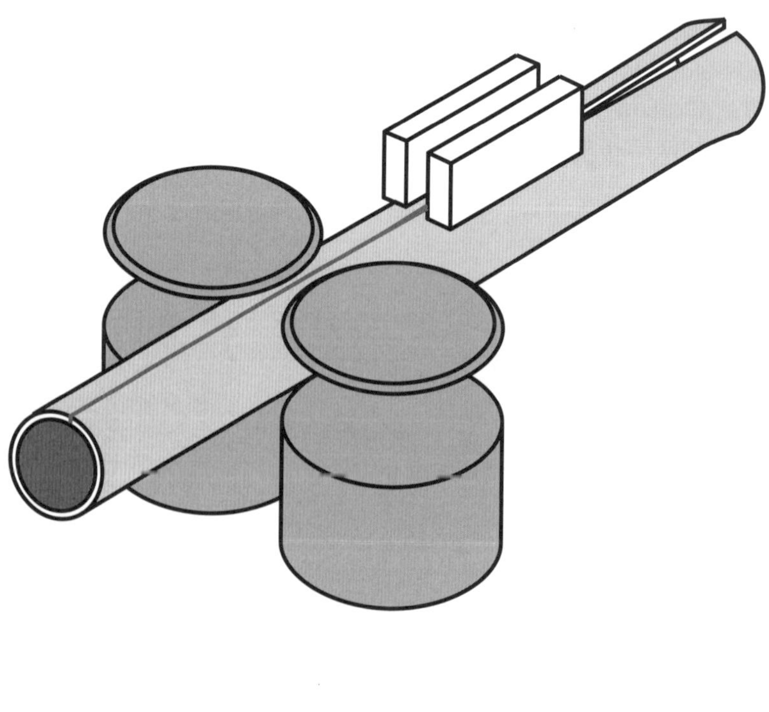

Figura 6.30 Soldagem de tubos pelo processo de alta frequência

A soldagem relâmpago é usada para a união de tubos pelas extremidades, lâminas de serras de fita e outras formas semelhantes. É comum nas oficinas onde é necessário reparar serras de fita. Para soldar as lâminas, as extremidades são fixadas e pressionadas, enquanto uma corrente que varia de 2.000 a 5.000 Amperes é usada para executar a solda. A resistência elevada na junção causa a fusão e as forças de fixação fazem com que o material plastificado ceda e una.

A soldagem por ultrassom é usada para fazer soldas sobrepostas de chapas finas e arames e selar embalagem de folhas metálicas. Uma frequência elevada de 10-75 kHz é transformada em vibrações mecânicas, transmitidas por um transdutor até a peça. O processo é também comumente usado para unir plásticos (ver Capítulo 11.2).

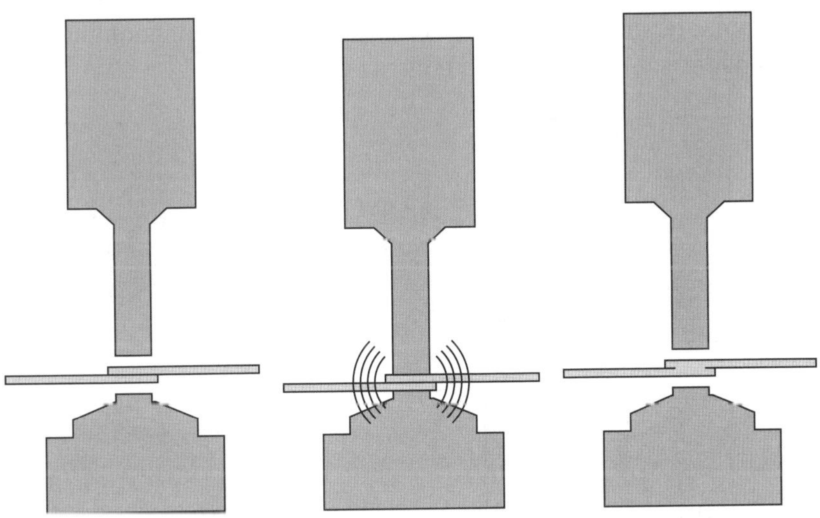

Figura 6.31 Máquina de soldar por ultrassom para junções sobrepostas

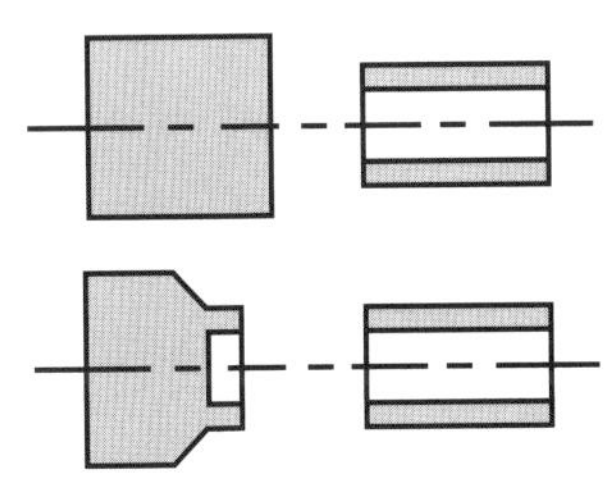

Figura 6.32a As peças a serem unidas devem ter seção transversal semelhante

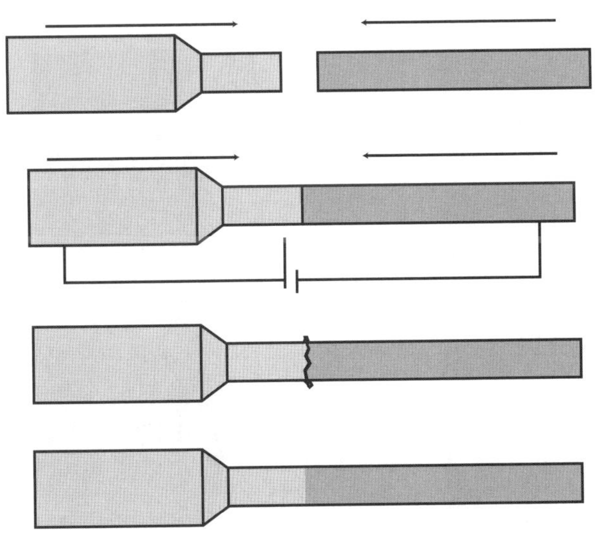

Figura 6.32b As peças a serem unidas devem ser modificadas para terem seção transversal semelhante na solda

Soldagem em estado sólido

A soldagem por explosão é usada para unir dois metais diferentes. O processo usa uma explosão que gera uma pressão muito elevada para comprimir chapas de materiais que podem ser metalurgicamente incompatíveis. A pressão é gerada pelo explosivo, que é colocado sobre os materiais a serem unidos. A alta energia da explosão interconecta as duas superfícies.

A *soldagem por difusão* é usada para unir dois metais diferentes. Calor e pressão fornecidos por uma prensa ou pesos causam a conjugação de átomos. A temperatura das peças unidas durante o processo é da ordem de metade ou um terço do ponto de fusão.

A soldagem por atrito é usada para unir peças cilíndricas. Ao girar rapidamente, criam o calor necessário para a união, enquanto as extremidades são forçadas uma contra outra.

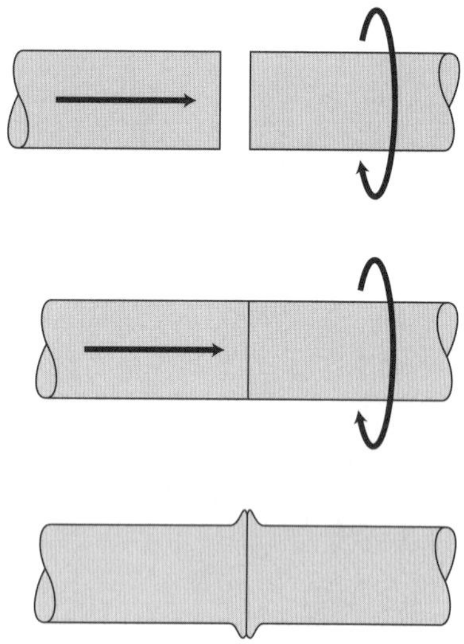

Figura 6.33 Na soldagem por atrito, uma peça gira enquanto a outra é forçada contra a primeira, o que causa o aquecimento. Na temperatura crítica, a rotação é interrompida e a união fica completa

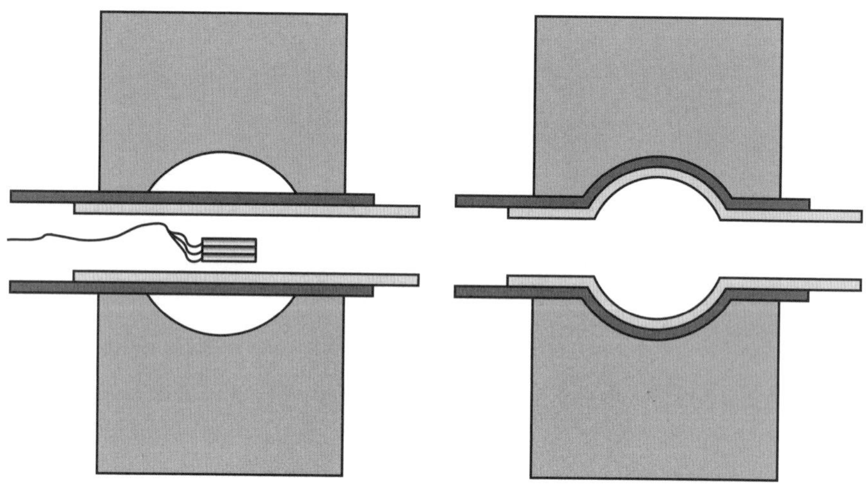

Figuras 6.34ab A soldagem por explosão emprega uma carga explosiva para dar forma e unir metais diferentes

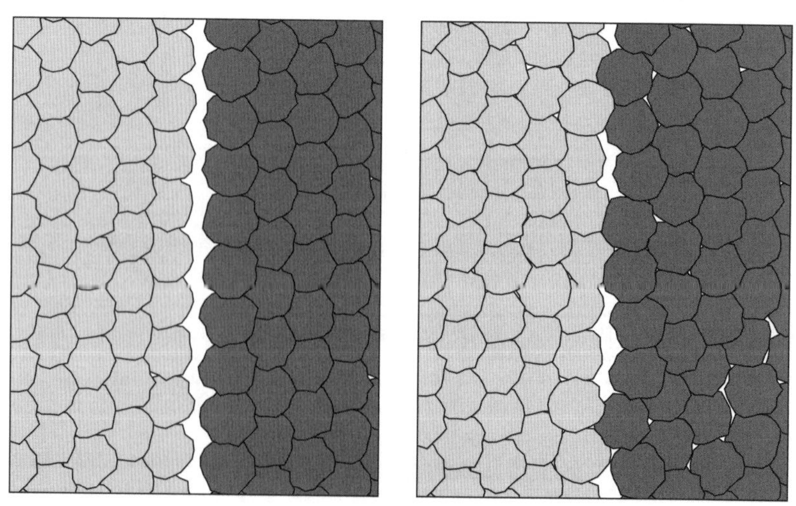

Figuras 6.35ab Soldagem por difusão que emprega calor e pressão para forçar metais diferentes a formarem uma união

Soldagem de alta tecnologia

Na *soldagem por feixe de elétrons*, o feixe estreito e com elétrons de alta velocidade é focado em um vácuo para gerar calor que soldará quase qualquer metal em espessuras que vão desde uma folha até placas com 150 mm. Nenhum gás protetor ou material de preenchimento são necessários e o processo é capaz de realizar soldas de alta qualidade com lados quase paralelos em uma pequena zona termicamente afetada. O feixe de elétrons pode ser projetado à distância de até alguns metros. O equipamento com controle automático por computador custa mais de 1 milhão de dólares.

A *soldagem por laser* emprega um raio focado, de alta energia, que é direcionado sobre a peça em trabalho. É adequado para soldagem de juntas estreitas e profundas. A soldagem por laser pode ser usada em uma variedade de materiais com espessura de até 25 mm. Por outro lado, pode ser realizada em locais não acessíveis. O equipamento com controle automático por computador custa algo na faixa de 1 milhão de dólares.

Figura 6.36 Máquina de soldagem por raio Laser Nd:YAG (cortesia Trumpf, Inc.)

Vantagens do processo a laser em relação ao por feixe de elétrons

- Não é preciso vácuo
- O processo pode ser automatizado
- Os feixes não geram raios X
- A qualidade da solda é melhor
- Há menos fusões incompletas, salpicos e porosidade

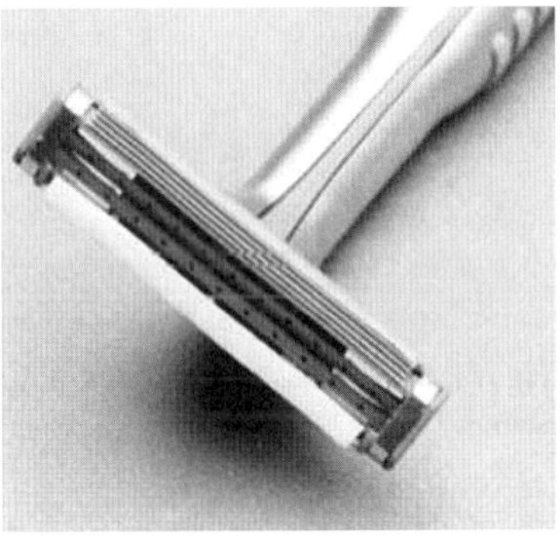

Figura 6.37 Aparelho de barbear Sensor da Gillette. Esse aparelho tem duas lâminas com 22 pontos de solda (0,5 mm de diâmetro) feitos com laser Nd:YAG transmitido por fibra óptica. A cadência de produção é de 3 milhões de soldas por hora

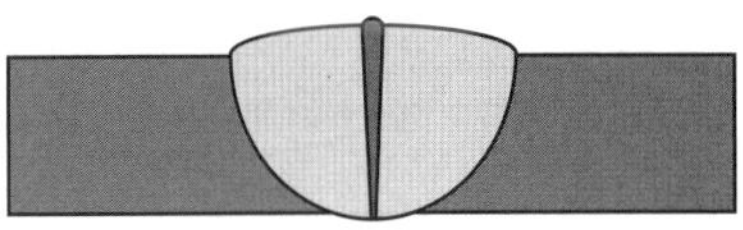

Figura 6.38 quando se comparam as soldas por laser e feixe de elétrons com as convencionais, é claro que a solda e a zona termicamente afetada são muito menores, causando menos tensões na junção

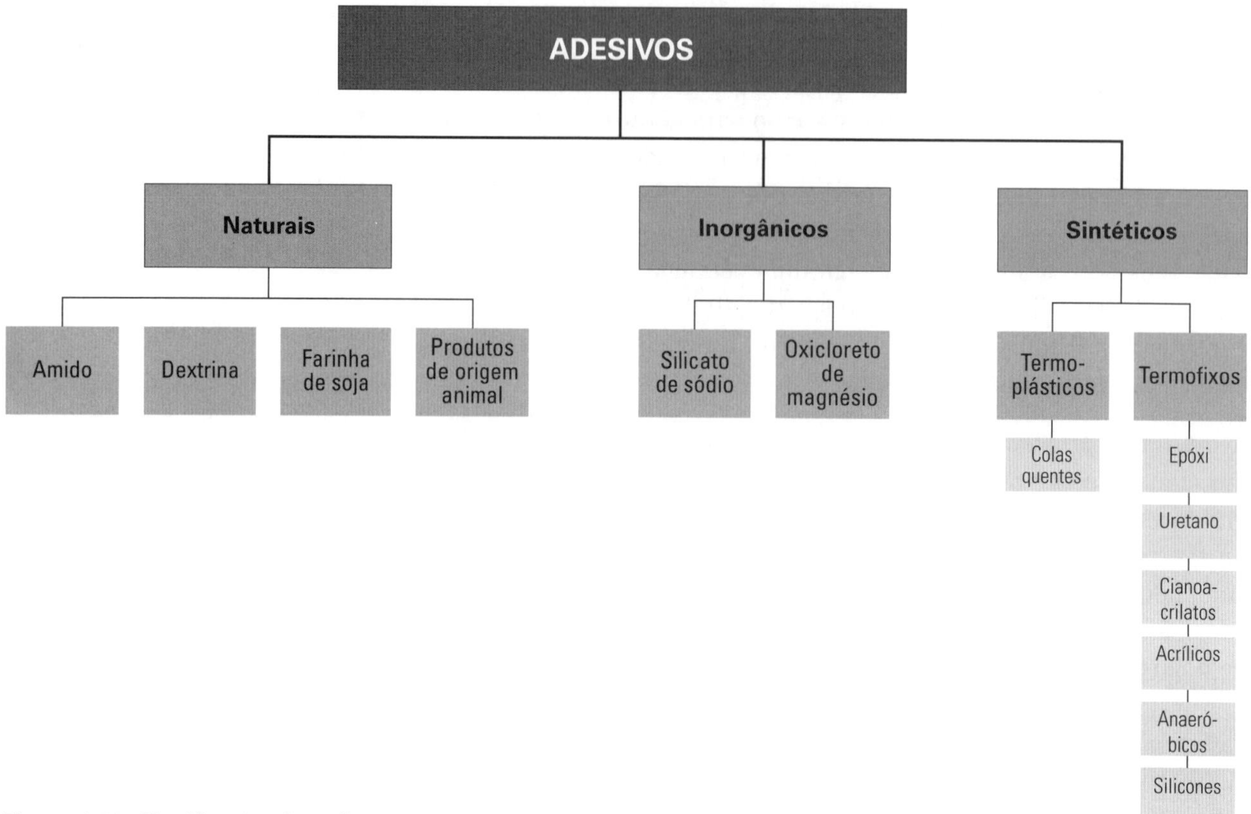

Figura 6.39 Classificação dos adesivos

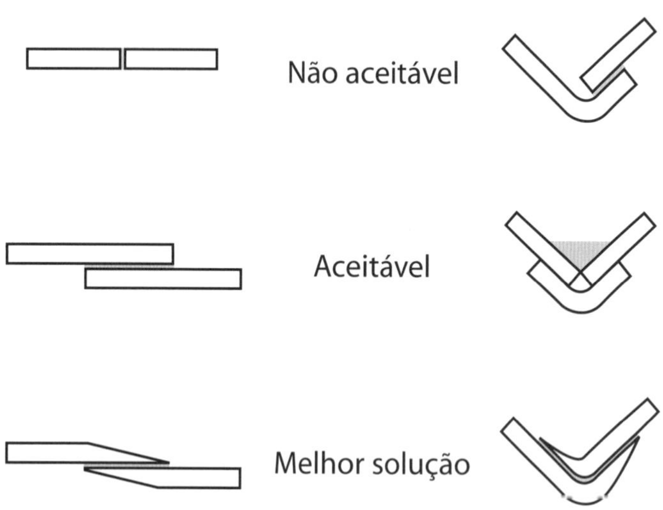

Figura 6.40 Uniões por adesivos precisam de uma área de contato grande

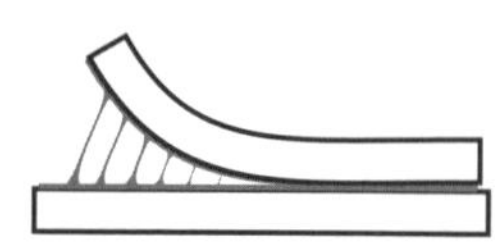

Figura 6.41a Comportamento característico de um adesivo tenaz

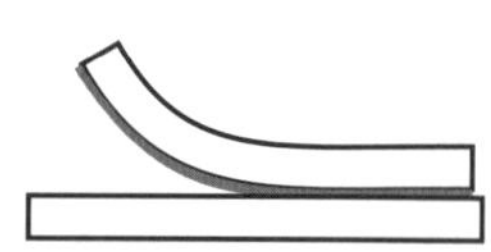

Figura 6.41b Comportamento característico de um adesivo frágil

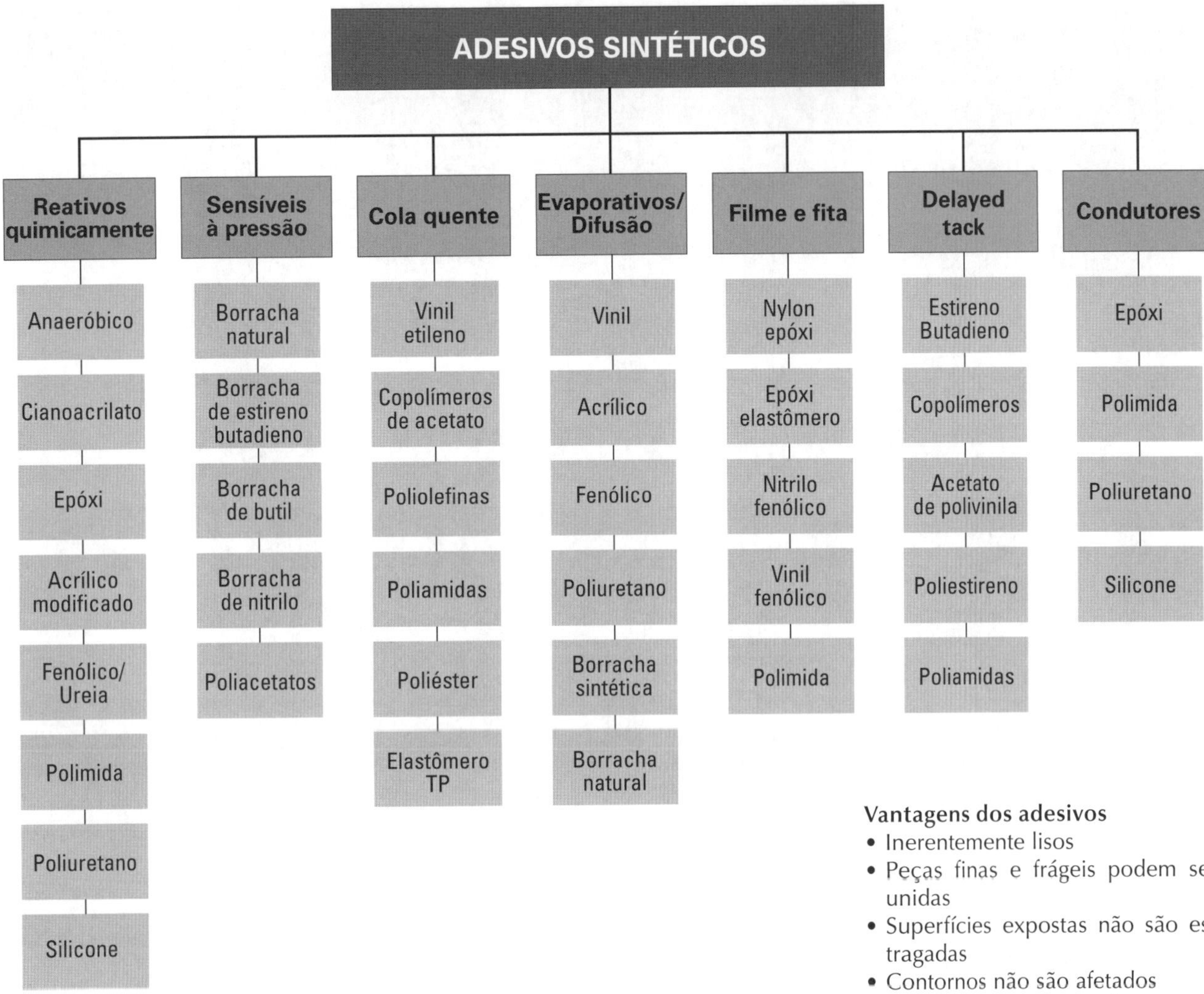

Figura 6.42 Classificação dos adesivos sintéticos

Adesivos

Por causa de sua resistência, os *adesivos* sintéticos orgânicos são importantes na fabricação, particularmente nas aplicações em que há resistência a esforços. Uniões podem ser *projetadas* para resistir ao cisalhamento, compressão ou forças de tração, mas não devem ser sujeitas a esforços para arrancar as peças.

Vantagens dos adesivos

- Inerentemente lisos
- Peças finas e frágeis podem ser unidas
- Superfícies expostas não são estragadas
- Contornos não são afetados
- Distribuição uniforme de tensões
- Unem materiais diferentes
- Diferenças em dilatação térmica
- Proteção contra corrosão
- Vedação contra líquidos e gases
- Conferem amortecimento mecânico

Desvantagens dos adesivos

- Armazenamento por tempo limitado
- Muitas fórmulas distintas
- Controle, montagem e testes complicados
- Somente testes destrutivos
- Podem demandar emprego de pessoal muito especializado
- Sistemas de duas partes limitam o tempo usado em um lote quando há variações neste
- Necessária limpeza completa
- Preparação da superfície da junção

Figura 6.43 Adesivos unem as placas cerâmicas do isolamento térmico num ônibus espacial (cortesia NASA)

Adesivos devem ter uma ou mais das seguites propriedades

- Resistência (cisalhamento)
- Tenacidade
- Resistência a fluidos e produtos químicos e à degradação ambiental, inclusive ao calor e à umidade
- Capacidade de revestir a interface a ser unida

Junções podem ser projetadas para resistir

- Cargas de cisalhamento
- Cargas de compressão
- Cargas de tração

Entretanto elas não devem estar submetidas a esforços de arrancamento

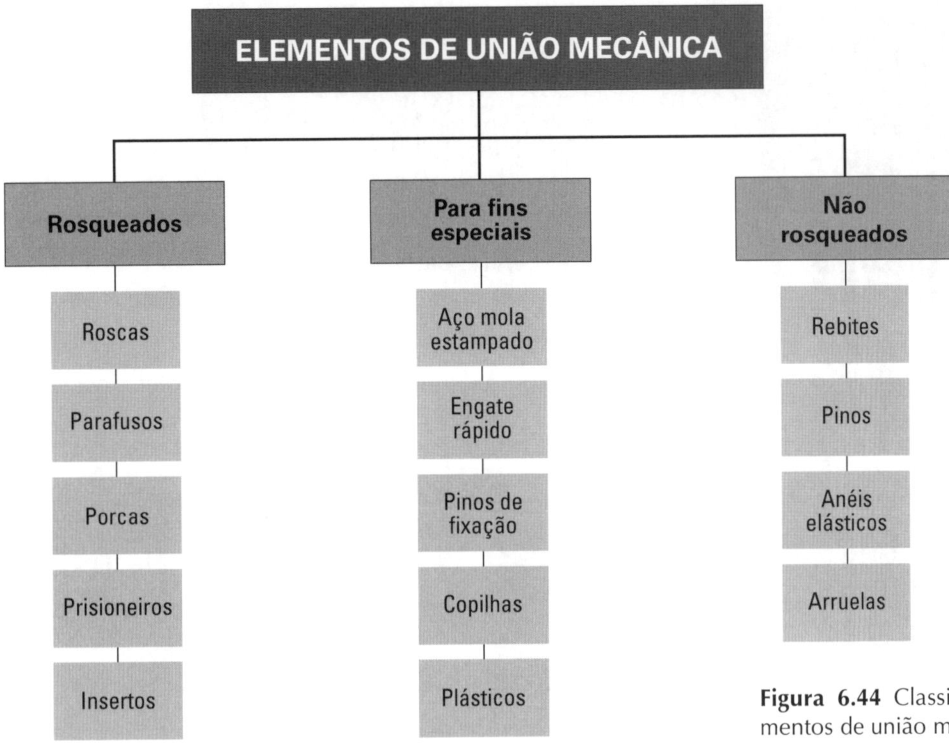

Figura 6.44 Classificação dos elementos de união mecânica

Elementos de união mecânica

Elementos de união mecânica são usados na produção durante a fase de montagem e geralmente são parte substancial dos custos. A melhor estratégia é minimizar a necessidade de montar, por meio de reprojeto criativo ou, quando possível, projetar as peças para que a montagem seja feita por robôs: projeto voltado à montagem (sigla em inglês, DFA). Quando são empregados elementos de união mecânica, o número de peças em um produto é tipicamente proporcional ao seu custo de montagem. Enquanto os elementos de fixação representam normalmente menos de 5% do custo total do produto acabado, os processos de montagem e fixação geralmente concorrem para compor a maior parte do custo de fabricação de um produto.

Em geral, mais de 50% do tempo total de produção é gasto na montagem ou união mecânica. As tolerâncias necessárias para a montagem automatizada podem ser mais restritivas que as do produto em si.

É sempre recomendável a padronização para reduzir custos de montagem. Faz pouco sentido usar diferentes parafusos ou elementos de união para economizar alguns centavos quando o custo real está em fornecer os vários elementos para a montagem.

Figura 6.45 Barras rosqueadas

Elementos rosqueados

Parafusos

Para madeira, chapa, metais, máquinas

Porcas

Âncora, castelo, livre, cativa

Prisioneiros

Uma extremidade rosqueada, duas extremidades, rosca inteira ou contínua

Figura 6.46 Parafusos com cabeça cilíndrica (Allen)

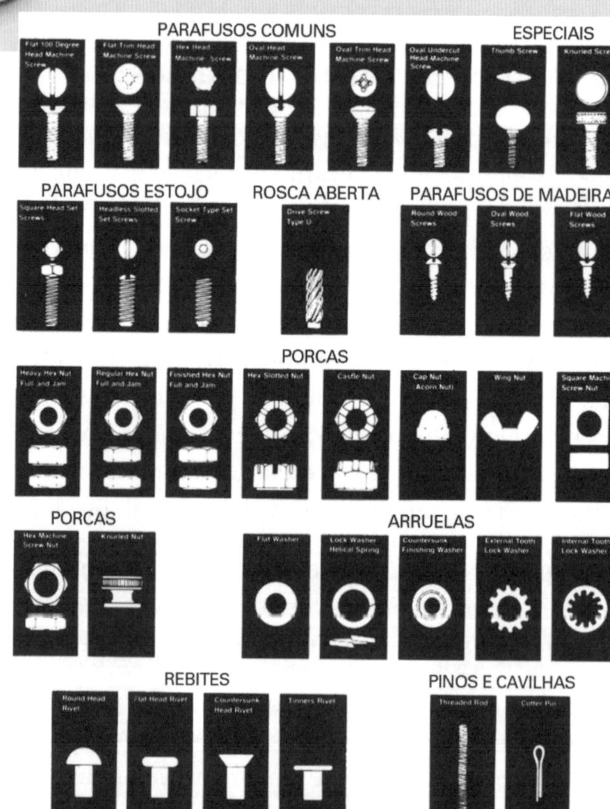

Figuras 6.47ab Elementos de união rosqueados (Cortesia Plastic and Metal Products)

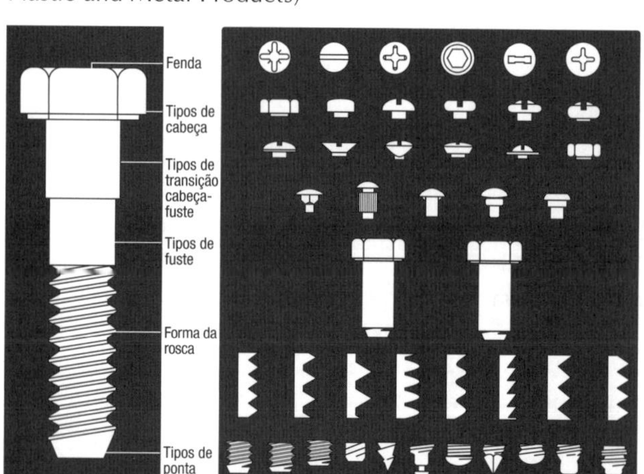

Insertos

Insertos são disponíveis em formato de porcas com furo passante ou cego, prisioneiros e rebites que conferem roscas resistente e reusáveis em materias em chapa. Existem insertos autofixantes para montagem em chapas muito finas ou em materias de circuitos impressos. Outros tipos de insertos incluem rosqueados, arame e parafusos com rosca soberba.

Figura 6.48 Elementos de fixação por rosca (cortesia Helicoil)

Insertos prensados, moldados ou fixados por ultrassom/calor formam roscas permanentes e reutilizáveis em materiais plásticos.

Insertos são instalados por robôs e operadores usando prensas de instalação, equipamentos de instalação em matrizes ou ferramentas de aplicar insertos cegos.

Figura 6.49a Elementos de fixação por rosca (cortesia Westport Precision)

Figura 6.49b Detalhe de elementos de fixação por rosca

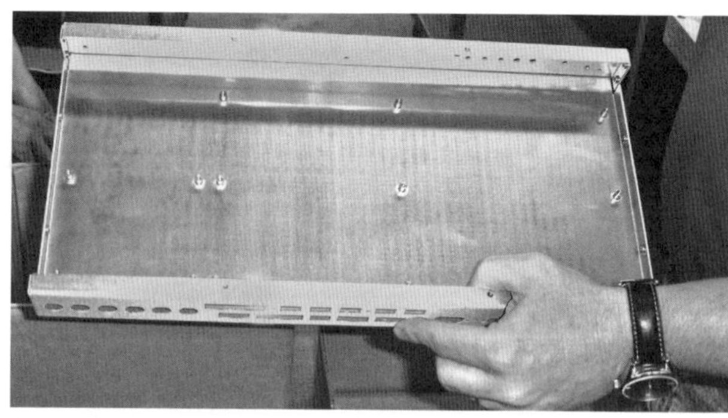

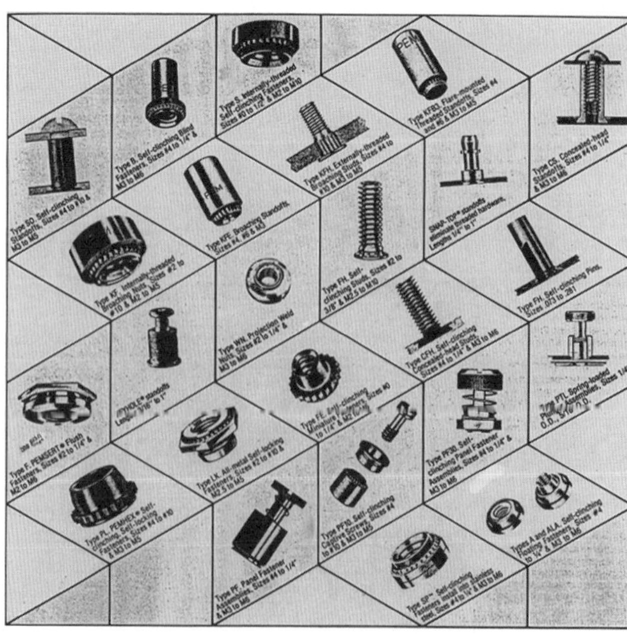

Figura 6.50 Elementos de fixação por rosca (cortesia Pennsylvania Engineering and Manufacturing Company)

Elementos de união não rosqueados

Rebites

Cego, tubular

Pinos

Cavilha, pino fendido, cônico, forquilha-pino, contrapino, espiralado

Anéis elásticos

Estampado, arame conformado, espiralado

Porcas

Plana, cônica, helicoidal, com trava, mola

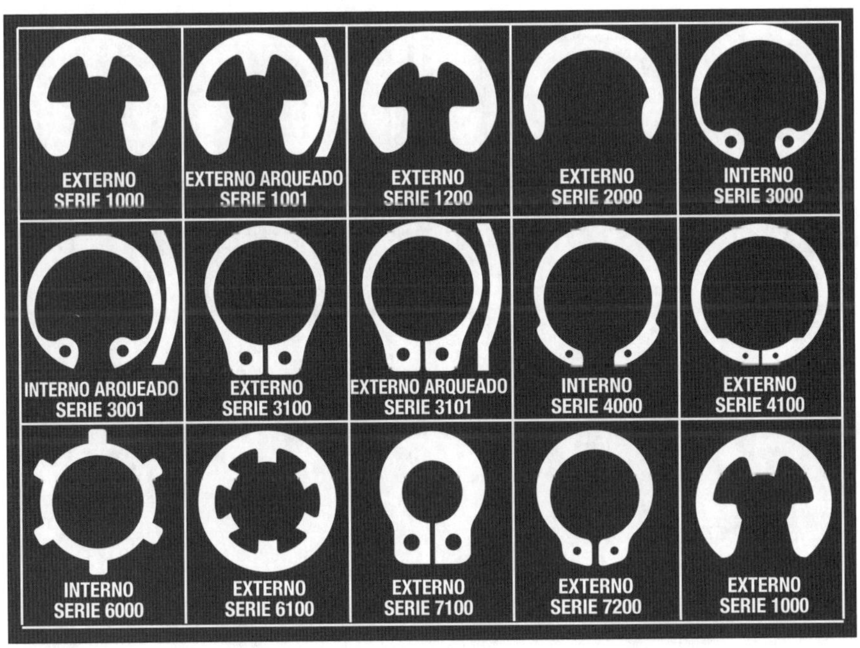

Figura 6.51 Anéis elásticos (cortesia Industrial Retaining Rings Co.)

Figura 6.52 Ilhós (cortesia Stimpson Co. Inc.)

Figura 6.53 Arruelas travantes

Elementos especiais de fixação

Aço mola estampado

Clipes, dardos, cabo/tubo

Pinos de fixar

De empurra, redondo, flange

Arame torcido

Arame revestido em papel, arame revestido em plástico

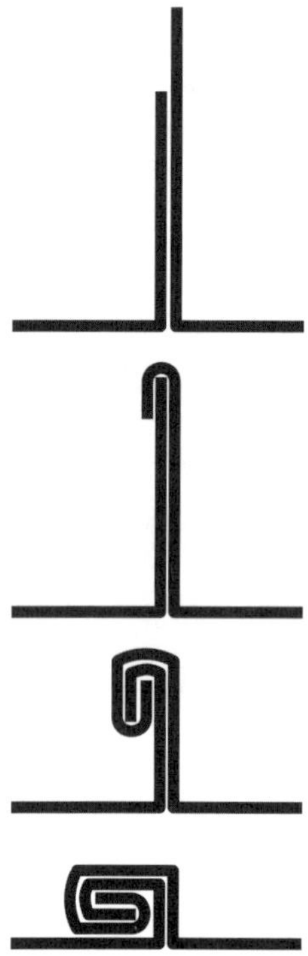

Figura 6.54 Fecho metálico dobrado

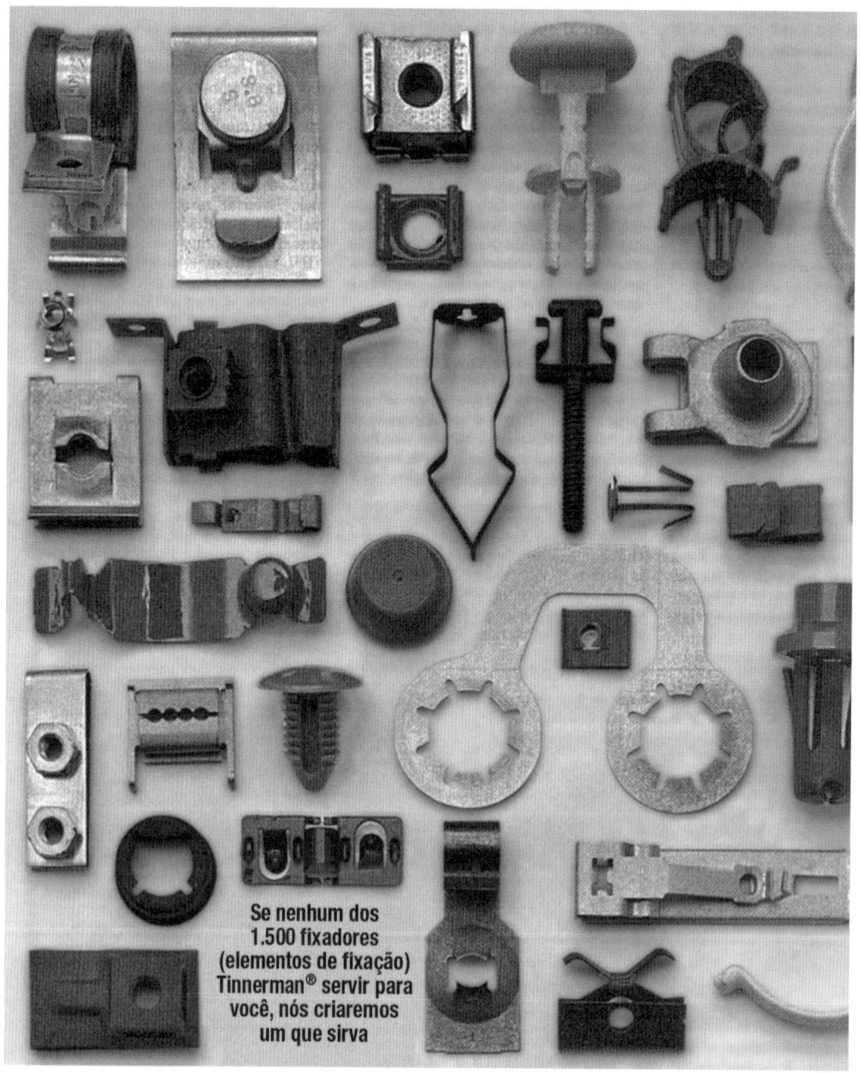

Figura 6.55 Elementos especiais de fixação (cortesia EATON Corporation, Divisão de Fixadores de Engenharia)

Operação rápida

Atuado por alavanca, deslizante, levantar e virar, magnético, empurra e puxa, operado em torção

Plástico

Velcro, Burdock

Metal conformado

Multifuncional, fecho metálico dobrado

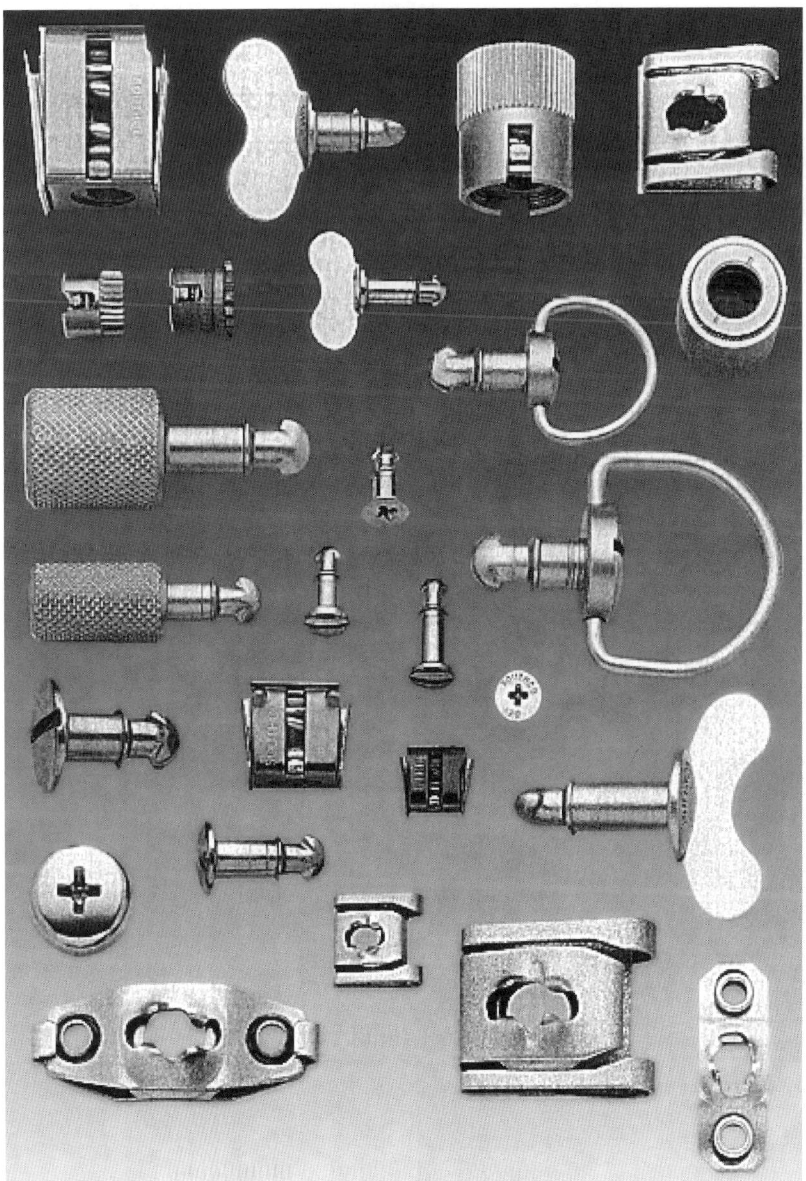

Figura 6.56 Elementos especiais de fixação com ação em ¼ de volta (cortesia Southco, Inc.)

7 Acabamentos e revestimentos

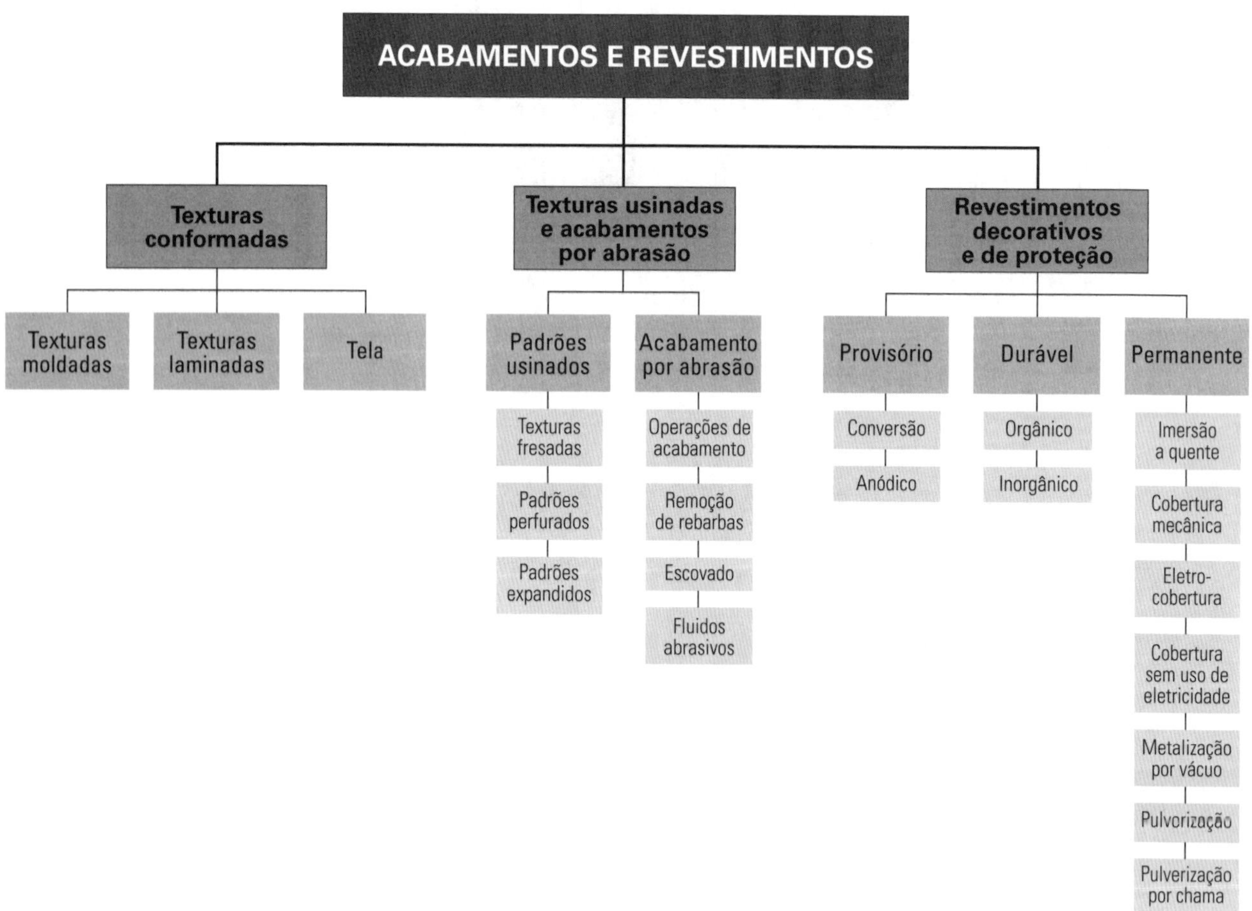

Figura 7.1 Classificação de acabamentos e revestimentos

Acabamentos e *revestimentos* são importantes, pois a aparência do produto é uma das responsabilidades do *designer* industrial. Aparência, forma e acabamento são aspectos determinantes de um produto. A aparência pode desempenhar um papel decisivo no sucesso ou fracasso de um produto, seja no mercado industrial ou no varejo.

Enquanto o acabamento é um aspecto chave da aparência, aspectos funcionais e de proteção são também igualmente importantes. Opções disponíveis terão que ser selecionadas também pela mesma análise de custo-benefício empregada nas demais decisões de projeto. Todos os aspectos de um acabamento devem ser considerados, incluindo custo, compatibilidade, cor, brilho, textura e durabilidade. A escolha final não deve ser feita no término do *projeto* do produto. O acabamento é um dos fatores que devem ser considerados quando se toma a decisão de iniciar o processo de *projeto* do produto.

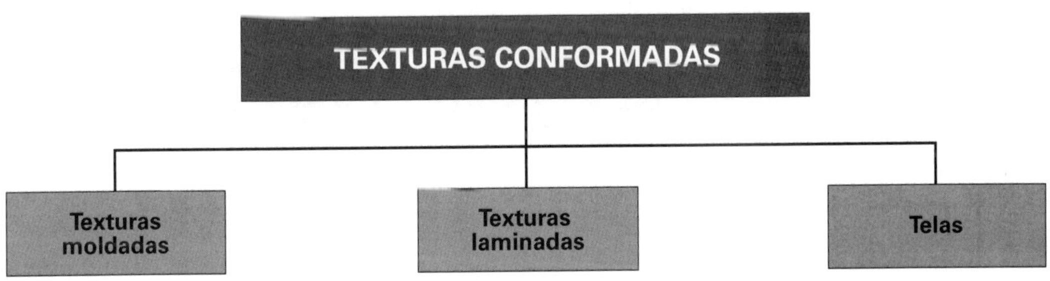

Figura 7.2 Classificação de texturas conformadas

7.1 Texturas Conformadas/Moldadas

A *textura* não desempenha um papel importante apenas na estética, mas também melhora a aderência e oculta marcas e riscos, podendo também mascarar pequenos defeitos como amassados. Na fundição, as texturas podem ser feitas no molde. A profundidade da textura aumentará o ângulo de saída necessário, assim pode haver problemas de projeto relacionados que devem ser levados em conta.

Em chapas e placas, as texturas são criadas por laminação, que, além de fazer a textura, melhora algumas das propriedades mecânicas. Usar tela de arame é outro modo de dar forma a chapas planas razoavelmente rígidas que possuem uma estrutura singular capaz de resistir sem danos à força limitada.

Texturas moldadas

São criadas por meio de *usinagem química* de texturas gravadas na própria superfície do molde. A empresa Mold-Tech criou o processo há mais de 50 anos e é líder no ramo de texturas por moldagem.

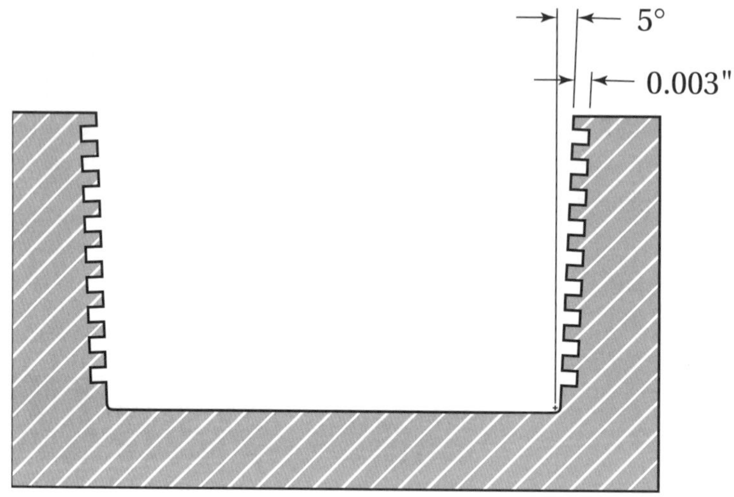

Figura 7.3 Detalhe da textura em relevo

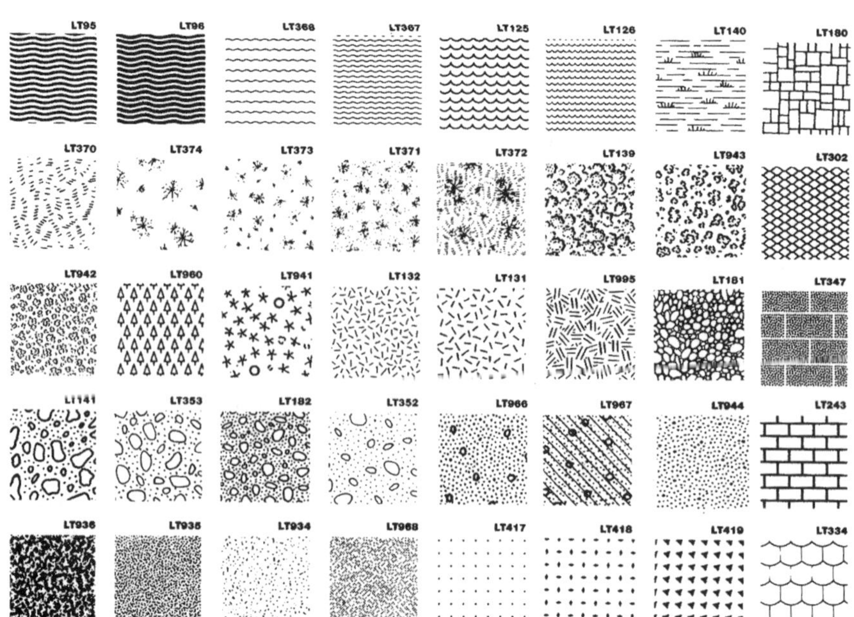

Figura 7.4 Letraset, USA, é uma empresa de artes gráficas que é uma boa fonte de ideias para texturas e padrões.

Padrões laminados

Placas com acabamento laminado são disponíveis em vários padrões. A mais popular é a placa diamante laminada a quente, usada em degraus de escada e planos inclinados para reduzir o escorregamento. A placa diamante é também usada em situações de uso pesado. Nesse caso ela é empregada para evitar ou ocultar riscos.

Metais Frisados

Texturas podem ser conformadas por corrugação de chapas planas com espessura de 0,020" a 0,036" (0,51 a 0,91 mm), criando prismas semelhantes a joias. A corrugação aumenta a resistência e a rigidez permitindo que uma chapa mais leve possa ser usada quando for necessária maior resistência.

Figura 7.5 Exemplos de placa diamante

Figura 7.6ab Metais frisados (cortesia American Nickloid Company)

Figura 7.7 Metais com textura profunda (cortesia Rigidized Metals Corp.)

Tela de arame

Telas de arame são disponíveis em vários materiais metálicos e tamanhos e possuem uma grande variedade de usos. Estes incluem cestos, peças para filtragem, peneiras para uso em laboratório, coberturas de saídas de ar quente, e para proteção de áreas abertas e janelas. Telas também são usadas em cercas.

Arames têm excelente resistência à tração e, quando trançados, tornam-se rígidos. Entretanto, quando há um impacto no plano da tela, há também um rearranjo na tela, permitindo que a força e a energia do impacto sejam absorvidas.

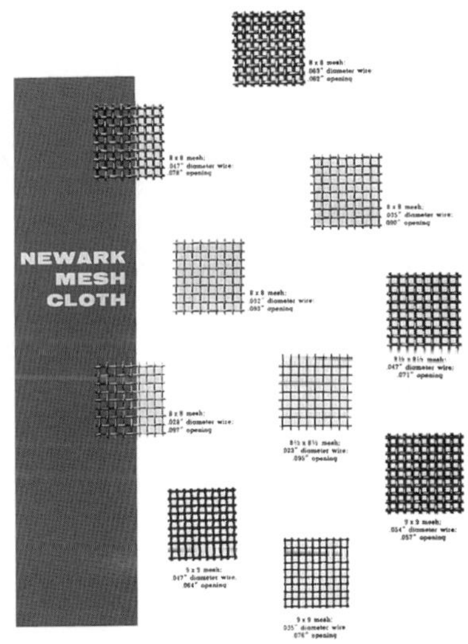

Figuras 7.8ab Telas (cortesia Newark Wire Cloth Co.)

Figuras 7.9ab Cobertura de ventilação para lâmpada halógena (cortesia Lesko Design)

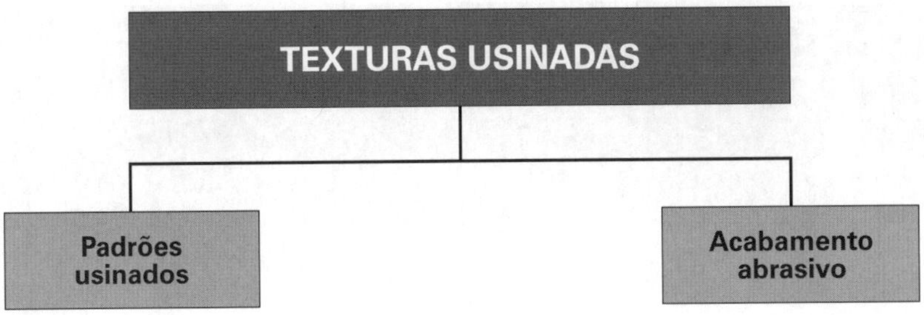

Figura 7.10 Classificação de texturas usinadas

7.2 Padrões Usinados e Acabamento Abrasivo

Recartilhagem é um método de usinar um padrão diamantado em tubos e barras de metal circulares, bem como em outras peças de revolução. Esse efeito é obtido com uma ferramenta de recartilhar própria para tornos. O recartilhado é usinado ao redor de manípulos metálicos para melhorar a aderência quando um operador gira um volante ou manivela.

Em chapas, padrões de furos são puncionados para permitir que calor ou luz atravessem-nas. Geralmente o puncionamento de padrões em chapas é principalmente decorativo, é caro e normalmente as enfraquece.

Tela de arame é criada pela tecelagem de um arame. Se o arame for rígido, o processo irá criar uma chapa razoavelmente rígida. Se o arame for flexível, um tecido de arame será criado.

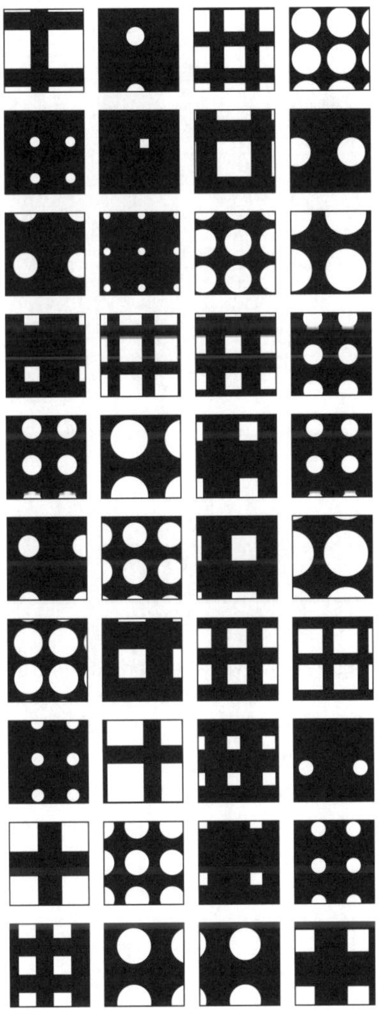

Figura 7.11 Amostras de metal perfurado

Figura 7.12 Metal expandido (cortesia Expanded Metal Manufacturers Association)

Figuras 7.13abc Luminária em metal perfurado (cortesia Artemide)

Brunimento e esmerilhamento

Brunimento é uma operação de acabamento fino para superfícies internas de furos cilíndricos. Um mandril rotativo com tiras de carbeto de silício ou alumínio move-se em ação recíproca, produzindo um padrão cruzado de textura.

Superacabamento é semelhante ao brunimento, mas é empregado no acabamento de superfícies externas de peças cilíndricas.

Esmerilhamento é uma operação de acabamento feita em superfícies planas e cilíndricas. Esmeris são feitos de ferro fundido, cobre, couro ou tecido, contendo partículas abrasivas. Tolerâncias de 0,00038 mm podem ser obtidas em superfícies planas ou curvas, tais como objetos esféricos e lentes.

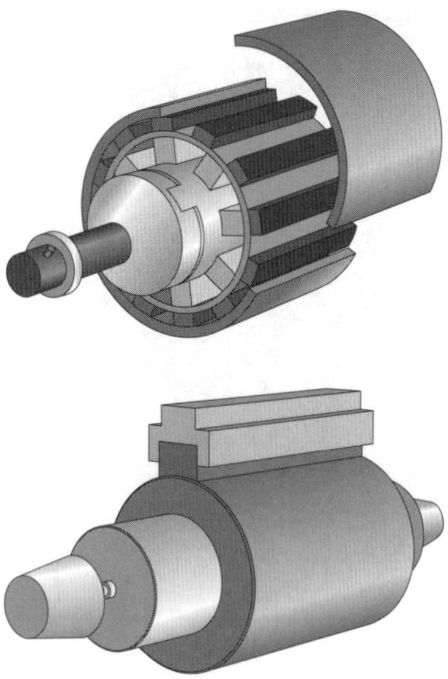

Figuras 7.14ab Brunimento e esmerilhamento

No *acabamento com escova de arame*, uma peça ou chapa é forçada contra uma escova circular de arames que gira em alta velocidade. A escova de arame produz texturas de muito finas a rugosas na superfície. Cada grupo de indústrias possui sua própria designação para texturas escovadas.

Revestimentos de abrasivos, como lixas e flanelas de polimento (folhas, discos, fitas), são usados em acabamento de superfícies metálicas ou não. O acabamento da superfície depende primordialmente do tamanho do grão do abrasivo.

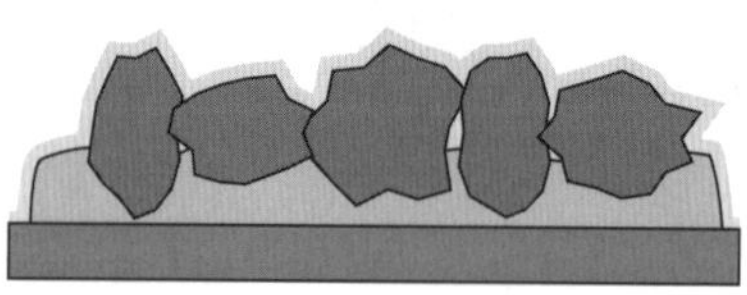

Figura 7.15 Revestimento abrasivo

Figura 7.16 Superacabamento (cortesia Crown Equipment Corp.)

Polimento e raspagem

O *polimento* e a *raspagem* produzem um acabamento lustroso, usando um abrasivo fino e suave, esfregado no material. Os discos ou cintas de polimento são feitos de tecido, couro ou feltro, embebidos com abrasivo. Pós finos de óxido de alumínio ou diamante são empregados no polimento de metais. A raspagem é semelhante ao polimento, mas um composto abrasivo em barra é usado como meio de corte.

Eletropolimento é o reverso da eletrodeposição: pode produzir superfícies espelhadas, pois não há contato mecânico com a peça em trabalho. Um eletrólito ataca saliências e picos na superfície, assim produzindo uma superfície lisa. O processo é adequado para formas irregulares.

Figura 7.17 Metais polidos e revestidos (cortesia American Nickeloid Company)

Remoção de rebarbas

Rebarbas são como lâminas e podem causar cortes graves no manuseio. São arestas finas, triangulares, criadas quando uma chapa é cortada, bem como quando uma peça fundida é limpa por uma tesoura de desbaste. Usinagem também produz rebarba ao longo do caminho da ferramenta. Rebarbas podem interferir na montagem ou desencapar fios, causando, assim, curto-circuitos em componentes elétricos. Elas são removidas por ferramentas como limas e ferramentas próprias. Projetar chanfros nas arestas de uma peça eliminará a necessidade de um processo caro de *remoção de rebarbas*.

Acabamento por vibração ou *tamboreamento* é uma operação realizada por lote, empregada para melhorar o acabamento superficial e remover rebarbas de um grande número de peças. Pastilhas abrasivas com formato especial são colocadas em um tambor juntamente com as peças das quais se deseja remover as rebarbas.

Fluidos abrasivos reduzem o desgaste e diminuem o consumo de energia. Eles evitam aumento de temperatura na peça e melhoram o acabamento e precisão dimensional da peça.

Figura 7.18 Peças cerâmicas usadas no acabamento por vibração e tamboreamento

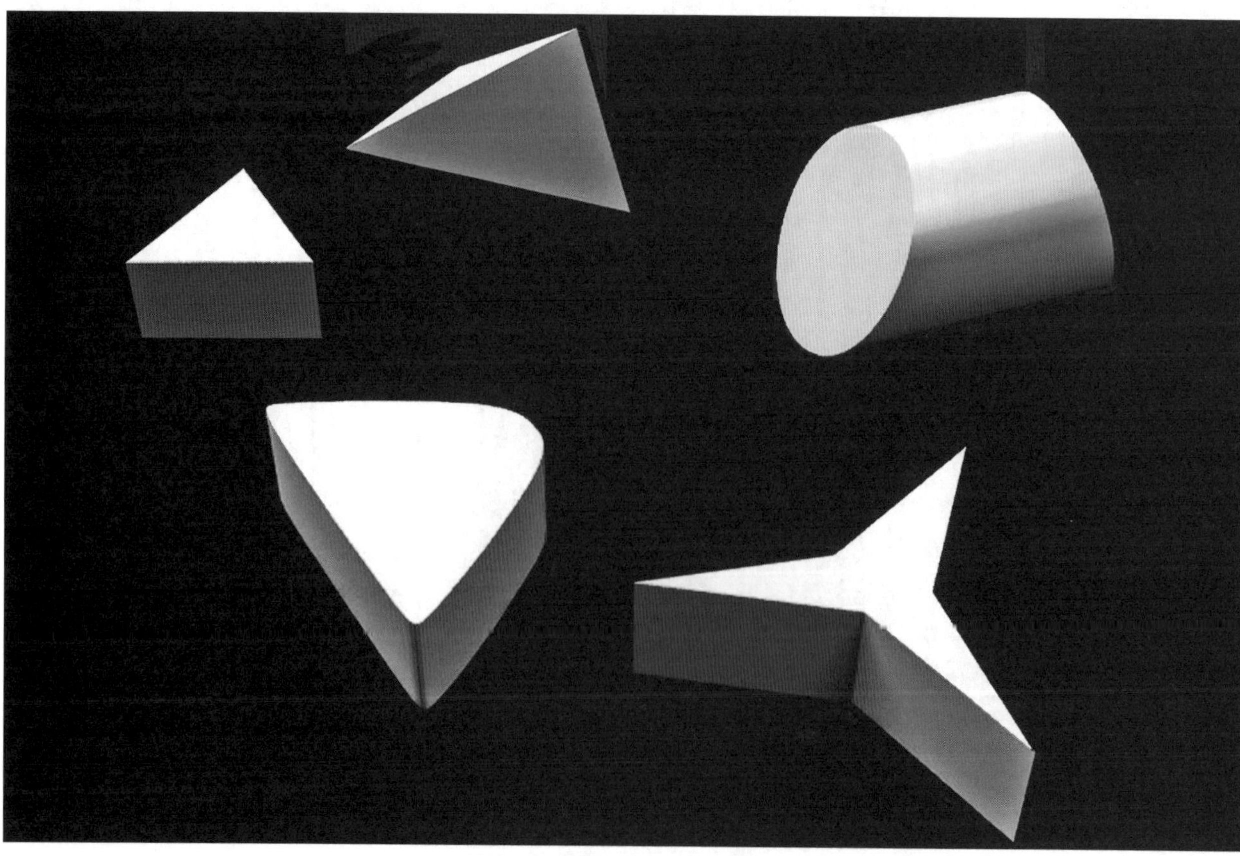

No *jateamento de granalhas* ou de *areia*, um jato de ar em alta velocidade carrega as partículas do abrasivo de encontro às peças das quais se deseja remover as rebarbas. Esse processo produz um acabamento fosco.

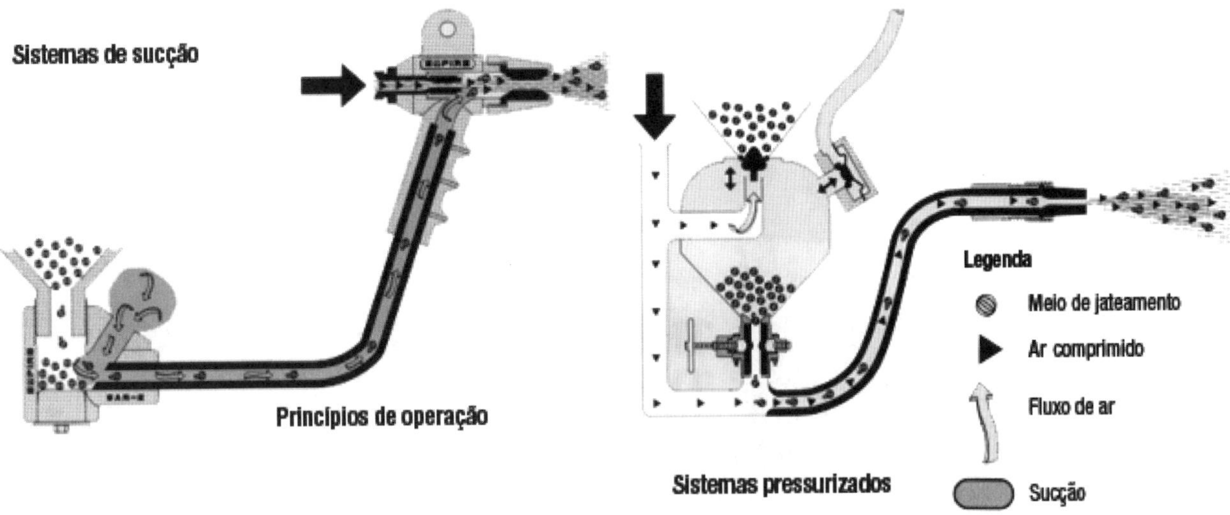

Figura 7.19 Esquema do jateamento (cortesia Empire Abrasives Co.)

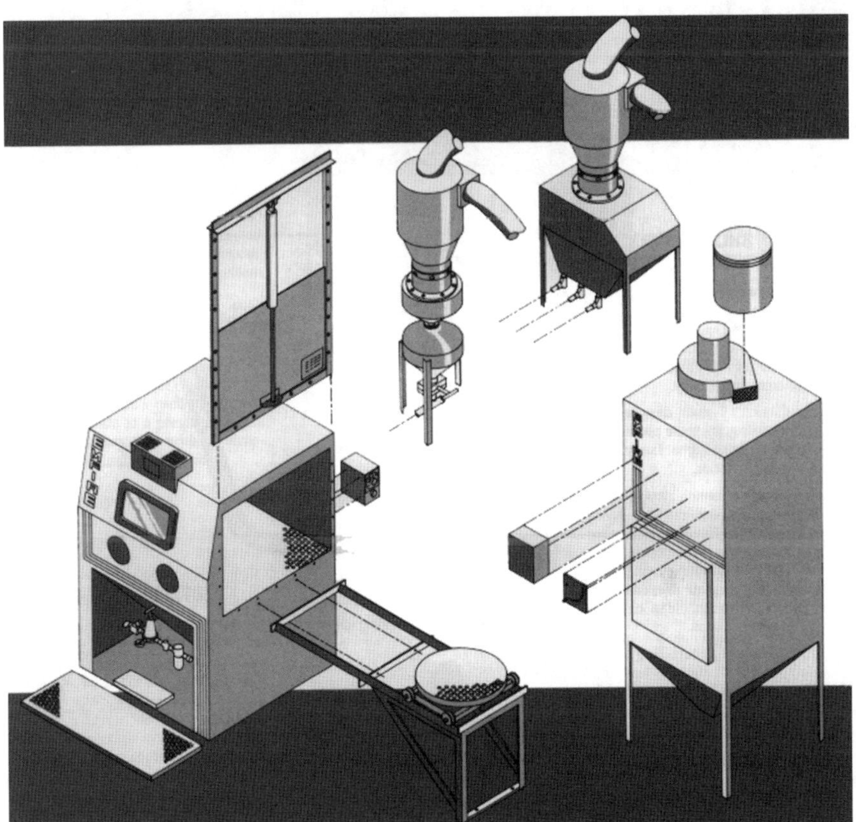

Figura 7.20 Sistema modular Profinish (cortesia Empire Abrasives Co.)

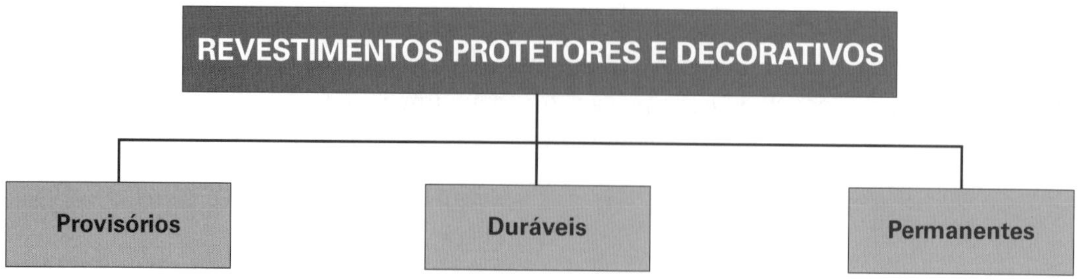

Figura 7.21 Classificação dos revestimentos protetores e decorativos

Figura 7.22a Detalhe do processo de revestimento com pó

7.3 Revestimento

Revestimentos protetores e *decorativos* são importantes no *design*, pois um acabamento contribui bastante para a aparência dos produtos, responsabilidade primordial do design. Além de aparência e proteção, os acabamentos também podem conferir texturas e informações.

Revestimentos são classificados como provisórios, usados comumente com *primer* ou proteção básica; revestimentos duráveis orgânicos ou inorgânicos, usados para acabamentos em quase todos os materiais; ou ainda podem ser permanentes (metálicos) principalmente para metais e alguns plásticos.

Figura 7.22b Vista geral de uma cabine de aplicação de revestimento com pó (cortesia Crown Equipment Corp.)

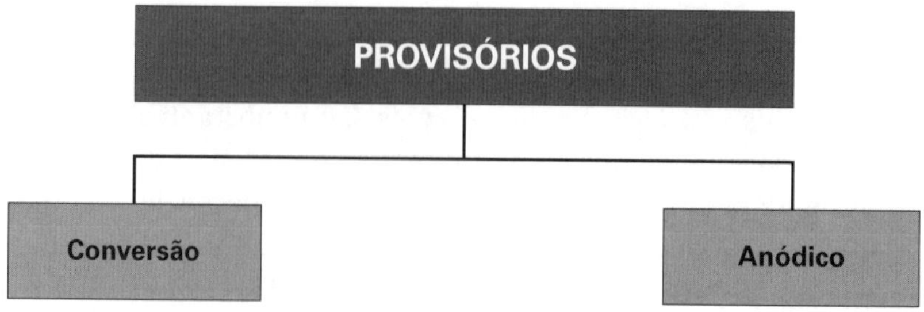

Figura 7.23 Revestimentos provisórios

Revestimentos provisórios

Figura 7.24 Porta-ferramenta de corte anodizado

Nos *revestimentos por conversão* ou *pintura por reação química*, fosfatos ou cromatos criam compostos insolúveis em certas superfícies metálicas, conferindo a estas proteção contra corrosão e um acabamento decorativo. São bons *primers* para tintas. Fosfatos são usados para revestir aços; cromatos, para revestir alumínio, zinco, cobre e magnésio. Revestimentos podem ser aplicados por eletroimersão, aspersão ou escovação.

Revestimento anódico ou *anodização* é um processo de oxidação que converte a superfície do alumínio ou magnésio em uma camada porosa e dura de óxido, confere um acabamento decorativo e protege contra a corrosão. A peça (anodo), em uma cuba eletrolítica, é imersa em banho ácido, resultando na absorção química de oxigênio do banho.

Pigmentos orgânicos preto, vermelho, dourado e cinza são usados para produzir filmes superficiais estáveis e decorativos. A anodização serve como boa base para pintura, especialmente para o alumínio, que normalmente é difícil de pintar.

A anodização é usada para proteger produtos arquitetônicos e de acabamento automotivo, bem como produtos para cozinha, mobiliário e equipamento esportivo.

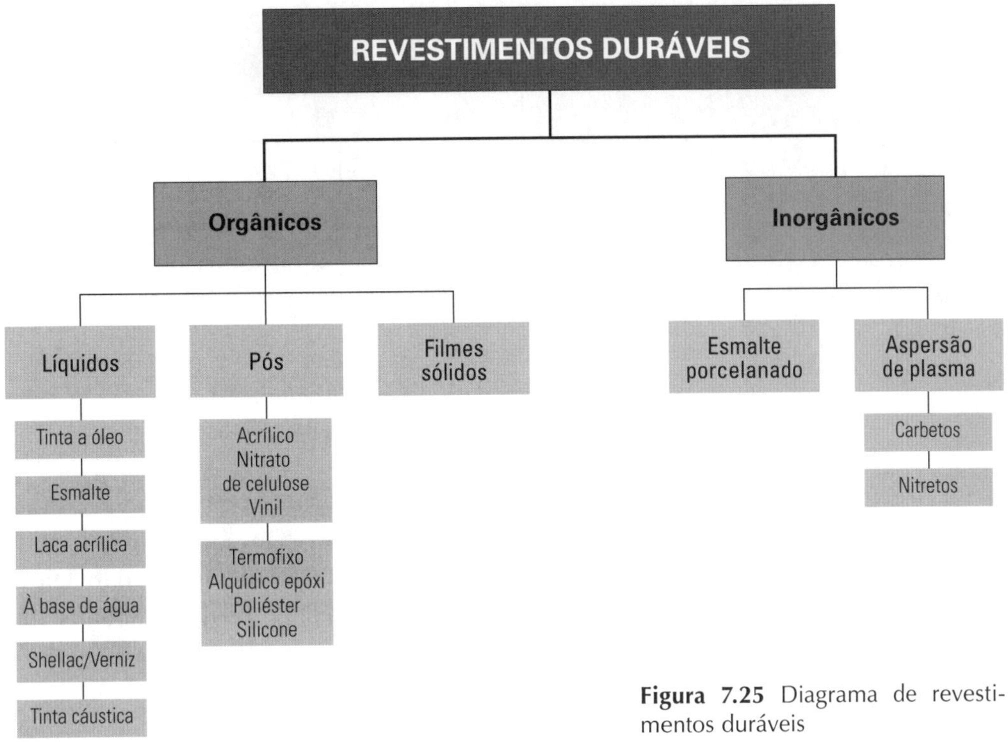

Figura 7.25 Diagrama de revestimentos duráveis

Revestimentos duráveis

É aplicada *tinta orgânica líquida* com pincel, rolo ou por aspersão. Na aspersão industrial, sistemas de duas peças usam tinta aquecida para conferir melhor durabilidade e texturas. Revestimentos com pós orgânicos são um desenvolvimento mais recente.

No *revestimento em leito fluidizado*, uma peça aquecida é submersa em um leito de pó plástico seco tornado fluido pela pressão do ar. A peça aquecida derrete o pó, revestindo a peça com adesão muito boa da tinta.

No *revestimento com pó*, partículas de tinta seca são carregadas com eletricidade estática por meio de um disco girante. O pó é aspergido sobre uma superfície com carga oposta, o que atrai as partículas da tinta. Somente superfícies com carga oposta serão revestidas, resultando em 10% de perda comparada aos 70% de perda na aspersão convencional.

Revestimentos inorgânicos são pós feitos de vidro borosilicato de alumina, óxidos de cor e outros óxidos metálicos que são esmaltes porcelanados bastante resistentes ao desgaste quando fundidos por calor a superfícies metálicas. Produtos típicos esmaltados são panelas, equipamentos de processo químico e sinalização.

Figura 7.26a Aspersão de tinta fresca

Figura 7.26b Aspersão de revestimento em pó seco

Figura 7.27 Diagrama dos revestimentos permanentes

Revestimentos permanentes

Na *imersão a quente*, ferro ou aço são imersos em um banho de zinco, latão ou alumínio derretido, conferindo aos produtos em aço – tais como encanamentos, acessórios e estruturas de rodovias – proteção de longo prazo contra a corrosão. O processo também é usado como base protetora para chassis e submontagens automotivas.

No *revestimento mecânico*, partículas finas de metal são compactadas em uma superfície de metal mediante o impacto com granalhas de vidro, cerâmica ou porcelana.

No *revestimento sem eletricidade*, cloreto de níquel é reduzido – com hiposulfito de sódio – em níquel metálico, que é, em seguida, depositado sobre a peça, conferindo excelente resistência à corrosão e ao desgaste.

Na *metalização a vácuo* ou *revestimento a vácuo*, o metal de revestimento é evaporado sob alta temperatura sob vácuo e é depositado sobre a peça. O processo pode conferir um revestimento uniforme em peças complexas tais como componentes eletrônicos para altas temperaturas e peças para óptica, além de decoração em eletrodomésticos, ferramentas e joias.

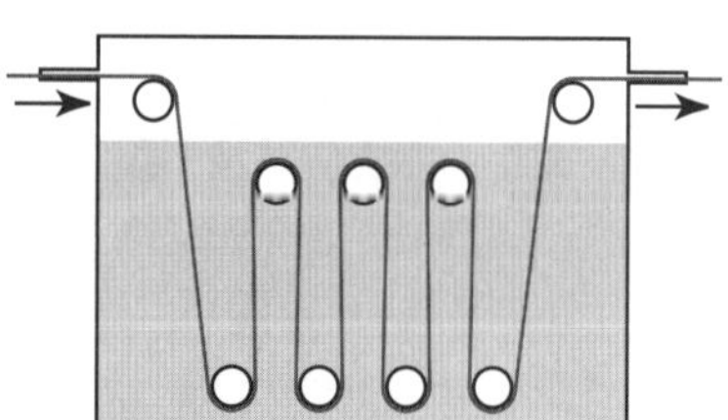

Figura 7.28 Continuous hot dipping of galvanized sheet

Na *eletrodeposição*, uma peça (cátodo) é recoberta com cromo, níquel, cádmio, cobre, zinco ou latão (ânodo), quando ambos estão suspensos em uma solução eletrolítica. Prata, platina ou ouro são usados para revestir joias, conexões eletrônicas comuns e aquelas usadas em componentes espaciais. ABS, polipropileno, polisulfona, policarbonato, poliéster e nylon podem ser revestidos se uma base de níquel revestido for usada. Todos os metais podem ser recobertos. O tamanho não é um limitante, mas formas complexas podem ter espessura variável na camada de revestimento. Pelo fato de o cromo não aderir facilmente à maioria dos materiais, a deposição requer uma camada base em ouro, cobre e níquel. Depois, segue-se a camada final de cromo.

Figura 7.29 Processo de deposição de cromo (cortesia Crowm Equipment Corp.)

Na *pulverização de filmes finos*, um campo elétrico ioniza um gás inerte. O material de revestimento é bombardeado por íons positivos, fazendo com que os átomos sejam espirrados e depois condensem quando de encontro com a peça.

A *pulverização por chama* ou *metalização/aspersão térmica* é um processo que foi desenvolvido a partir da metalurgia do pó. Um bastão, fio ou pó metálico é derretido em uma corrente de chama oxidoacetilênica, arco elétrico ou arco de plasma, e é aspergido sobre uma superfície preaquecida. O processo é essencialmente uma fundição, pois o metal é derretido para que seja aspergido. Aplicações incluem estruturas de aço, tanques de armazenamento e vagões-tanque revestidos com zinco e alumínio para conferir resistência à corrosão. Outras aplicações da metalização incluem a reconstrução de superfícies desgastadas de metais. Revestimentos cerâmicos são usados em aplicações onde se requer resistência às altas temperaturas e à eletricidade.

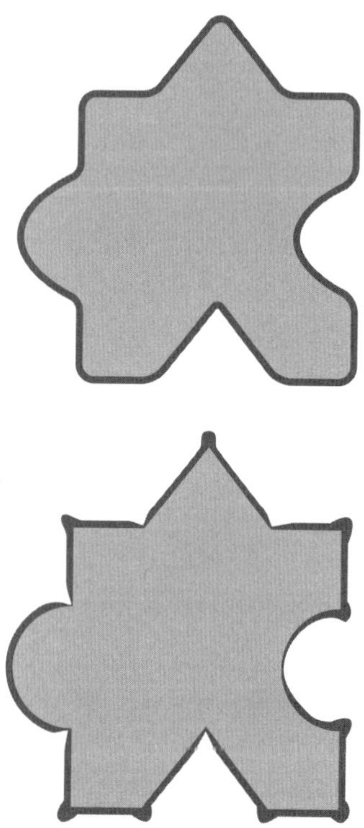

Figura 7.30 Uma regra geral para todos os processos de pintura e revestimento consiste em evitar cantos agudos externos e internos

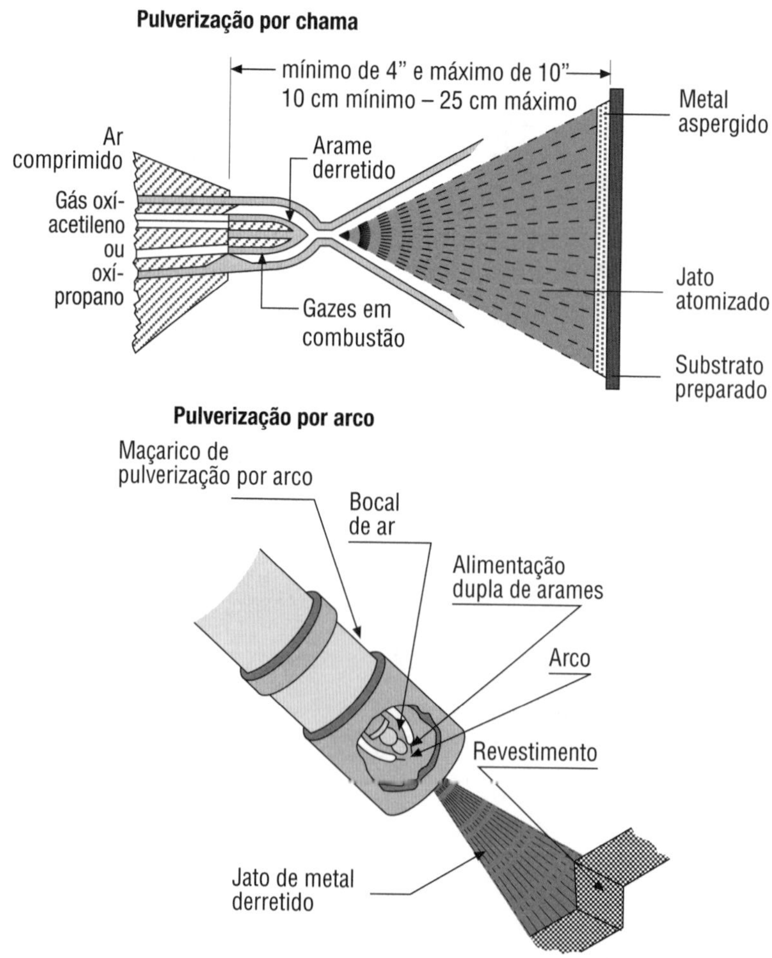

Figura 7.31 Aspersão térmica (cortesia GE Plastics)

Plásticos

8

Figura 8.1 Cães feitos em blocos de lego, Disneylândia

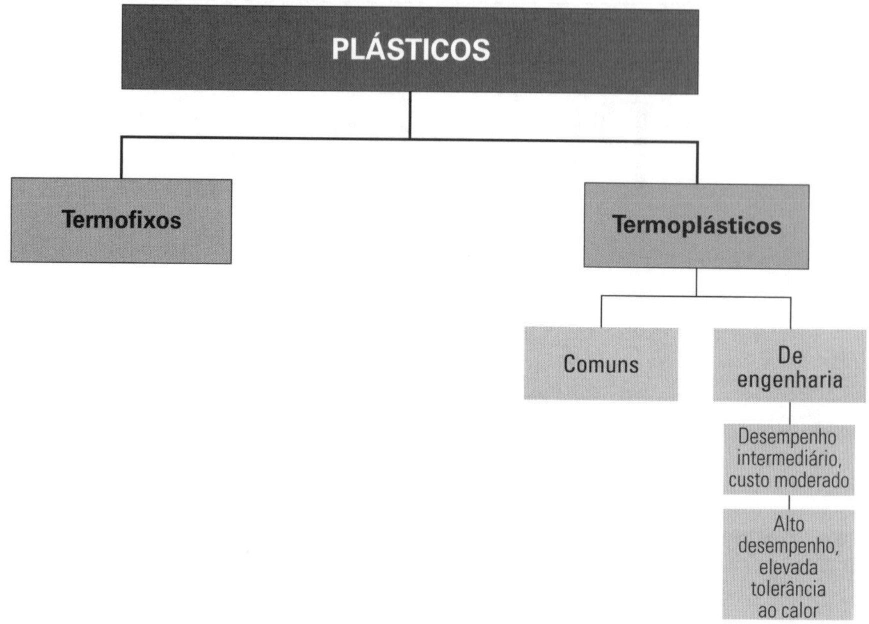

Figura 8.2 Classificação de plásticos

Plástico é um termo largamente aceito para descrever resinas ou polímeros que são constituídos por átomos de hidrogênio, carbono, nitrogênio, oxigênio, flúor, silício, enxofre e cloro, derivados do petróleo. Passou a ser um clichê dizer que foi com o filme *A primeira noite de um homem* (*The Graduate*) que o termo plástico passou a ser parte da linguagem cotidiana. Muitos se referem à cena em que Mrs. Robinson sussurra "plástico" aos ouvidos do rapaz. Pode ser um pouco mais sutil, mas para muitos o momento decisivo é quando Mrs. Robinson mostra-nos suas meias. A cena criou um enorme interesse no público jovem e após uma breve pesquisa pôde-se descobrir que as meias eram de nylon: o primeiro termoplástico de engenharia!

A pirâmide na página seguinte é uma ilustração conceitual dos produtos de uma divisão da Solvay e relaciona os plásticos que a empresa produz. A pirâmide identifica os tipos como amorfos e semicristalinos. As resinas amorfas são geralmente transparentes, apresentam elevada estabilidade dimensional e possuem boa resistência química e tenacidade. Polímeros semicristalinos são normalmente opacos, quimicamente resistentes e possuem boa resistência à fadiga.

A ilustração é interessante pois transmite várias ideias em uma imagem. Mostra a separação de materiais por tipo, denominação comercial, denominação química, volume, custo e desempenho. É uma excelente ilustração para o *designer*, pois transmite muitas características do produto em uma imagem simples de entender.

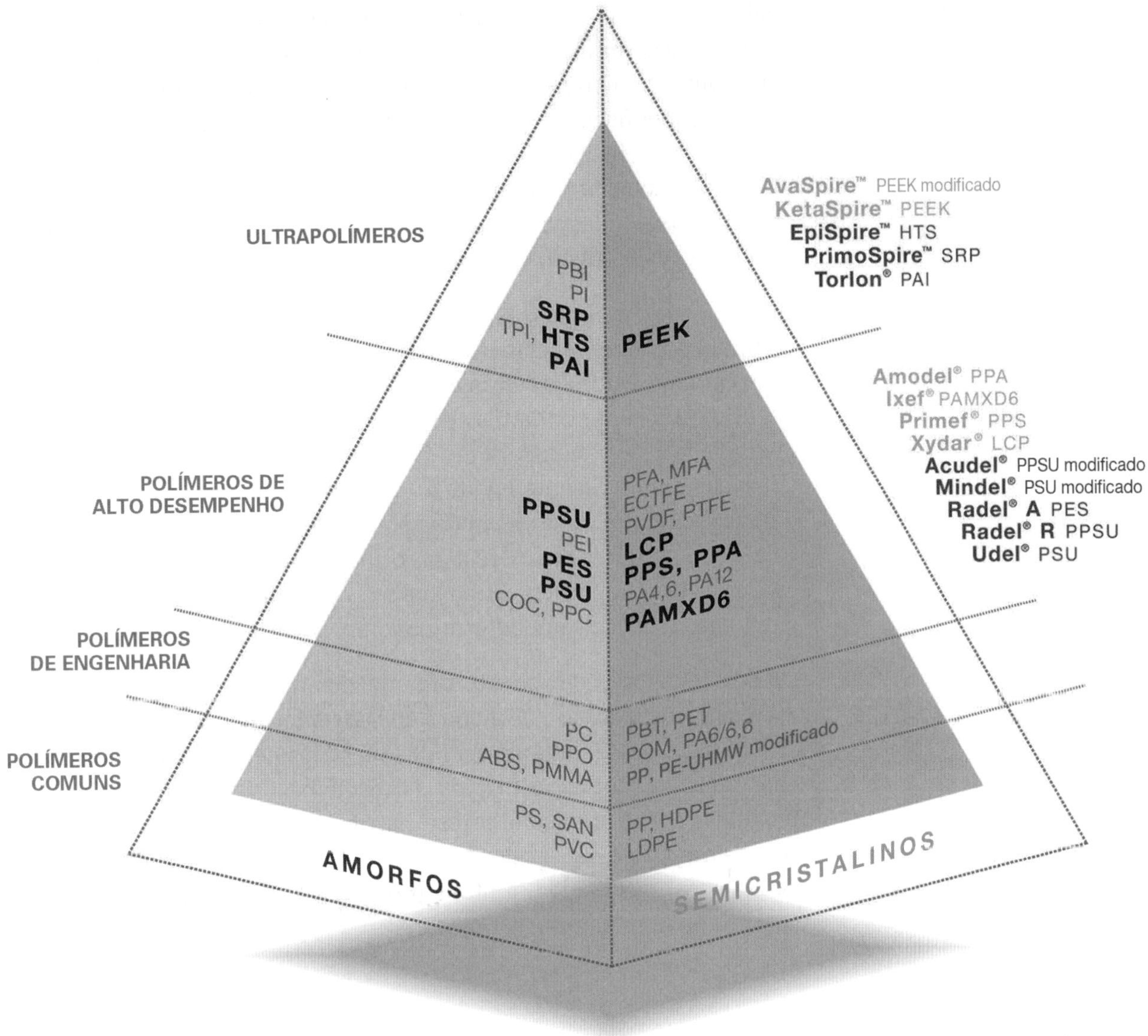

Figura 8.3 Plásticos amorfos e semicristalinos (cortesia Solvay)

Conforme discutido no Capítulo 3, o termo plástico é usado para descrever como um material se comporta. Plástico significa que uma mudança permanente na forma acontece quando o material é sujeito a uma carga. Os plásticos foram assim denominados pois o material é facilmente modificado com muito pouco calor (diferente dos metais, que necessitam de calor muito mais intenso). Enquanto o termo plástico é usado para discutir esses materiais, a denominação geral não é usada para discutir um material específico. A denominação comercial ou química deve ser usada para se requerer mais informações sobre materiais específicos, que são denominados mais especificamente de *resinas* ou *polímeros*. Algumas das denominações químicas são difíceis de memorizar. A maioria dos designers e engenheiros geralmente se refere a esses materiais usando as iniciais ou a denominação comercial. Durante o projeto de uma peça ou produto, demandas específicas de desempenho são impostas ao plástico em uso, que deverá ter certas propriedades físicas e mecânicas para alcançar o desempenho esperado. Assim como as ligas metálicas foram desenvolvidas para demandas específicas, os plásticos são, muitas vezes, criados para atender de forma ótima os requisitos do projeto.

Não é fácil organizar os plásticos, pois eles estão em famílias. Em cada família, misturas específicas são frequentemente combinações que envolvem duas ou mais famílias. Um dos materiais mais populares é o ABS, pertencente à família do estireno. É um terpolímero que inclui butadieno e acrilonitrila. Para deixas as coisas ainda mais complicadas, ele é normalmente ligado a outros polímeros, tais como o PVC ou o policarbonato. Como se ainda não bastasse, muitas variantes comerciais são geralmente reforçadas, principalmente com fibras de vidro, para se obter um desempenho melhor, ou ainda são formuladas de maneira especial para um determinado processo de fabricação.

Os plásticos são geralmente organizados alfabeticamente. Isso pode ser conveniente, mas não ajuda a que se tenha um entendimento global sobre plásticos. A organização dos plásticos neste capítulo é dividida nas duas categorias principais de termofixos e termoplásticos e, em seguida, nos grupos familiares, distribuídos normalmente em ordem crescente de custo. As denominações comerciais e fornecedores são também apresentados, juntamente com as características, algumas propriedades e empregos típicos.

Plásticos: origens e definições

Para entender os materiais plásticos é preciso entender os polímeros, os elementos constituintes dos plásticos. Derivado do termo grego que denomina "muitas partes", o termo *polímero* é usado para descrever materiais com moléculas grandes compostas de muitas unidades repetidas que foram ligadas quimicamente em grandes cadeias. Seda, algodão e lã são exemplos de polímeros naturais.

Nos últimos 60 anos, a indústria química desenvolveu uma enorme quantidade de polímeros sintéticos para satisfazer as demandas de materiais para uma diversidade de produtos; tintas, revestimentos, fibras, filmes, elastômeros e plásticos estruturais são exemplos. Literalmente milhares de materiais podem ser agrupados na categoria dos plásticos, embora atualmente o termo esteja reservado quase que exclusivamente aos polímeros, excluindo fibras que podem ser moldadas e conformadas tornando-se objetos sólidos ou semissólidos. *Polimerização* é o processo pelo qual se unem quimicamente os elementos monoméricos para criar as macromoléculas. As moléculas de polímeros comerciais possuem milhares de elementos repetidos ao longo de seu comprimento.

Definição de material plástico

- Um ingrediente essencial é um polímero orgânico de elevado peso molecular
- É sólido no estado acabado
- Em alguma etapa da fabricação pode ser conformado por escoamento

Os termos *plástico*, *resina* e *polímero* são de alguma forma sinônimos.

Resina e *polímero* são termos, muitas vezes, usados para denotar o material base polimerizado.

Plástico é o termo que engloba compostos contendo plastificantes, estabilizadores, cargas e outros aditivos.

Plásticos comuns são aqueles materiais que são usados em embalagens, produtos de baixo custo e brinquedos. São empregados em uma série de produtos "descartáveis", desde talheres de festa até sacos de lixo.

Plásticos de engenharia são aqueles materiais que possuem propriedades mecânicas, químicas e térmicas adequadas para uso como material de construção, em elementos de máquinas e de processos químicos.

Termoplásticos e termofixos

A maneira pela qual uma cadeia polimérica reage ao calor irá determinar como um plástico será classificado nestas categorias gerais: *termoplásticos* e *termofixos*. Termoplásticos amolecem e derretem quando aquecidos, e endurecem quando resfriados. Por causa desse comportamento, essas resinas podem ser injetadas, extrudadas ou conformadas por outras técnicas de moldagem. Esse comportamento também permite que sobras da produção sejam reutilizadas.

Diferentemente dos termoplásticos, os termofixos formam ligações cruzadas entre moléculas vizinhas do polímero, o que limita a movimentação da cadeia. Essa rede de cadeias poliméricas tende a degradar em vez de amolecer quando exposta ao calor excessivo. Até recentemente, termofixos não podiam ser refundidos e reutilizados após a cura inicial. Atualmente, os avanços mais recentes da reciclagem têm gerado novos métodos para refundir e reutilizar materiais termofixos.

Nota: As informações e desenhos nas Seções 8.0 e 8.1 são baseados nas informações do Plastic Specification Handbook (Manual de Especificação de Plásticos) da empresa Bayer, reimpressas neste livro com sua gentil permissão.

Por não derreterem, os termofixos são processados de maneira distinta à dos termoplásticos. O calor irá polimerizar ainda mais alguns termofixos, tais como as resinas fenólicas, que curam ao ser injetadas em um molde aquecido. Outros termofixos, Poliuretanos RIM, por exemplo, requerem uma reação química controlada após passarem por um cabeçote de mistura em direção ao molde. Um terceiro tipo de termofixo, como o silicone, cura à medida que elementos voláteis na resina evaporam.

Embora os termofixos geralmente necessitem de ciclos de produção mais longos e de mais operações secundárias, tais como remoção de rebarbas se comparados aos termoplásticos, apresentam menos encolhimento no molde e têm resistências química e térmica superiores.

Polímeros cristalinos e amorfos

Os termoplásticos podem ainda ser classificados conforme sua cristalinidade ou grau de ordenamento na estrutura global do polímero. À medida que a *resina cristalina* esfria a partir do estado derretido, cadeias poliméricas dobram ou alinham-se em estruturas cristalinas muito ordenadas (ver Figura 8.4). Geralmente cadeias poliméricas com grupos laterais maiores não podem formar configurações cristalinas.

O grau de cristalinidade depende tanto do polímero quanto da técnica de processamento. Por causa da estrutura molecular, alguns polímeros, como o polietileno, cristalizam rapidamente e atingem elevados índices de cristalinidade. Outros, como o Poliéster PET, necessitam de tempos muito maiores no interior do molde aquecido para cristalizarem. Se resfriado rapidamente, o Poliester PET permanece amorfo no produto final, tais como as garrafas de refrigerante. Termoplásticos cristalinos devem ser aquecidos acima da temperatura de fusão da resina cristalina para os processos de extrusão e injeção.

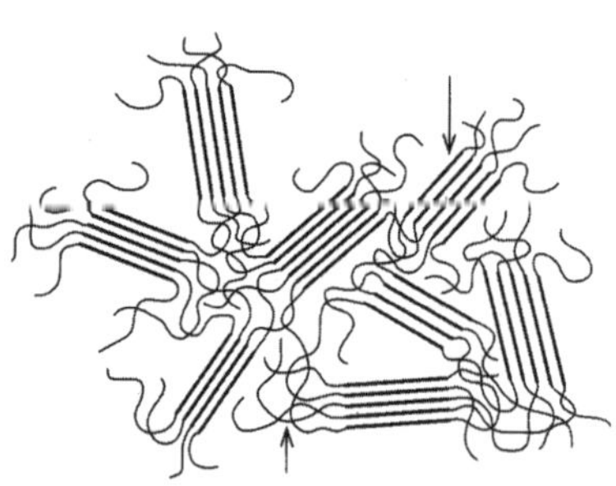

Figura 8.4 Arquitetura do polímero

Geralmente, quanto maior for a temperatura de transição vítrea do polímero, melhor será o seu desempenho em temperaturas elevadas. Como regra, plásticos transparentes são amorfos em vez de cristalinos. Os tipos mais comuns de termoplásticos transparentes incluem o acrílico, policarbonato e poliestireno.

Plásticos cristalinos e amorfos possuem muitas diferenças características. A força necessária para que o material amorfo escoe diminui lentamente à medida que a temperatura ultrapassa a de transição vítrea. Nas resinas cristalinas, a força necessária diminui rapidamente à medida que o material é aquecido acima da temperatura de fusão cristalina. Por conta das características de escoamento mais fácil, resinas cristalinas apresentam vantagens no preenchimento de seções delgadas. Além disso, essas resinas geralmente têm resistência química superior, maior estabilidade sob temperaturas elevadas e melhor resistência à fluência. Plásticos amorfos exibem tipicamente maior resistência ao impacto, menor encolhimento no molde e menos empenamento na peça final que os congêneres cristalinos. Requisitos do usuário final geralmente ditam quando é preferível uma resina amorfa ou cristalina.

Blendas

Misturar dois ou mais polímeros é mais um método de adequar resinas às aplicações específicas. Por serem as blendas apenas misturas físicas, o polímero resultante geralmente tem propriedades físicas e mecânicas que se situam mais ou menos no meio dos valores obtidos para os materiais constituintes. Por exemplo, um para-choque automotivo, feito a partir de uma blenda de resina de policarbonato com elastômero em poliuretano termoplástico, ganha rigidez da resina do policarbonato e pode ser pintado como o poliuretano. Para gabinetes de máquinas de escritório, uma blenda de policarbonato e resinas ABS oferece o melhor desempenho como retardante de chama do policarbonato e sua estabilidade a raios ultravioleta, tudo a um custo menor.

É possível, em algumas situações, que as blendas tenham propriedades que excedam àquelas dos constituintes. Por exemplo, blendas de resina de policarbonato e poliéster PET, criadas originalmente para aumentar a resistência química do policarbonato, realmente possuem melhor resistência à fadiga e ao impacto sob baixas temperaturas que os dois polímeros constituintes tomados separadamente.

Copolímeros e polímeros terciários

Diferentemente das blendas, ou misturas físicas de polímeros diferentes, *copolímeros* contêm unidades repetidas de dois polímeros na sua cadeia molecular, tal como a resina acetil, acrilonitrila – estireno (SAN) e estireno butadieno. Nos polímeros terciários, há três unidades básicas que se repetem, com os componentes individuais escolhidos para que se tenha uma gama de propriedades. Um exemplo é o ABS, um polímero terciário contendo unidades repetidas de acrilonitrila, butadieno e estireno.

Peso molecular

O *peso molecular* de um polímero é a soma dos pesos moleculares dos átomos individuais que constituem uma molécula e indica o comprimento médio da maioria das cadeias poliméricas. Cadeias de polietileno com baixo peso molecular possuem estruturas pequenas com até 1.000 átomos de carbono no comprimento. Cadeias de polietileno do peso molecular ultraelevado podem ter 500.000 átomos de carbono no comprimento. Muitos plásticos, como o policarbonato, são disponíveis em uma variedade de comprimento de cadeias ou gradações de peso molecular. Essas resinas podem ser classificadas pelo valor indireto da viscosidade em vez do peso molecular. Em uma família de resinas, as variedades de maior peso molecular apresentam viscosidades mais elevadas.

Selecionar o peso molecular correto para uma aplicação de injeção envolve um compromisso entre facilidade de enchimento e desempenho do material. Se uma aplicação possui seções de paredes finas, uma variedade com uma menor peso molecular/menor viscosidade oferece melhor fluidez. Para espessuras de parede normais, estas resinas também oferecem tempos mais curtos de ciclagem do molde e menores tensões no moldado. As resinas de fluidez mais difícil e maior peso molecular oferecem o melhor desempenho pois são mais resistentes mecanicamente e quimicamente como também ao ambiente.

Cargas e reforços

Geralmente, materiais fibrosos – tais como fibras de vidro ou de carbono – são adicionados às resinas para criar materiais *reforçados* com propriedades melhoradas. Por exemplo, adicionar 30%, em peso, de fibras curtas de vidro ao nylon 6 melhora a resistêcia à fluência e aumenta a rigidez em 300%. Esses plásticos reforçados com fibras de vidro geralmente sofrem perda da resistência ao impacto e deformação máxima e são mais propensos ao empenamento por conta da diferença relativamente maior no encolhimento nas direções do fluxo e na perpendicular.

Plásticos com *cargas* não fibrosas, tais como esferas ou pós, exibem geralmente maior rigidez que as resinas sem carga, mas não tão elevada quanto os reforçados por fibras. Resinas com certas cargas em particular são menos propensas a empenar e apresentam redução no encolhimento. Cargas em formato particulado geralmente reduzem o encolhimento em uma porcentagem igual àquela em volume da carga no polímero, uma vantagem em termos de emoldagem com tolerâncias estritas. Quando se consideram plásticos com diferentes quantidades de carga ou reforço, deve-se comparar o custo por volume em vez do custo por peso. A maioria das cargas aumenta a densidade do material; assim, aumentar o conteúdo de carga geralmente reduz o número de peças que podem ser moldadas por unidade de peso do material.

Encolhimento

À medida que uma peça moldada resfria e solidifica, geralmente vai encolhendo e fica menor que a cavidade do molde. As características de *encolhimento* afetam o custo de moldagem e determinam os limites de tolerância dimensional da peça. Materiais com baixo nível de encolhimento isotrópico em geral permitem um maior controle dimensional, uma consideração importante em peças com tolerâncias estritas. A quantidade exata de encolhimento do molde depende primordialmente da resina ou do sistema usado. Por exemplo, termoplásticos semicristalinos geralmente apresentam níveis mais elevados de encolhimento que os termoplásticos amorfos por conta da redução de volume na cristalização.

Figura 8.5 Amostra de várias peças moldadas

Outros fatores – incluindo geometria da peça, espessura de parede, processamento, uso e tipo de cargas, localização das portas – também afetam o encolhimento. Por exemplo:

- Furos, nervuras e características de peças semelhantes restringem o encolhimento quando a peça está no molde e tendem a reduzir o encolhimento como um todo.
- O encolhimento geralmente aumenta com a espessura de parede e cai com pressões de enchimento e compactação mais elevadas.
- Áreas próximas ao ponto de enchimento tendem a encolher menos que áreas mais afastadas.
- Cargas particuladas, como minerais e esferas de vidro, tendem a reduzir uniformemente o encolhimento em todas as direções.
- Cargas fibrosas, como fibras de vidro ou de carbono, reduzem o encolhimento principalmente na direção de escoamento.
- Peças com fibras geralmente encolhem de duas a três vezes mais na direção perpendicular ao escoamento do que na direção deste.

Encolhimento pós-moldagem, encolhimento adicional que pode aparecer muito depois da moldagem, ocorre geralmente em peças que foram processadas para reduzir o encolhimento inicial e posteriormente expostas a temperaturas elevadas. Com o passar do tempo, as tensões de moldagem irão relaxar, resultando na redução de tamanho. Temperaturas elevadas também podem levar à cristalização em estado sólido e encolhimento adicional em alguns materiais semicristalinos.

Aditivos

Aditivos englobam uma grande gama de substâncias que auxiliam o processamento ou agregam valor ao produto final, incluindo antioxidantes, modificadores de viscosidade, auxílios ao processamento, retardantes de chama, corantes e pigmentos e estabilizadores de ultravioleta. Encontrados em virtualmente todos os plásticos, a maioria dos aditivos é incorporada à família da resina pelo fornecedor como parte do pacote proprietário. Aditivos são especificados para maximizar o rendimento. Por exemplo, o policarbonato padrão com aditivos apresenta melhores características de tiragem do molde, estabilização de ultravioleta e retardamento de chama; nylons com aditivos têm melhor desempenho em impacto. Aditivos muitas vezes determinam o sucesso ou fracasso de uma resina ou sistema em uma aplicação particular.

Modificadores de combustão

São adicionados para auxiliar no retardamento da queima das peças moldadas. Geralmente necessários em aplicações como gabinetes para equipamentos elétricos e médicos, os tipos e quantidades modificadores de combustão variam de acordo com a flamabilidade inerente do polímero base. Os resultados de flamabilidade são baseados em testes de pequena escala em laboratório. Os valores impressos são somente para fins de comparação. Ele podem não representar de maneira precisa o risco presente sob circunstâncias reais de fogo.

Agentes de retirada

São lubrificantes, líquidos ou em pó, que revestem a cavidade do molde para facilitar a remoção da peça. Devem ser removidos após o processo.

Agentes de enchimento

Usados em espumas de materiais termoplásticos e à base de poliuretano, os *agentes de enchimento* produzem gás por ação química ou térmica. Quando aquecidos a uma temperatura específica, volatizam e liberam uma grande quantidade de gás que cria células em plásticos espumados.

Catalisadores

Catalisadores são substâncias que iniciam ou modificam a velocidade de uma reação química, sem que sofram uma mudança permanente de composição ou passem a fazer parte da estrutura molecular do produto final.

Materiais sintéticos ubíquos

Plásticos são *materiais sintéticos*. Diferentemente dos materiais naturais, os plásticos não se degradam facilmente ao longo do tempo, mas permanecem intactos por longos períodos sem sofrer nenhum efeito das forças da natureza que destroem facilmente os materiais naturais. Quando os plásticos são descartados, eles não somem. Permanecem no meio ambiente por muitos anos e, diante do enorme volume que é usado pela população mundial a cada dia, os rejeitos plásticos constituem-se em um problema sério que simplesmente não acaba. Na década de 1970, os governos dos países reconheceram o problema e tomaram uma atitude em nível internacional para lidar com o problema de rejeitos plásticos. Atualmente a maioria dos produtos plásticos possui uma marca de reciclagem moldada ou impressa no produto indicando ao menos a possibilidade de reciclagem. Entretanto, diferentemente dos materiais ferrosos e não ferrosos, os materiais plásticos não podem ser separados facilmente. É necessário identificar visualmente os plásticos para classificá-los em seus grupos. Entretanto, essa é apenas uma pequena parte do problema maior de reciclagem de plásticos. O baixo custo dos plásticos é outro problema. Enquanto o custo original é baixo, o valor da sucata também é. Assim, quando combinado com o baixo peso dos plásticos, é preciso uma enorme quantidade de rejeitos para que se tenha algum valor. Mas há complicações adicionais mesmo que as mencionadas fossem facilmente resolvidas. Enquanto os materiais plásticos não degradam facilmente com o tempo, há alguma deterioração dos aditivos usados no processo produtivo. Assim, plásticos de diversos tipos não recaem todos no mesmo grupo, o que os torna pouco confiáveis como fonte de material virgem para a produção. Eles podem ser usados na fabricação de itens de baixo custo e desempenho.

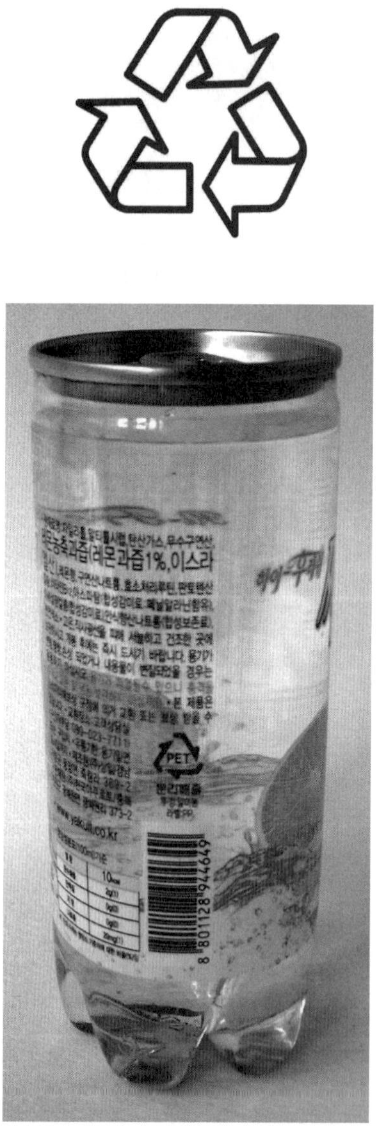

Figura 8.6ab Um símbolo de reciclagem juntamente com informações de identificação é moldado ou impresso na maioria das peças plásticas como identificação para reciclagem

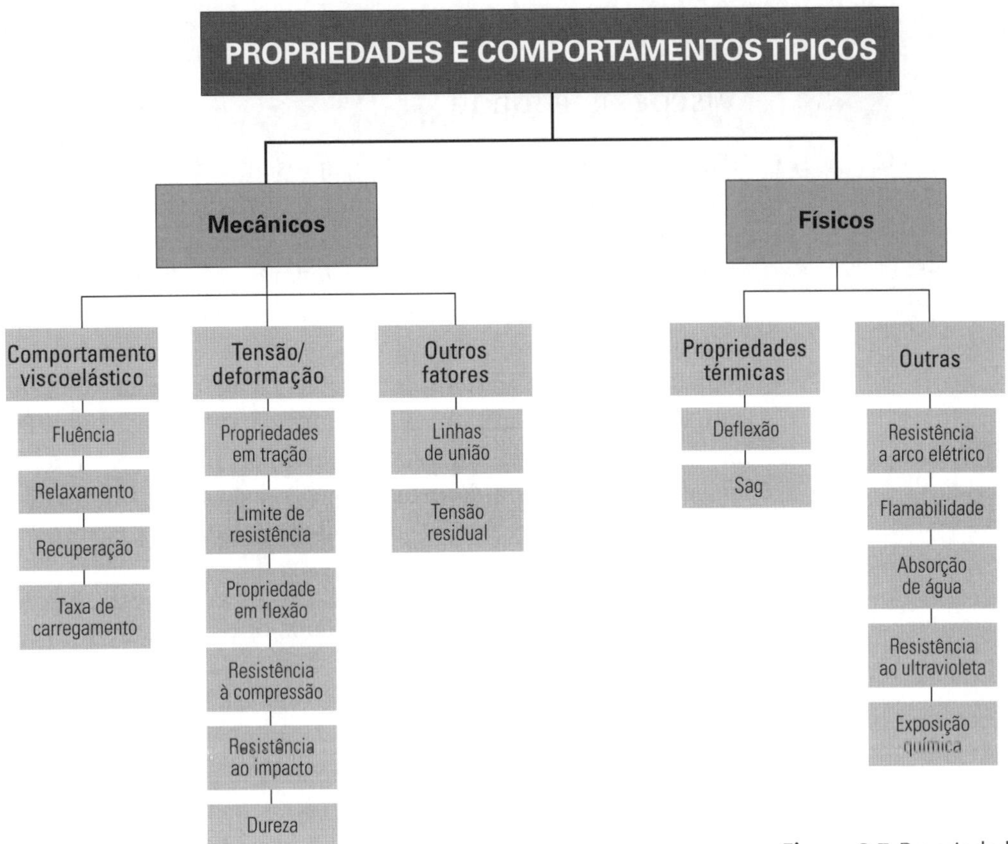

Figura 8.7 Propriedades e comportamentos típicos

8.1 Propriedades dos Plásticos Moldados

Plásticos moldados apresentam uma larga gama de propriedade físicas e mecânicas. Mudancas nas unidades básicas dos polímeros, comprimento de cadeia, cristalinidade ou nível de ligação cruzada podem gerar materiais com propriedades que vão do fraco ao forte, frágil ao tenaz, rígido ao elástico. Sob certas condições, tais como temperatura elevada e/ou longos períodos de carregamento, resinas se comportam de forma bastante diferente quando comparadas com outros materiais de engenharia. A seguir há um resumo breve dessas propriedades.

Comportamentos viscoelásticos

Viscoelasticidade

Plásticos possuem natureza dual, apresentando características tanto de um líquido viscoso como um sólido elástico, traços conhecidos como *viscoelasticidade*. Essa dualidade dá conta de muitas das peculiares propriedades mecânicas encontradas nos plásticos. Sob condições de carregamento moderado, tais como carregamento de curta duração com pequenas deflexões e cargas pequenas sob temperatura ambiente, os plásticos apresentam comportamento elástico, como uma mola, retornando à sua forma original após a remoção da carga. Nenhuma energia é perdida ou dissipada durante esse comportamento puramente elástico: a relação tensão × deformação permanece linear. Aumentos na carga geram aumentos proporcionais na deflexão da peça.

Muitas resinas apresentam comportamento viscoso quando sujeitas a cargas elevadas por longos períodos ou sob temperaturas elevadas. Enquanto ainda estão sólidas, as resinas deformarão e escoarão de modo semelhante a um fluido muito viscoso. Para entender esse comportamento viscoso é importante entender tensão e deformação. A deformação é medida como o alongamento percentual; a tensão é medida como carga por unidade de área. O típico comportamento viscoso para carga de tração apresenta a deformação aumentando ao longo do tempo como resultado de uma tensão constante aplicada. Esse comportamento depende do tempo e da temperatura, pois as cadeias poliméricas na peça deslizam e não mais retornam à sua posição original quando a carga é removida.

O modelo de Voigt-Maxwell com molas e amortecedores ilustra essas características viscoelásticas. A mola no modelo de Maxwell representa a resposta instantânea ao carregamento e a recuperação linear quando a carga é removida. O amortecedor conectado à mola simula a deformação permanente que ocorre ao longo do tempo. O modelo de Voigt mostra a lenta recuperação da deformação após a carga ser removida. Apesar de não ser um modelo prático para uso em projeto estrutural, o modelo de Voigt-Maxwell oferece uma maneira singular de visualizar as características viscoelásticas.

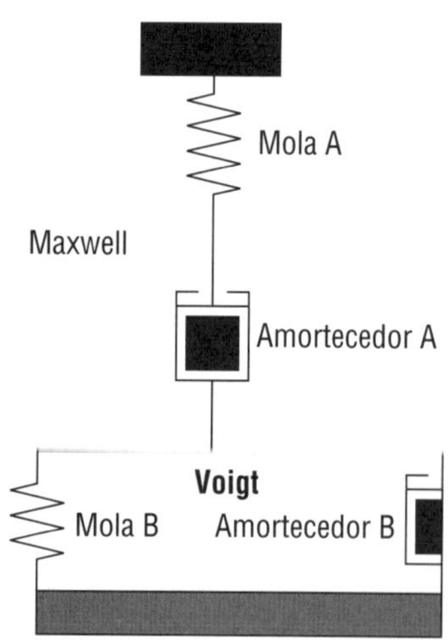

Figura 8.8 Teste Voigt-Maxwell (cortesia Bayer Corporation)

Fluência

Uma das consequências mais importantes do comportamento viscoelástico dos plásticos, a *fluência*, é a deformação que ocorre ao longo do tempo quando o material é sujeito a uma tensão constante sob temperatura constante. Nessas condições, as cadeias poliméricas deslizam lentamente umas sobre as outras. Uma vez que alguns destes deslizamentos são permanentes, apenas uma parte da deformação ocorrida na fluência pode ser recuperada quando a carga for removida. O ensaio de tração da Figura 8.8 mostra claramente a fluência. O peso pendurado na barra de plástico faz com que ela sofra uma deformação d inicial, aumentando o comprimento da barra. Após um longo período, o peso causa mais alongamento ou fluência.

Relaxamento de tensão

Outro fenômeno viscoelástico é o *relaxamento de tensão*, definido como o decréscimo gradual na tensão sob deformação e temperatura constantes. Por causa do mesmo deslizamento das cadeias poliméricas observado na fluência, o relaxamento ocorre em tração, bem como em peças sujeitas a tensões multiaxiais, flexão, cisalhamento e compressão. O grau de relaxamento depende de uma série de fatores, incluindo duração do carregamento, temperatura e tipos de tensão e deformação.

A Figura 8.10 mostra que um peso grande produz inicialmente um alongamento '~d' e uma deformação d/L (L = comprimento original). Para manter o mesmo alongamento e deformação no corpo de prova, menos peso será necessário por conta do relaxamento.

No exemplo da fluência, o alongamento continua à medida que o peso permanece constante. No exemplo de relaxaçmento, o peso é reduzido para manter o alongamento.

Peças que estarão sujeitas à deformação constante devem levar em conta o relaxamento. Um ajuste por pressão típico, tal como um inserto metálico em um corpo plástico, depende das tensões devidas às deformações impostas na interferência para manter o inserto na posição. Entretanto, deslizamentos das cadeias poliméricas podem relaxar essas tensões e a retenção do inserto com o passar do tempo.

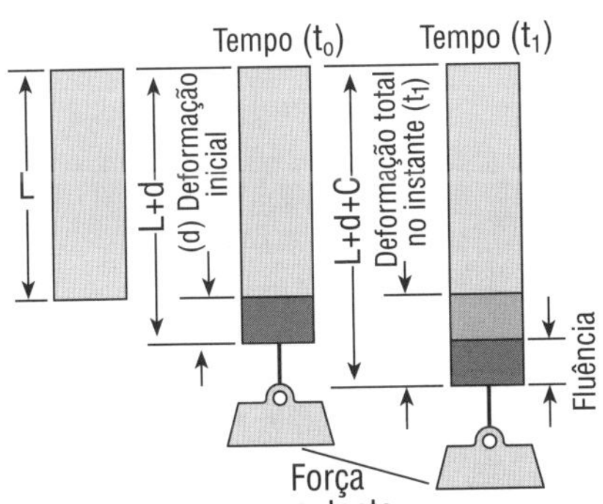

Figura 8.9 Fluência (cortesia Bayer corporation)

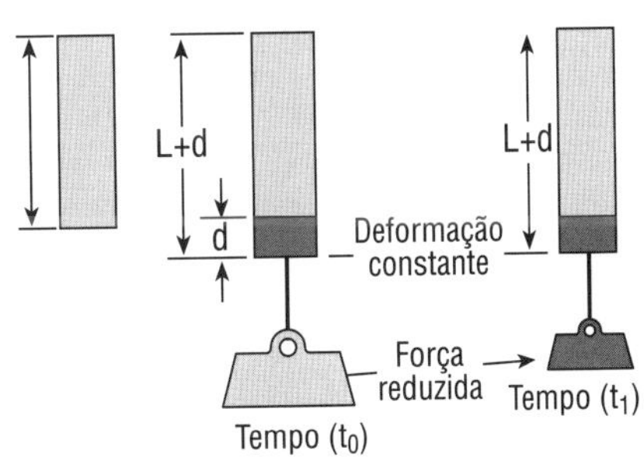

Figura 8.10 Relaxação de tensão (cortesia Bayer Corporation)

Tensão/deformação

Propriedades em tração, importantes em projeto estrutural, são usadas para comparar a rigidez e a resistência relativas de plásticos. A norma para ensaios de tração para termoplásticos rígidos (ASTM D638 e ISO 527) ou para plásticos macios e materiais elastômeros (ASTM D412) envolvem fixar um corpo de prova padrão no dispositivo de teste.

Curvas de tensão–deformação ilustram graficamente os cinco pontos básicos do comportamento da resina em tração. O ponto A é o *limite de proporcionalidade* para o material e mostra o final da região onde o comportamento tensão–deformação deixa de ser linear. O ponto B é o limite elástico do material, ou o ponto no qual a peça será deformada permanentemente mesmo quando a carga for removida. Aplicações que não podem permitir qualquer deformação permanente devem ficar bem abaixo do limite elástico. O ponto C, o *ponto de escoamento*, marca o início da região na qual os plásticos dúcteis continuam a se deformar sem um aumento correspondente na tensão. O alongamento no escoamento corresponde ao limite máximo para aplicações que podem tolerar pequenas deformações permanentes ocorridas entre o limite elástico e o ponto de escoamento, mas não maiores que as deformações ocorridas neste. O ponto D, o ponto de ruptura, mostra o valor de deformação em que o corpo de prova rompe. Esses cinco pontos de transição, importantes no projeto de peças plásticas, são a base para muitas propriedades comuns em tração.

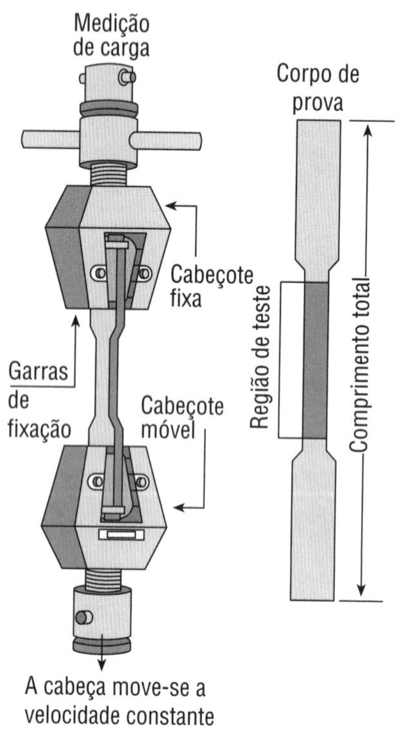

Figura 8.11 Ensaio de tração (cortesia Bayer Corporation)

Tensão limite de tração

Mede o maior valor de tensão durante o ensaio de tração. Esse valor deve ser usado para comparações gerais de resistência em vez de cálculos reais. O limite de tração é normalmente o nível de tensão no qual ocorre a ruptura em materiais frágeis. Para materiais dúcteis é geralmente o valor do escoamento ou valor um pouco anterior ao ponto de ruptura.

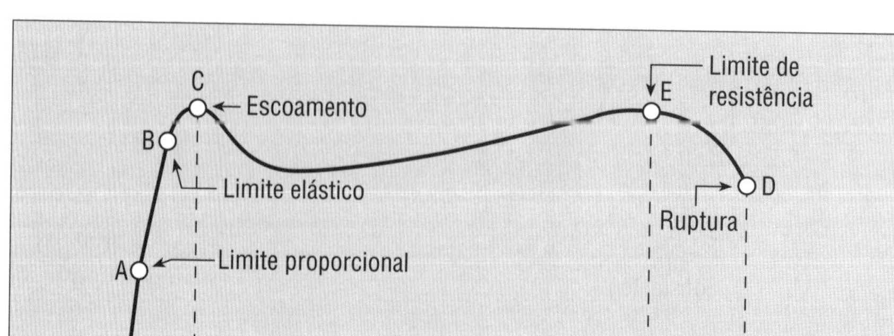

Figura 8.12 Ensaio de tração (Cortesia Bayer corporation)

Resistência à compressão

A *resistência à compressão*, o oposto da resistência à tração, é medida em um corpo de prova submetido à compressão.

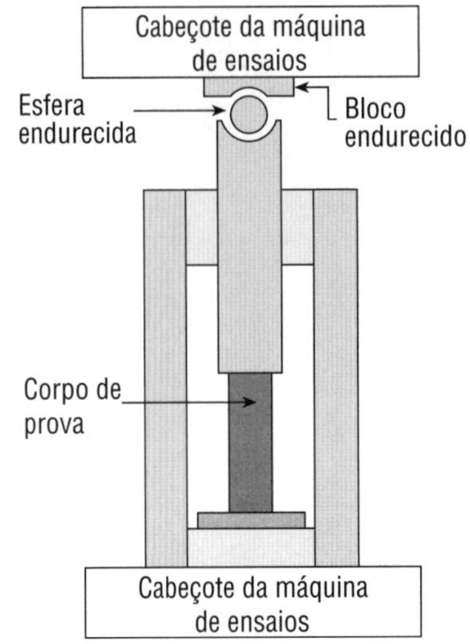

Figura 8.13 Teste de dureza

Teste de dureza

O teste de dureza é usado para determinar e comparar a resistência à indentação de diferentes materiais. Os testes mais comuns são os testes de dureza Rockwell ASTM D785 ou ISO 2039-2 e o teste no durômetro (ASTM 2240 ou ISO 868 Shore A para materiais moles e Shore D para materiais duros). Nesses testes, um indentador é forçado contra a superfície do material. A quantidade de penetração na superfície é medida e pode ser usada para fins de comparação.

Propriedades de flexão

Propriedades de flexão estão associadas à capacidade de um plástico dobrar ou resistir ao dobramento sob carga. Nos ensaios para determinar a maioria das propriedades de flexão (ASTM D790 e ISO 178), um corpo de prova colocado entre dois apoios é defletido na metade do comprimento à velocidade constante, normalmente de 2 mm/mm para plásticos reforçados com fibra de vidro e 20 mm/mm para plásticos sem carga. Equações normais de viga podem ser usadas para converter os dados de força por deflexão em tensão na fibra exterior × deformação.

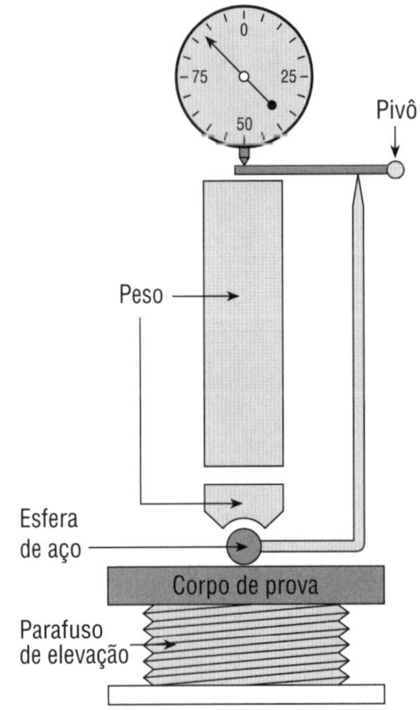

Figura 8.14 Teste de compressão

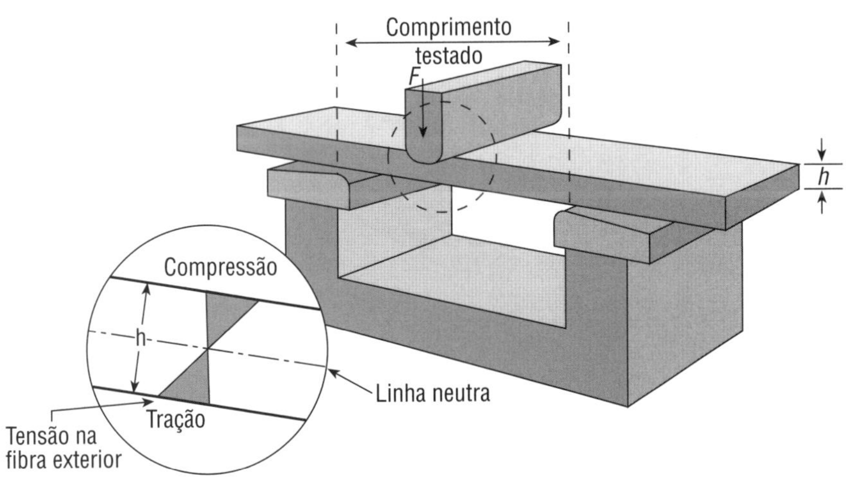

Figura 8.15 Teste de propriedades em flexão

Teste de impacto

A *resistência ao impacto*, a capacidade de uma peça em absorver e dissipar energia, varia com sua forma, espessura e temperatura. Variáveis como geometria da peça, pontos de concentração de tensão, tensões de moldagem e velocidade de impacto reduzem a precisão geral dos dados de teste para cálculos quantitativos. Os testes mais comuns são o ASTM D1822 ou ISO 8256, o teste de impacto Izod (ASTM D256, D4812 ou ISO 180) e o teste de impacto Charpy (ISO 179). Esses testes usam corpos de prova entalhados para testar a resistência dos materiais ao impacto.

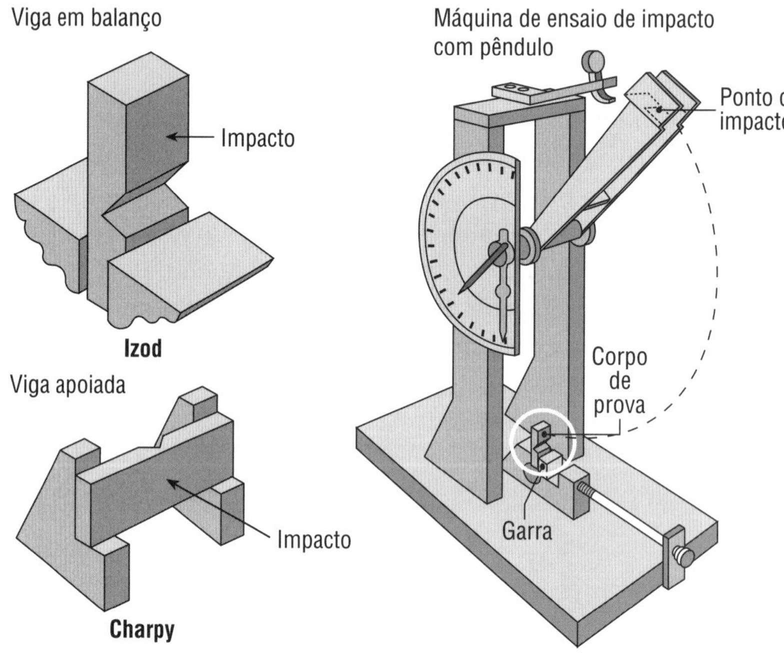

Figura 8.16 Testes Izod e Charpy

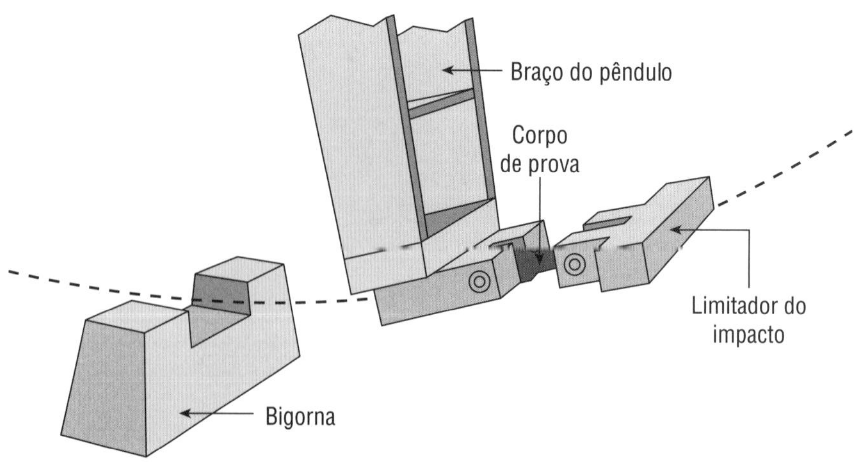

Figura 8.17 Teste de resistência ao impacto ASTM D1822 ou ISO 8256

Fatores que afetam as propriedades mecânicas

Linhas de união

As linhas finas na superfície de uma peça moldada onde se juntam os fluxos durante o preenchimento, chamadas de *linhas de união* ou costura, causam falhas cosméticas potenciais e reduzem as propriedades mecânicas. Devido ao fato de poucas cadeias poliméricas cruzarem o limite onde os fluxos se encontram, a resistência à tração e ao impacto na área da linha de união é reduzida. Os entalhes resultantes na linha de união funcionam como concentradores de tensão, reduzindo ainda mais a resistência ao impacto. Se as frentes de fluxo são cobertas por um filme de aditivos ou camada de impurezas, elas podem não se unir adequadamente, o que novamente pode reduzir as resistências ao impacto e à tração. A resistência nas costuras em termoplásticos varia com a resina específica e parâmetros de processo tais como temperatura da frente de fluxo, distância do ponto de enchimento, pressão de enchimento e nível de empacotamento. Resinas podem sofrer mais de 50% de perda na resistência à tração nas linhas de união.

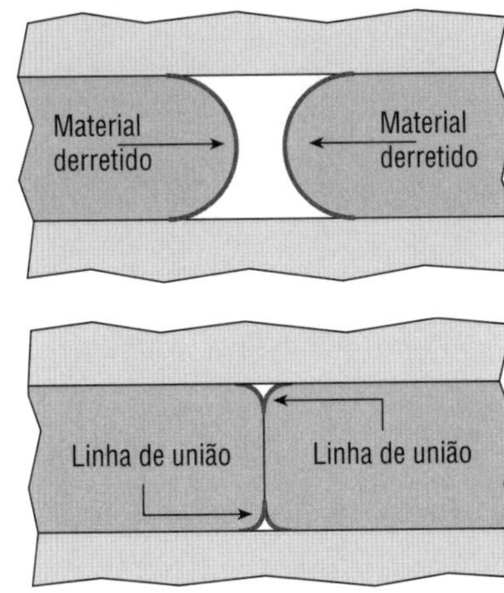

Figura 8.18 Linha de união (cortesia Bayer Corporation)

Tensão residual

Fatores de moldagem – tais como resfriamento não uniforme das peças, diferentes encolhimentos de material ou tensões de escoamento – causam tensões residuais desfavoráveis em termoplásticos moldados. Níveis elevados de tensão residual podem afetar, prejudicando certas propriedades mecânicas, bem como a resistência química e estabilidade dimensional. Quando as tensões de tração nas peças moldadas são excepcionalmente altas, como em peças com paredes muito finas

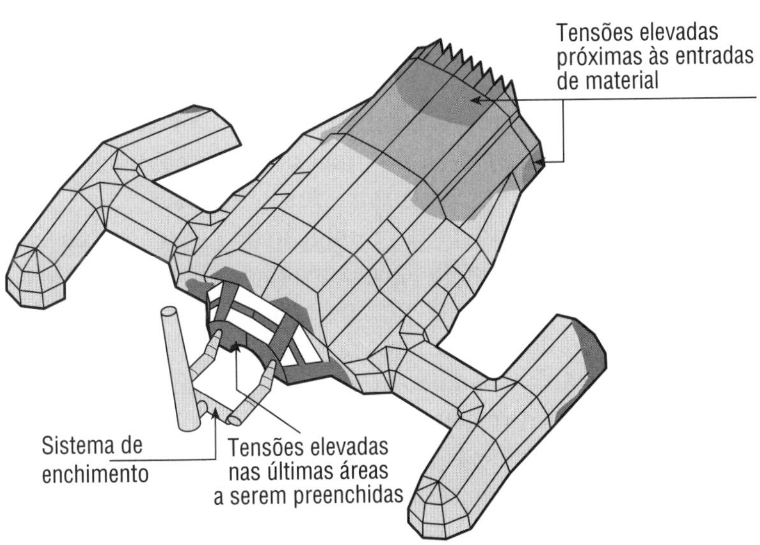

Figura 8.19 Enchimento do molde (cortesia Bayer Corporation)

ou com grandes variações de espessura, as resistências ao impacto e à tração podem ser reduzidas. Evite partes com tensões altas porque as tensões de moldagem e seu efeito final nas propriedades mecânicas podem ser difíceis de prever. Certas técnicas de análise de tensões, tais como teste de tensão com solventes, localizam áreas de tensões residuais, mas somente após o molde ter sido construído e problemas mecânicos possam ter aparecido.

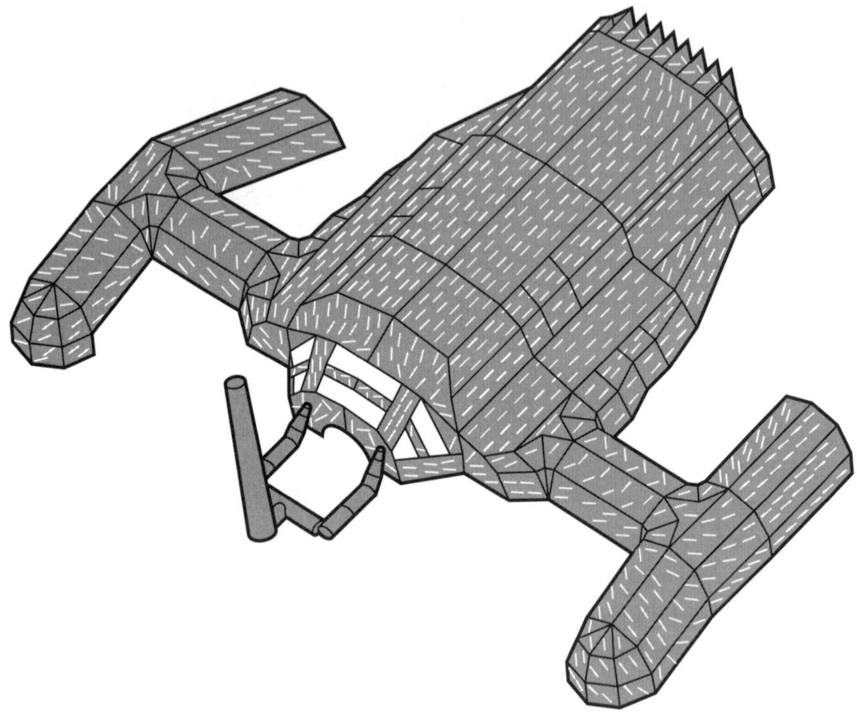

Figura 8.20 Direção do fluxo (cortesia Bayer Corporation)

Tensão limite

À medida que o termoplástico derretido preenche o molde, suas cadeias poliméricas tendem a alinhar-se com a direção do fluxo. A espessura da peça e uma série de variáveis de processo — velocidade de injeção, temperatura do molde, temperatura de fusão e pressão de fechamento — determinam o quanto desta orientação do fluxo permanecerá na peça solidificada. A maioria das peças moldadas conserva orientação suficiente para apresentar pequenas, mas não desprezíveis, diferenças nas propriedades conforme a orientação. Geralmente, as propriedades mecânicas na direção perpendicular ao fluxo são menores que na direção deste. Diferenças direcionais podem afetar o desempenho mecânico em peças onde as cadeias não se alinham de maneira uniforme ao longo ou ao redor de detalhes estruturais. As fibras de vidro nas camadas exteriores de plásticos reforçados tendem a alinhar-se na direção do fluxo, fazendo com que a tensão limite e a rigidez sejam maiores nessa direção. Eles também apresentam maior resistência às forças de cisalhamento que atuam transversalmente às fibras. Geralmente, materiais com reforços em fibras têm encolhimento muito maior na seção transversal que na direção do fluxo. O encolhimento na direção perpendicular pode ser de duas a três vezes maior.

Temperatura de deflexão sob carga (DTUL)

Valores de *temperatura de deflexão sob carga (DTUL)* são usados para comparar o desempenho de materiais em temperaturas elevadas sob carga nas condições estabelecidas para o teste. No ensaio ASTM D648 para determinação da DTUL o centro do corpo de prova é carregado para que se tenha um determinado nível de tensão. A temperatura da câmara de testes sobe 2 °C por minuto até que a carga aplicada cause uma deflexão adicional de 0,25 mm.

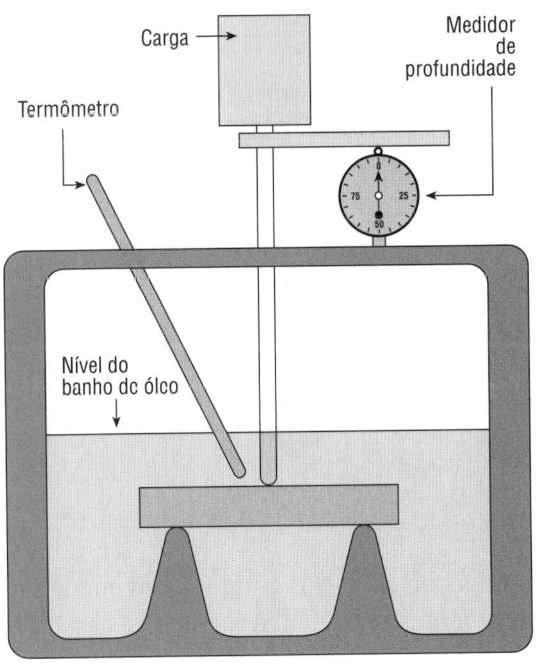

Figura 8.21 Teste de deflexão (cortesia Bayer Corporation)

Flecha devida ao calor (Alta temperatura)

A *flecha devida ao calor* é um parâmetro importante para peças que serão pintadas e, depois, sujeitas a temperaturas elevadas ou curadas. O ensaio ASTM D3769 testa a flecha devida ao calor em materiais sólidos e espumas de poliuretano. Uma extremidade de um corpo de prova pintado é fixada a um dispositivo. Após cinco minutos, medições são comparadas com aquelas tomadas após uma hora de exposição a uma dada temperatura. Os resultados do ensaio servem somente para propósitos comparativos e podem não ser representativos das condições reais.

Resistência à formação do arco elétrico

Mede quantos segundos uma superfície de corpo de prova plástico resistirá à formação de caminho contínuo de condução de eletricidade quando exposta à alta tensão elétrica. Queima, carbonização, incandescência ou ruptura do material na superfície geralmente indicam o ponto de falha. No ensaio padrão (UL 746A e ASTM D495), eletrodos emitem de forma intermitente um arco elétrico na superfície do corpo de prova, com severidade crescente, até que ocorra a falha.

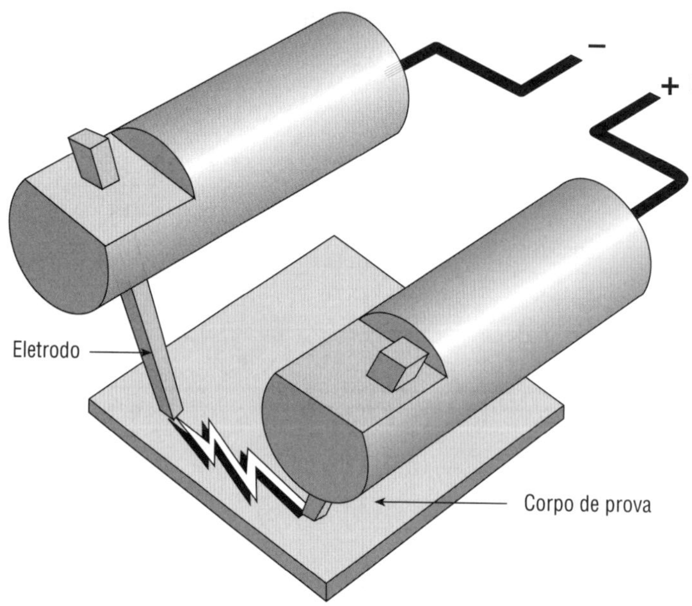

Figura 8.22 Resistência ao arco elétrico (cortesia Bayer Corporation)

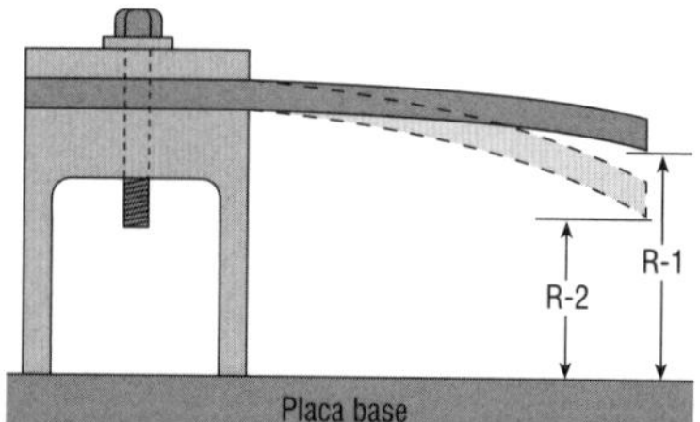

Figura 8.23 Teste de flecha (cortesia Bayer Corporation)

Flamabilidade

Excetuando algumas poucas resinas que possuem características inerentes de retardamento de chama, a maioria necessita de um aditivo para atender as exigências rigorosas quanto a estes quesitos. Uma vez que esses aditivos podem aumentar o custo da resina, causar uma variedade de problemas de moldagem e resultar em propriedades mecânicas piores, é prudente evitar exagero na especificação do grau de exigência de resistência às chamas.

O teste de chama vertical submete a extremidade inferior de um corpo de prova a uma chama azul com 19 mm gerada em um bico de Bunsen, pelo período de 10 segundos. O teste horizontal aplica uma chama de 25 mm de um bico de Bunsen na extremidade livre do corpo de prova, por 30 segundos. Os critérios de classificação de resistência à chama estão listados. Sistemas de espuma rígida de poliuretano para materiais de construção devem ser testados segundo a norma ASTM F84. Outros produtos para portas, janelas e paredes são testados de acordo com as normas específicas da indústria de construção. Testes de flamabilidade para uma série de produtos elétricos estão relacionados na UL 746C. Para evitar ensaios caros que comprovem a adequação a este padrão, considere o uso de resinas que já foram testadas anteriormente e atendem aos requisitos indicados.

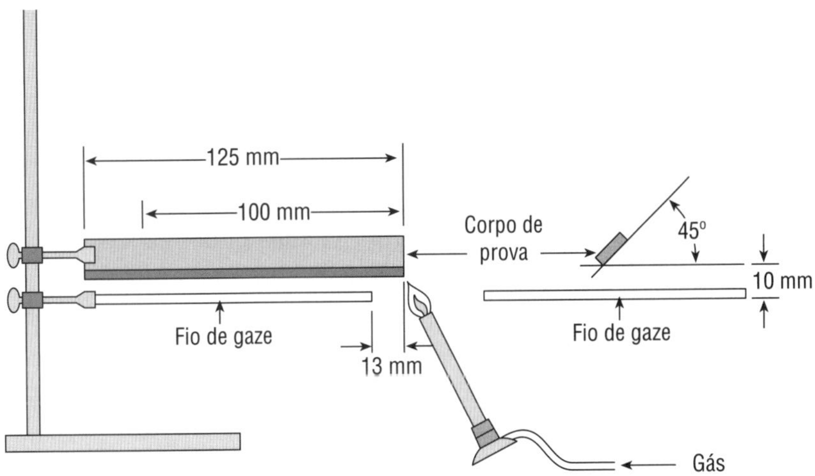

Figura 8.24 Teste horizontal (cortesia Bayer Corporation)

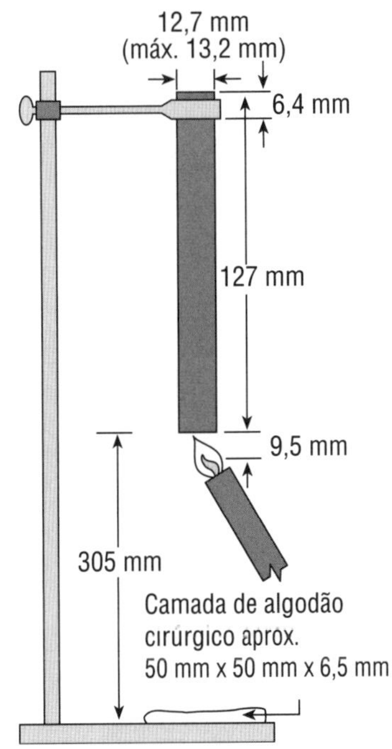

Figura 8.26 Teste vertical (cortesia Bayer Corporation)

Critério de teste	Classificação de flamabilidade		
	94V–0	94V–1	94V–2
Tempo de combustão após cada aplicação da chama	≤ 10 s	≤ 30 s	≤ 30 s
Tempo total de combustão de cada grupo de cinco amostras (dez aplicações de chama)	≤ 50 s	≤ 250 s	≤ 250 s
Chamas ou brilho até a extremidade fixada	não	não	não
Duração da combustão com brilho após a segunda remoção da chama	≤ 30 s	≤ 60 s	≤ 60 s
Ignição de algodão cirúrgico por cotejamento de partículas em chama	não	não	não

Figura 8.25 Tabela para teste vertical (Cortesia Bayer Corporation)

Espessura da amostra	Velocidade de queima
1/8″	1 – 1,5 pol/min.
1/8″	3 pol/min.

Figura 8.27 Tabela para teste horizontal (cortesia Bayer Corporation)

Absorção de água

Muitas resinas são higroscópicas, isto é, com o passar do tempo elas absorvem água. Umidade em demasia na resina termoplástica durante a moldagem pode degradar o plástico e piorar o desempenho mecânico. *Água absorvida* após a moldagem pode prejudicar as propriedades mecânicas em certas resinas sob determinadas condições. Por meio de um processo denominado hidrólise, a água no interior da resina rompe as cadeias poliméricas, reduz o peso molecular e as propriedades mecânicas. Tempos de exposição maiores sob temperaturas elevadas e/ou cargas pioram a ação da hidrólise. Quando *projetar* peças para exposição demorada à água ou à umidade elevada, verifique as informações sobre degradação por hidrólise.

Intemperismo e ultravioleta (UV)

Os efeitos do clima – particularmente a exposição à radiação ultravioleta (UV) – sobre a aparência e propriedades podem ir desde uma mudança de cor à fragilização severa do material. Após vários anos de exposição ao sol, muitas resinas apresentam redução na resistência ao impacto, desempenho mecânico geral piorado e uma mudança no aspecto.

A *resistência a intempéries* varia conforme o tipo de polímero. Muitos tipos de resinas são disponíveis com aditivos para absorver o UV, melhorando a resistência a intempéries. Geralmente, os tipos com maior peso molecular têm desempenho melhor que aqueles com menor peso molecular, quando se usam aditivos comparáveis. Algumas cores resistem melhor do que outras.

Exposição química

Os efeitos da ***exposição química*** em uma resina específica podem ir de uma pequena modificação nas propriedades mecânicas até a possibilidade de provocar uma falha catastrófica. O grau de ataque químico depende de uma série de fatores: o tipo de resina, a substância química em contato, a concentração, temperatura, tempo de exposição e nível de tensão da peça moldada são alguns dos mais comuns. Alguns plásticos podem ser vulneráveis ao ataque que famílias de substâncias químicas, tais como ácidos fortes ou solventes orgânicos. Em alguns casos, a resina pode ser variável a uma substância aparentemente segura. Verifique a resistência do material a todas as substâncias às quais ele será exposto durante o processamento, montagem e uso final.

Mudanças simples no nível de tensão como um decréscimo no raio de dobramento podem fazer com que a peça falhe quando exposta a uma substância.

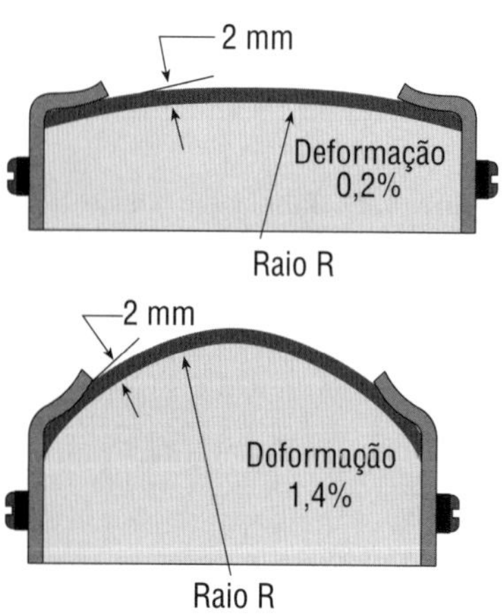

Figura 8.28 Comparação do nível de tensão (cortesia Bayer Corporation)

8.2 Termofixos

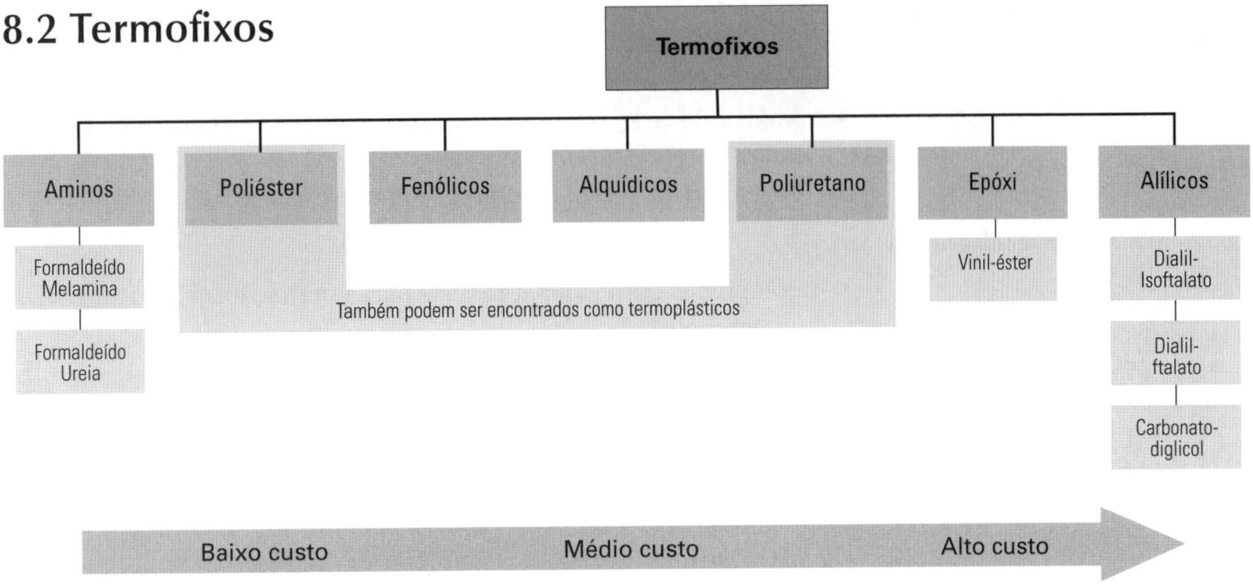

Figura 8.29 Classificação de termofixos

Melamina

Fiberite: ICI Fiberite

Propriedades:

- Branco-água, transparente, cores opacas
- Não passa sabores ou odores aos alimentos
- Excelentes características de isolamento elétrico
- Classificação 94V-0 para flamabilidade
- Exposição longa a temperaturas maiores que 77 °C afetará a cor
- Exposição a 150 °C pode causar mudança de cor e formação de bolhas em menos de uma hora
- Duro, rígido, resistente à abrasão
- Elevada resistência à deformação

Figura 8.30 Tigela em melamina

Componentes para moldagem em bruto (BMCs)

- BMCs são misturas de poliéster, fibras curtas de vidro, carga e catalisador
- Fornecido em forma bruta/fio extrudado

Componentes para moldagem em chapa (SMCs)

- SMCs consistem de resina poliéster, fibras longas de vidro, catalisador e aditivos
- Fornecido em rolos com separadores em filme de poliéster

Figura 8.31 Peça em SMC

Ureia

Propriedades:

- Abaixo de 21 °C torna-se frágil; propriedades elétricas não são afetadas
- Fornecida na forma líquida ou como resinas secas

Usos:

- Compostos para moldar, resinas para laminação, colas de madeira, revestimentos
- Resinas para papel, resinas para tratamento de têxteis

Poliéster*

Premi-glas: Premix	*Durez: Occidental*
Cyglas: Cytec	*MR Resins: Aristech*
Arpol/Hetron: Ashland	*Glastic: Glastic*
QC Resins: Quantum	*Haysite: Haysite*

Características:

- Compostos alquídicos e de poliéster para moldagem são baseados em sistemas de resinas de poliéster insaturadas
- Poliésteres possuem um nível elevado de monômeros
- Alquídicos possuem um nível menor de monômeros
- Propriedades dependem do tipo, composição, processamento
- Formulações com reforços por fibras de vidro

Usos:

- Embarcações
- Varas de pesca
- Painéis automotivos
- Laminação manual, aspersão, quantidades pequenas a moderadas de peças grandes
- Moldagem por compressão com SMCs; pré-conformação para volumes grandes de produção de peças de tamanho moderado com detalhes complexos
- Moldagem a frio em prensas para componentes menores
- Pultrusão para formas com seção constantes
- Moldagem por transferência à baixa pressão para produção intermediaria
- Adequado para produção automatizada

* Também disponível como termoplástico.

Fenólico

Fiberite: ICI Fiberite
Duerz: Occidental
Plenco: Plastics Engineering
Rogers: Rogers
Valite: Lockport Thermosets
Plaslok: Plaslok
Resinoid: Resoid

Características:

- Baixo custo (principal tipo de termofixo)
- Plástico de engenharia de alto desempenho
- Compostos contêm fibras de reforço orgânicas, inorgânicas e cargas
- Compostos de moldar possuem resistência superior ao calor

Propriedades:

- Elevada temperatura de deflexão
- Moldabilidade excelente com estabilidade dimensional
- Limitado às cores preta e marrom
- Boas propriedades elétricas e de resistência a chama
- Boa resistência química e a água

Usos:

- Uniões, materiais de impregnação
- Usualmente formulada para conferir propriedades especiais

Figura 8.32 Tigela moldada em fenólico

Alquídicos

Durez: Occidental
Glaskyd: CYTEC
Plenco: Plastics Engineering
Cosmic: Cosmic
Rogers: Rogers

Características:

- Baseadas em resinas insaturadas do tipo poliéster combinadas com monômeros de ligação, catalisadores, reforços, lubrificantes e cargas
- Fornecido como compostos em bruto para moldagem (BMCs) e composto de moldagem em chapas (SMCs)

Propriedades:

- Baixa associação de umidade, excelente estabilidade dimensional
- Excelentes características elétricas (maioria dos compostos)
- Alguns podem ser usados até 177°C
- Estabilidade dimensional, propriedades mantidas em uma grande faixa de temperaturas
- Alguns tipos são UL classificados como 94V-0
- Outros são 94HB a V-0

Usos:

- Equipamento militar
- Cabos de equipamento elétrico
- Bases de gabinetes para relés e transformadores
- Componentes de rádio e TV
- Componentes e gabinetes de equipamentos elétricos

Poliuretano

Texin e desmopan: Bayer
Extane: BF Goodrich
Cablon-flex: cabot
Pellethane: Dow

Características:

- Grande variedade de formas, propriedades físicas e mecânicas

Propriedades:

- Excelente vida em flexão e resistência ao corte
- Até 20 vezes mais resistente ao desgaste que metais
- Formas elastômeras: macias e flexíveis ou firmes e rígidas
- A cor natural do uretano RIM é ocre

Forma flexível

Propriedades:

- Espumas podem receber pigmentos de qualquer cor, mas amarelam quando expostas ao ar e à luz
- Alguns tipos podem conter até 40 vezes o seu peso em água
- Exposição ao UV causa fragilidade e piora as propriedades

Usos:

- Filtros de ar e vedações
- Camadas internas de vestimentas
- Elementos de absorção de som

Tipos poliéster

Propriedades:

- Melhores propriedades mecânicas, boa resistência ao óleo
- Espumas do tipo poliéster não são afetadas por temperatura elevada, envelhecimento, humidade

Usos:

- Bancos de carro
- Colchões
- Forro interno de carpetes
- Forração de mobília
- Embalagem

Espuma elastômera

Usos:

- Para-choque de carros
- Frentes de veículos
- Para-lamas
- Outros painéis exteriores

Usos semirrígidos:

- Equipamento de proteção em esportes
- Proteção contra colisão em automóveis
- Acionamento de buzinas
- Para-sol
- Descansa braço

Figura 8.33 para-choque e guarda do para-lamas moldados – Rexton ATV

Espuma rígida

Características:
- Baixa absorção de água
- Propriedades variam com a densidade e formulação

Usos:
- Isolamento para refrigeradores
- Caminhões e vagões frigoríficos
- Câmaras frigoríficas, tanques de processo, dispositivos de flutuação
- Encapsulamentos
- Componentes estruturais e decorativos em mobiliário
- Revestimentos
- Isolamento de telhados para edifícios

Espuma estrutural rígida em poliuretano

Usos:
- Gabinetes para computadores
- Corpos de cadeiras
- Gavetas
- Equipamento esportivo

Revestimento integral em espuma

Propriedades:
- Variedades que vão das macias e flexíveis às com capacidade de absorver impacto

Usos:
- Peças estruturais
- Revestimentos são recomendados conforme a cor; preto para proteção contra UV

Vinil-éster

Ashland
Interplastic
Owens-Corning
Dow
Reichbold

Características:
- Derivado do epóxi

Propriedades:
- Anticorrosão
- Anticalor

Epóxi

Lytex: Quantum Composites
Cosmic: Cosmic
E-260H TEM: ICI Fiberite
Rogers: Rogers
E-8354M TEM: ICI Fiberite

Propriedades:

- Encolhimento extremamente baixo durante a polimerização
- Variedade de combinações de resinas epóxi e reforços fornece uma vasta gama de propriedades em peças moldadas
- Excelente propriedades elétricas, térmicas e de resistência química
- Excelente adesão em aplicações industriais (sistemas com uma ou duas peças)
- Duro, rígido, relativamente frágil
- Excelente estabilidade dimensional em uma faixa grande de temperaturas até 232 °C (reforçados com fibras podem resistir a até 260 °C por períodos curtos)

Usos:

- Eletrodomésticos
- Automotivo
- Marítimo
- Tintas industriais
- Revestimentos e coberturas decorativas
- Encapsulamento de semicondutores
- Placas de circuito impresso
- Componentes aeroespaciais

Alila

Durez: Occidental
Rogers: Rogers
Isoftalato de alila (DAIP)
Cosmic: Cosmic
Ftalato de alila (DAP)

Características:

- Usado como elemento de ligação para compostos insaturados de poliéster
- Reforçados com fibras (vidro, poliéster, acrílico)
- Fibras de vidro fornecem o máximo em termos de propriedades mecânicas
- Fibras de acrílico fornecem o máximo em termos de propriedades elétricas
- Fibras de poliéster fornecem o máximo em termos de resistência ao impacto e resistência estática (em seções delgadas)
- Prepregs (tecido de fibras de vidro pré-impregnadas) não contêm aditivos tóxicos
- Estabilidade em longos períodos de armazenagem, facilidade de manuseio e fabricação

Propriedades:

- Cores variadas, incluindo incolor
- Boa resistência contra chamas
- Não corrói cobre ou insertos e contatos
- Boas propriedades elétricas a 188 °C para DAP/204 °C para DAIP
- Excelente estabilidade dimensional
- Excelente resistência a umidade, produtos químicos e oxigênio líquido
- Inodoro, baixa toxicidade
- Retenção por longos períodos das características de isolamento elétrico

Usos:

- Placas de circuito impresso
- Partes de aeronaves, tubos e dutos

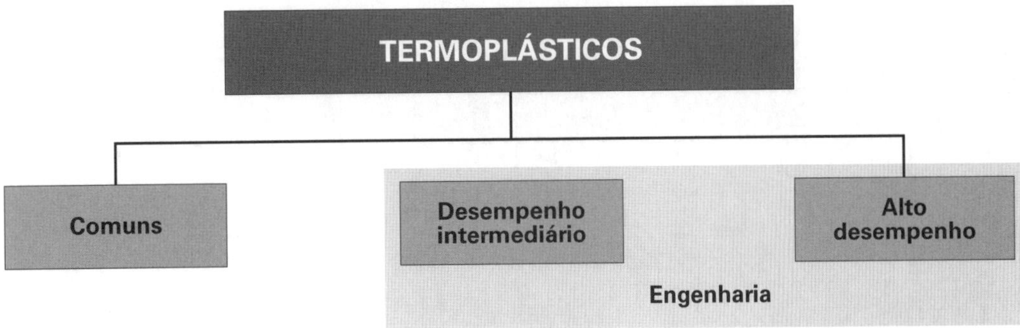

Figura 8.34 Classificação dos termoplásticos

8.3 Termoplásticos

Termoplásticos comuns têm preço na faixa de um dólar por libra (454 g). Com o projeto adequado, alguns polímeros dessa família podem atingir as características de alto desempenho e podem competir com polímeros mais caros. O ABS possui um histórico de bom desempenho e é geralmente ligado com um polímero mais caro.

Os polímeros de preço médio geralmente vão de mais de um dólar por libra a até cinco dólares por libra. Esse grupo também contém polímeros de melhor desempenho, usualmente misturados ou ligados a polímeros mais caros.

Os plásticos de engenharia de alto desempenho são selecionados porque normalmente funcionam bem sob temperaturas elevadas e sob tensões acima da média. Esses materiais podem custar até doze dólares por libra ou mais e muitas vezes o processamento é difícil e/ou caro. Eles geralmente possuem boa resistência a queima ou autoextinguem a combustão com pouca emissão de fumaça.

Figura 8.35 Serpente marinha feita com blocos de lego (Disneylândia)

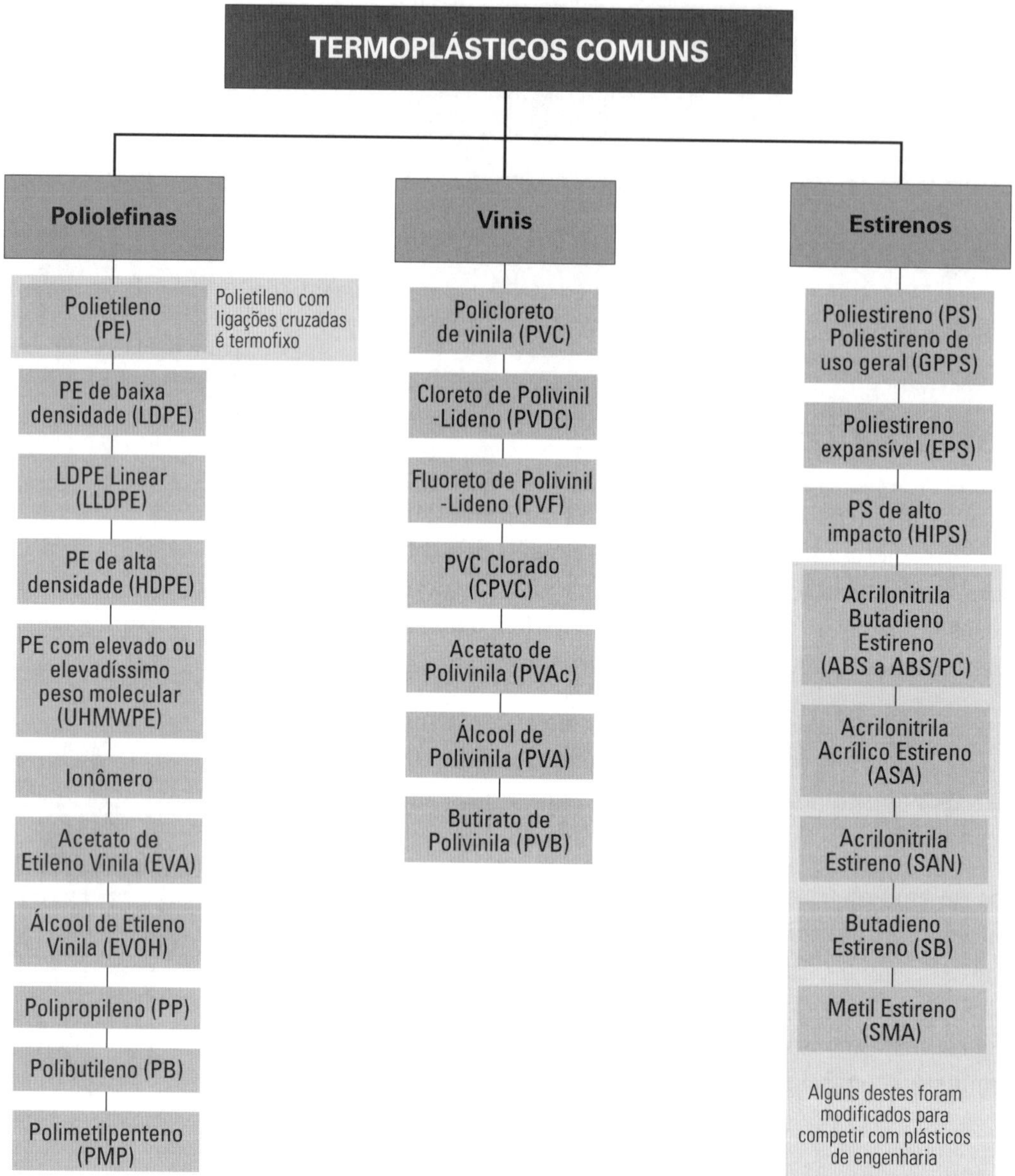

Figura 8.36 Classificação dos termoplásticos comuns

Polietileno (PE)

Amoco: Amoco
Chevron: Chevron
Tenite: Eastman
Fina: Fina
Marlex: Phillips
Rexene: Rexene
Union Carbide
Neopolen: BASF
DFDA: Union Carbide
Anathon: DuPont
Escorene: Exxon
Hostalen: Hoechst Celanase
Petrothene: Quantum
Fortiflex: Solvay
Westlake

Propriedades:

- De baixa resistência ao impacto até quase inquebrável
- Opaco a muito claro
- Temperaturas de uso de –40 °C a 93 °C
- Absorsão de umidade quase nula
- Excelente resistência química e propriedades elétricas
- Baixo coeficiente de atrito

(há um polietileno com ligação cruzada, uma variedade especial que é essencialmente um termofixo com excelente resistência mecânica e ao calor)

Figuras 8.37ab Acima, vista superior e lateral de um escorredor de cozinha feito em PE.

Polietileno de baixa densidade (LDPE)

Propriedades:

- Boa tenacidade com flexibilidade
- Resistência ao impacto em baixas temperaturas

Usos:

- Injetado: recipientes, brinquedos
- Colas quentes
- Itens domésticos injetados
- Revestimento de papelão
- Isolamento de fios
- Filme transparente com pouca resistência ao calor
- Boa resistência ao ataque químico
- Metade da produção de LDPE é usada em embalagens: sacolas industriais, filmes para empacotar, sacolas de compras
- Rotomoldagem: grandes tanques de uso agrícola, containers para transporte de produtos químicos, caixas

Figura 8.38 cesto de roupas moldado em LDPE

Fatos sobre a produção de resinas

- Poliolefinas representam o maior volume de todas as resinas em produção no mundo
- O polietileno corresponde a 31% de toda a produção de poliolefinas
- O polipropileno corresponde a 14% de toda a produção de poliolefinas
- Poliolefinas correspondem a 45% da produção mundial de plásticos que foi de 110 milhões de toneladas em 1994.

Figura 8.39 Cesta moldada em HDPE

Polietileno de baixa densidade linear (LLDPE)

Usos:

- Revestimentos, sacos de lixo, sacolas de uso pesado
- Principalmente em aplicações na forma de filme, adequado para injeção, rotomoldagem e sopro.

Propriedades:

- Propriedades mecânicas significativamente melhores que o LDPE e o HDPE
- Excelente resistência a impacto, cisalhamento

Polietileno de alta densidade (HDPE)

Propriedades:

- Propriedades mecânicas significativamente melhores que o LDPE e o MDPE
- Excelente rigidez, resistência à tração e baixa resistência ao impacto

Usos:

- Produtos em formato de filme para grandes embalagens industriais moldadas (satisfazendo os requisitos do DoT e OSHA – autoridades norte-americanas que regulam os transportes)
- Principal mercado de embalagens para leite, sucos de frutas, água, detergentes, líquidos para uso doméstico e industrial
- Utensílios domésticos moldados, recipientes para alimentos, caixas e espuma estrutural de embalagem
- Extrudado: tubos para distribuição de água e gás (maior resistência para um tubo em PE), isolamento de fios
- Rotomoldado: produtos grandes e de formas complexas incluindo: tanques de combustível, recipientes para lixo, carros de entulho, pallets, tanques agrícolas, barreiras rodoviárias e tanques de água e rejeitos para veículos de camping
- Aplicações de chapas extrudadas incluem: revestimento de piscinas, revestimento de piso de carroceria de caminhão, produtos de lazer ao ar livre, sacolas de compras, sacos de lixo e alimentos

HDPE PE com elevado peso molecular (HMW-HDPE)

Características:

- Excelente tenacidade e durabilidade sob temperaturas elevadas

PE com peso molecular ultraelevado (UHMWPE)

Características:
- Difícil de processar; os métodos incluem moldagem por compressão, extrusão e forjamento a quente

Propriedades:
- Excelente resistência a abrasão
- Baixo coeficiente de atrito
- Elevada resistência ao impacto
- Não rompe nas condições dos testes padronizados de impacto com corpos de prova entalhados
- Excelente resistência química
- Máxima temperatura de uso 93°C

Ionômeros

Propriedades:
- Extremamente tenazes
- Resistências ao impacto e à tração elevadas
- Excelente resistência a abrasão
- Translúcido
- Elevada resistência ao impacto
- Boa aderência a filmes metálicos
- Resistência ao corte

Usos:
- Solados de calçados esportivos injetados e com cravos insertados
- Botas de ski, coberturas de patins de gelo e pisos de luta livre
- Amortecedores de ancoragem e boias de navegação
- Isolamento térmico para tubos e coberturas para tanques de armazenagem de água quente
- Espuma moldada de para-choques
- Fixadores de placas de veículos
- Embalagem de alimentos
- Camada selante térmica em estruturas em compósitos

Etileno-Vinil acetato: copolímero EVA

Geon: Geon	*TempRite: BF Goodrich*
Oxyblend: Occidental	*Pilovic: Goodyear*
Vista: Vista	*Westlake: Westlake*
Dural: Alpha CandP	*Alpha: AlphaGary*
Bolatron: GenCorp	*Maclin: Maclin*
Kohinor	*Rimtec: Rimtec*

Características:

- Derivado da tecnologia do LDPE
- Materiais próximos aos elastômeros em termos de maciez e flexibilidade
- Competitivo com o PVC plasticizado e com a borracha

Propriedades:

- Pastéis para tons profundos, boa clareza e brilho
- Propriedades de barreira, pouco ou nenhum odor
- Propriedades adesivas
- Resistência à radiação UV
- Aprovado pela FDA para contato direto com alimentos
- As propriedades elétricas não são tão boas quanto as do LDPE, competitivo com a borracha e vinil
- Mantém a tenacidade e flexibilidade sob temperaturas baixas
- Boa resistência a tensões em trincas

Usos:

- Tubos para equipamentos médicos, embalagens para venda de bebidas, leite e equipamentos para dispensar cerveja
- Amortecedores moldados para eletrodomésticos
- Selos e gaxetas moldados
- Colas quentes de alta temperatura

Figura 8.40 Sapatos para caminhada TreckSta com solado HYPERgrip® moldado em Etileno-Vinil acetato (EVA) com insertos

Polipropileno (PP)

Amoco: Amoco
Escorene: Exxon
Merlex: Phillips
Shell: Shell/Rexane
Tenite: Eastman
Fina: Fina
Petrothene: Quantum
Fortslene: Solvay

Propriedades:

- Resistência moderada
- Semitranslúcidos, coloração branco leitosa
- Baixa densidade
- Bom equilíbrio de propriedades químicas, térmicas e elétricas
- Classes especiais, HMV e borracha apresentam tenacidade aumentada
- Limitada resistência ao calor, classificado pelo UL para uso contínuo a 120 °C
- Resistência ao ataque químico e manchas
- Não é afetado por soluções aquosas de sais inorgânicos, minerais, ácidos e bases
- Instável na presença de condições oxidantes e radiação UV

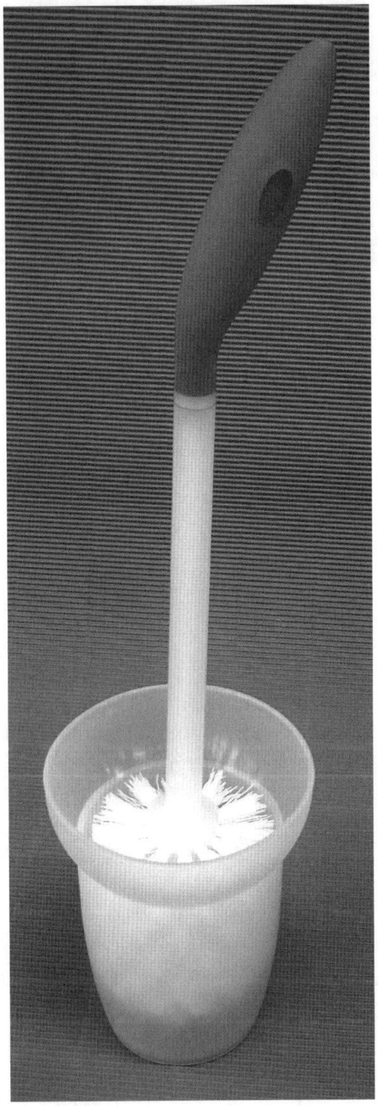

Figura 8.41 Escova de banheiro projetada por Michael Graves Design Group moldada em polipropileno

Polibutileno (PB)

Duroflex: Shell

Características:

- Semicristalino, semelhante à borracha com pouca tensão resultante da moldagem

Propriedades:

- Resistência superior à fluência e trincamento sob tensão
- Os filmes têm elevada resistência ao rasgamento, tenacidade e flexibilidade
- Propriedades químicas e elétricas são similares ao PE e PP

Usos:

- Tubos, embalagens
- Colas quentes e selantes
- Filmes para sacolas de rejeitos industriais que resistem aos rasgos

Polimetilpenteno (PMP)

Características:

- Moderadamente cristalino

Propriedades:

- Resistência por curtos períodos a temperaturas de até 204°C
- Baixo peso específico
- Transparente (fases amorfa e cristalina possuem o mesmo índice de refração)
- Valor de transmissibilidade de luz de 90%

Usos:

- Recipientes moldados para comidas rapidamente congeladas; para posterior aquecimento na mesma embalagem
- Indicadores de nível para líquidos quentes, encanamento transparente
- Tigelas de cafeteiras
- Seringas e material de laboratório
- Difusores de luz
- Revestimento de fios, aplicações elétricas e eletrônicas
- Componentes para equipamentos de micro-ondas

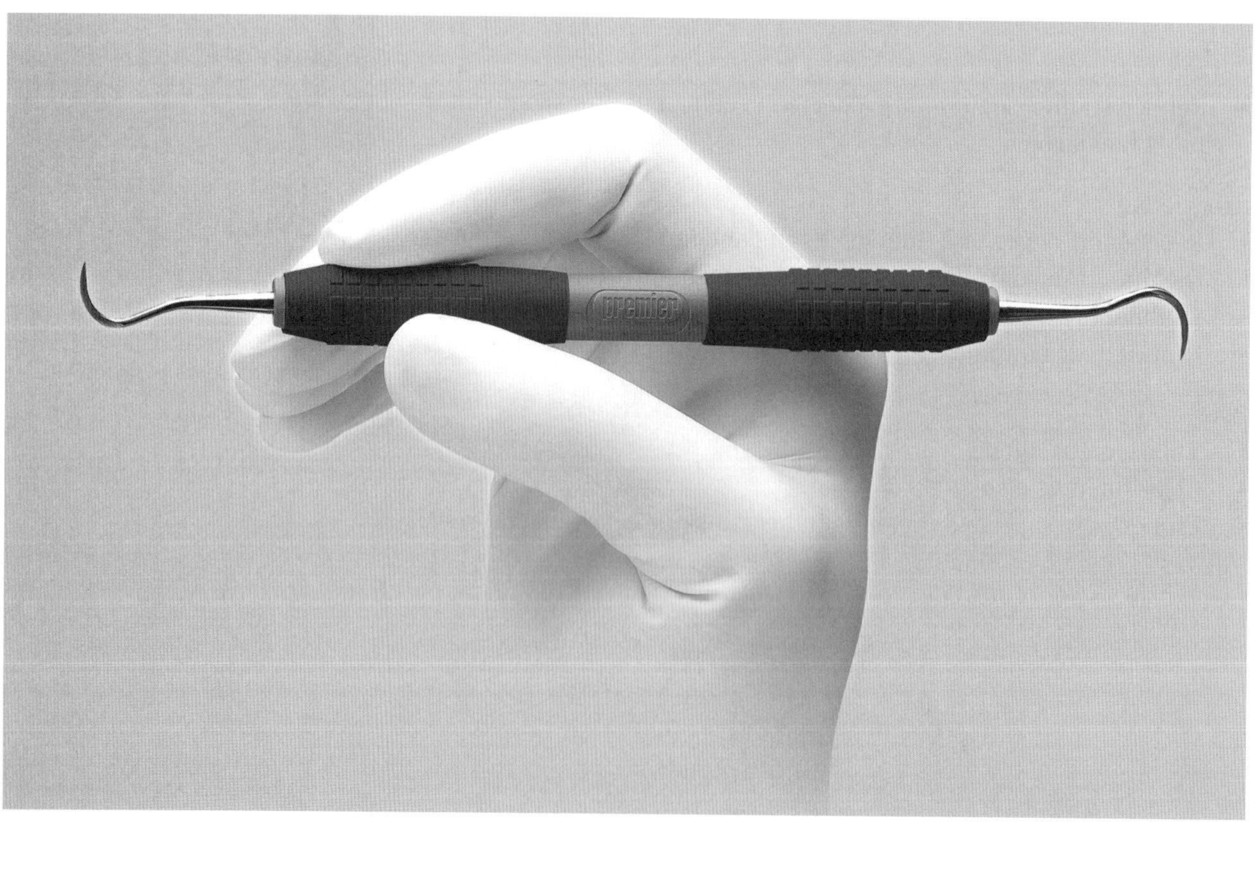

Figura 8.42 Instrumento odontológico com boa ergonomia moldado em Ultraite® (cortesia Solvay)

Policloreto de vinila (PVC)

Geon: Geon
Westlake: Westlake
Temprite: BF Goodrich
Maclin: Maclin
Alpha: Alpha Gary
Vista: Vista
Dural: Alpha C&P
Boltatron: GenCorp
Kohinor: Rimtec
Oxy & Oxyblend: Occidental

Características:

- O "plástico de engenharia dos pobres"
- Pode ser composto para ficar flexível ou rígido, opaco ou transparente, com módulo baixo ou alto
- Espumas podem ser de célula aberta ou fechada, elastomérica ou rígida
- Transparente nos compostos rígidos ou pigmentado para que fique de qualquer cor

Propriedades (nenhum composto é típico):

- Composições melhoram a resistência ao impacto, ao rasgamento, resiliência, temperatura de deflexão a quente
- Baixo poder como combustível, elevada resistência a ignição
- Chama autoextinguível com boa resistência a corrosão e manchas
- Atacado por compostos aromáticos, solventes, cetonas, naftalenos, cloretos, acetato e ésteres acrilatos
- Não recomendado para uso contínuo em temperaturas maiores que 60 °C

Usos:

- Garrafas de água mineral
- Tubos de distribuição de água sob pressão
- Compostos flexíveis: roupas de bebê e imitação de camurça
- Isolamento térmico e elétrico
- Revestimentos aplicados por métodos como o leito fluidizado e eletrodeposição de pós
- Moldagem e revestimento por imersão

Figura 8.43 Chinelos de banho moldados em PVC

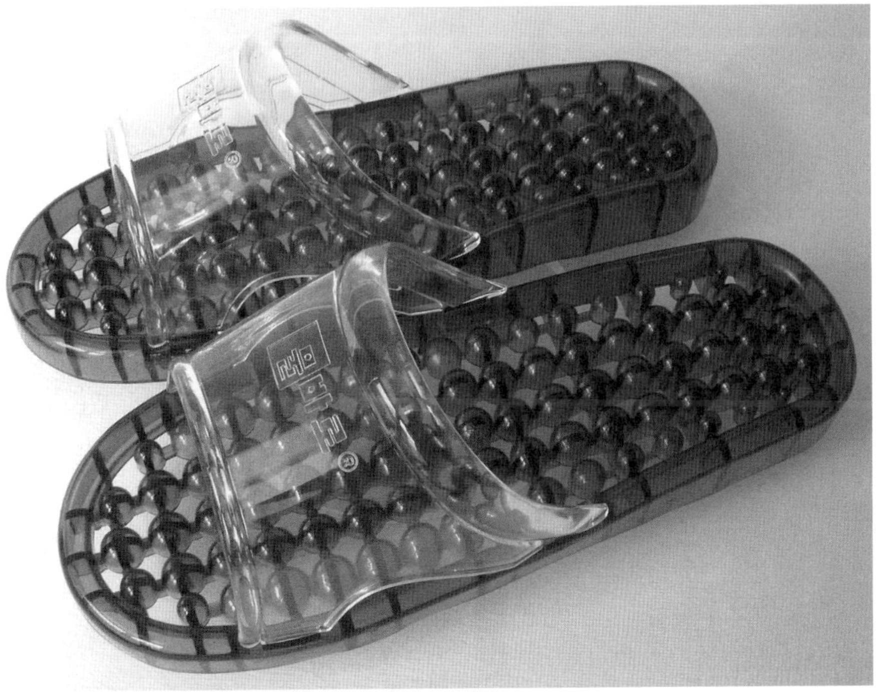

Poliestireno (PS)
Poliestireno de uso geral (GPPS)

Dylite: ARCO | *Styropor: BASF*
Cabot: Cabot | *Amoco: Amoco*
Fina: Fina | *Novacor: Novacor*
Fiberstran: DSM | *Thermocomp: LNP*

Características:
- amorfo
- baixo custo, competitivo com resinas de custo maior
- a família inclui o ABS, SAN, SNA e copolímeros de ASA

Propriedades:
- boa dureza e resistência ao calor
- clareza faiscante e excelente colorabilidade
- fácil processamento

Poliestireno Expansível (EPS)

Características:
- uma forma especial é usada para fazer chapas e blocos de espuma de baixa densidade

Propriedades (PS não modificado):
- a maioria dos alimentos, bebidas e fluidos domésticos não afeta o PS
- atacados por óleo de casca de frutos cítricos, gasolina, aguarrás e solvente de tintas
- rígido e frágil
- resistência moderada, aumentada significativamente por meio da mistura com polibutadieno e outros plásticos

Figura 8.44 Espuma de embalar moldada com guardas

Poliestireno de alto impacto (HIPS) Copolímero de estireno Estireno: Anidrido Maleico SMA

Características:

- resistência ao calor maior que a das famílias de ABS
- disponível cristalino ou numa grande variedade de cores opacas, transparente e translúcido

Propriedade:

- a resistência ao calor é 20 °F a 50 °F (11 °C a 28 °C) (maior que o PS, SAN, ABS)
- reforço com fibras de vidro melhora as propriedades térmicas, de rigidez, resistência à flexão, estabilidade dimensional e resistência ao impacto
- cristalino, variedades modificadas para impacto atendem os requisitos da FDA e DoA
- grau de flamabilidade é UL94HB

Uses:

- painéis e botões de eletrodomésticos
- painéis de instrumentos e itens de identificação de automóveis
- processadores de alimentos e utilidades domésticas
- copos descartáveis
- brinquedos
- instrumentos médicos
- lentes de equipamentos de escritório e de comunicações
- embalagem decorativa

Acrilonitrila Butadieno Estireno (ABS)

Cycolac: GE *Lustran: Monsanto*
ThermocomP: LNP *Fiberfil and Fiberstran: DSM*

Características:

- Amorfo
- Preço mediano
- Boa resistência ao calor e bom retardamento de chama
- Pode ser recoberto com metal

Propriedades:

- De translúcido a opaco
- Duro, rígido, tenaz
- Disponível em diversos níveis de rigidez ao impacto

Figura 8.45 Garrafa térmica MONOS da Patzak Design, moldada em ABS

Liga ABS/PC

- Melhor equilíbrio das propriedades de resistência ao calor e ao impacto
- Variedades reforçadas contêm até 40% em fibras de vidro

Polímero de Acrílico-Estireno-Acrilonitrila (ASA)

Luran: BASF *Geloy: GE*
Centrex: Monsanto

Características:

- Amorfo
- Propriedades mecânicas semelhantes às do ABS
- Menos afetado pelo intemperismo

Propriedades:

- Alto brilho
- A cor natural é esbranquiçada, disponível em outras cores
- Boa resistência química e ao calor
- Melhor resistência à fratura por intemperismo que o ABS
- Disponível com a classificação UL94-HB
- Elevada resistência ao impacto sob temperatura baixa

Usos:

- Painéis e botões de eletrodomésticos
- Placas, painéis de instrumentos e coberturas de bagageiros
- Utensílios domésticos e brinquedos
- Instrumentos médicos
- Equipamentos de escritório e comunicações

Estireno Acrilonitrila (SAN)

Lustran: Monsanto *Fiberstram: DSM*
Thermocomp: LNP *Luran: BASF*

Características:

- Sem butadieno
- Copolímero

Propriedades:

- Elevada resistência química e ao calor
- Possui características elétricas
- Variedades de uso geral são adequadas para alguns usos externos
- Luz solar causa mudança de cor e reduz o brilho da superfície quando não há revestimento
- Não é afetado pela água, sais, maioria dos ácidos inorgânicos, ácidos dos alimentos e álcalis
- Dependendo da pigmentação pode ser aceito pelo FDA
- Boa resistência ao impacto e à abrasão
- Estabilidade dimensional
- Propriedades de baixa temperatura
- Dureza superficial e rigidez
- Pode admitir os requisitos para montagem por encaixe

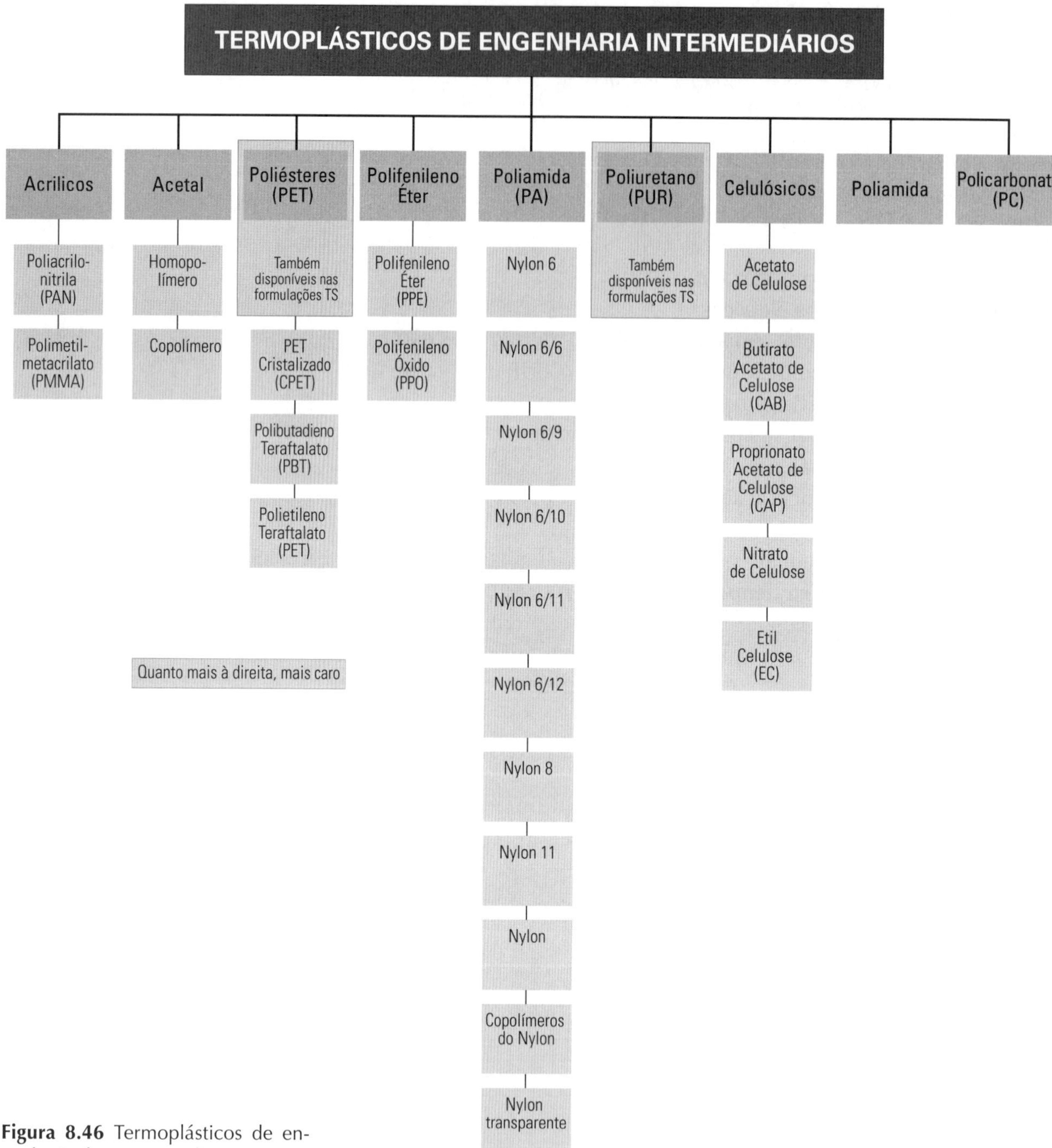

Figura 8.46 Termoplásticos de engenharia de preço mediano

Acrílico

Plexiglas: Atobas
Lucite: DuPont
Optix: Plaskolite
Acrilito: Cyro
Perspex: ICI

Características:

- Claro como cristal
- Excelente resistência ao intemperismo
- Uso geral, absorve ultravioleta, espelhado, supertermoconformável, variedades cementáveis com vários acabamentos superficiais e nas variedades transparentes, e com cores translúcidas ou opacas

Propriedades:

- 92% de transmissividade: usado em lentes ou aplicações ópticas para transmitir e controlar a luz
- Resistência superior às intempéries
- Boa estabilidade dimensional
- Não é afetado pela exposição aos elementos, maresia ou atmosfera corrosiva
- Resiste aos efeitos de lâmpadas fluorescentes sem escurecer ou deteriorar
- Perde a cor quando exposto à luz UV de alta intensidade
- Formulações especiais resistem a emissões UV de lâmpadas de vapor de sódio e mercúrio
- Carregamento rápido e vida longa
- Resistência a tração limitada para evitar fratura e rachaduras superficiais
- Boa resistência a riscos, manutenção normal; operações de limpeza riscam e erodem
- São disponíveis chapas finas especiais resistentes a abrasão, a maioria com fórmulas que as tornam duráveis quando expostas aos elementos e com capacidade de filtrar energia ultravioleta
- Orientação molecular melhora a resistência a quebras; usado em janelas de cabines de avião a jato

Usos:

- Lentes de câmeras
- Painéis e botões de eletrodomésticos
- Capotas de caçamba, lanternas e luzes de freio e instrumentos
- Utensílios domésticos e brinquedos
- Instrumentos médicos

Figura 8.47 Binóculo totalmente em plástico

Acetal

Características:

- Cristalino

Propriedades:

- Forte
- Rígido
- Boa resistência a umidade, calor e solventes
- Aprovado pela FDA para contato com alimentos a temperaturas de até 121 °C
- Aprovado pela National Sanitation Foundation para contato com água potável a temperaturas de até 82 °C

Delrim: DuPont Co. (Homopolímero)

Propriedades:

- Elevada resistência a tração, rigidez, resiliência e vida em fadiga
- Tenacidade moderada sob impactos repetidos
- Elevada resistência a solventes orgânicos
- Excelente estabilidade dimensional
- Baixo coeficiente de atrito
- Excelente resistência a abrasão
- Resinas de uso geral para condições ambientais
- Variedades estáveis ao UV para exposição longa externa
- Não recomendado para exposição prolongada a ácidos fortes

Usos:

- Automotivo: sistema de combustível, componentes do cinto de segurança, apoios da coluna de direção e molduras das janelas
- Encanamento: chuveiros, válvulas de descarga, tampões de torneira
- Consumo: aspersores de jardim, zíperes e telefones
- Industriais: rotores de bombas, esteiras rolantes, engrenagens, engrenagens de corrente e molas

Copolímeros

Ultraform: Basf
Celcon (terpolímero): Hoechst Celanese

Propriedades:

- Elevada resistência a tração, flexão, fadiga e dureza
- Branco translúcido natural e colorido
- Alguns podem ser recobertos eletricamente, variedades resistentes ao UV
- Variedades reforçadas com fibra de vidro, baixo desgaste, impacto modificado e de baixo empenamento

Usos:

- Automotivo: sistema de combustível, componentes do cinto de segurança, suportes e molduras
- Encanamento: válvulas de torneira, hastes e bombas
- Industriais: rotores de bombas, placas e engrenagens
- Aprovado pela FDA para transportadores de alimentos, bombas de leite, cafeteiras e porta-filtros

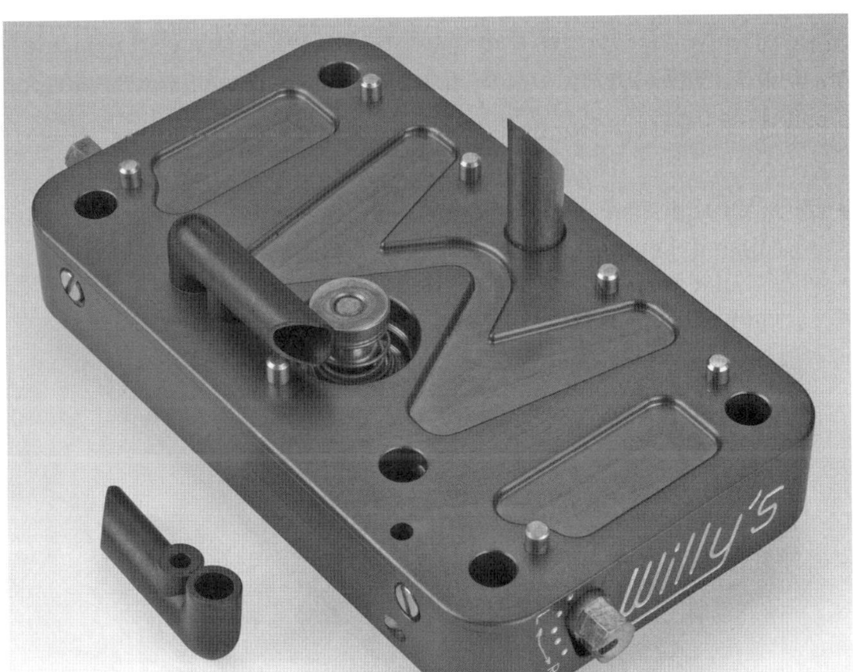

Figura 8.48 Tubos de vela moldados em Amodel® PPA (cortesia Solvay)

Poliéster (PBT e PET)

Petra: Allied Signal
Ultradur: BASF
Valox e Xenoy: GE
Texapol: Texapol
Pocan and Petlon: Albis
Eastman: Eastman
Celanex: Hoechst Celanese
Thermofil: Termofil

Características:

- Cristalino
- Elevado peso molecular
- Excelente equilíbrio de propriedades
- Disponível como resina não reforçada ou reforçada em fibra de vidro

Propriedades:

- Variedades reforçadas ou não reforçadas com fibras de vidro UL94HB/5V
- Excelente resistência a uma série de produtos químicos sob temperatura ambiente
- Sofre ataque de ácidos e bases fortes
- Elevada resistência a fluência com baixa absorção de umidade
- Excelente estabilidade dimensional
- Excepcional resistência ao impacto e sensibilidade aos entalhes
- Filmes são tenazes, duráveis e dimensionalmente estáveis
- Pode ser metalizado, gravado em relevo, cortado em tiras e laminado
- Disponível nas formas transparente, branca, opaca e translúcida
- Superfície vidrada lisa, fosca, antiestática, aderente e ou selável a quente

Usos:

- Produtos de consumo
- Recipientes para refrigerantes e alimentos
- Produtos automotivos
- Produtos elétricos e eletrônicos
- Produtos industriais

Óxido de Polifenileno (Éter) (PPE e PPO)

Fiberfil: DSM *Thermofil: Thermofil*
Noryl: GE

Características:

- Compatível com o poliestireno (geralmente combinado)
- Muitas vezes ligado ao nylon

Propriedades

- Baixa absorção de água
- Elevada estabilidade dimensional
- Excelentes propriedades dielétricas

Usos:

- Gabinetes para eletrodomésticos e máquinas de escritório
- Painel de instrumentos de automóveis e assentos
- Equipamentos para manuseio de fluidos
- Peças grandes moldadas por sopro
- Quando ligados com o nylon, usados na injeção de para-lamas automotivos

Figura 8.49 Manoplas de eletrodomésticos modadas em Ixef® com assistência por gás (cortesia Solvay)

Figura 8.50 Recipiente de bebidas em PET

Poliamidas (Nylons)

Adell: Adell
Capron: Allied Signal
Durethan: Bayer
Zytel: DuPont
Celanese: Hoechst Celanese
Maranyl: ICI
NYCOA: Nylon Corp.
Texalon: Texapol
Nypel: BASF
Fiberstram: LNP
Plaslube: Polymers Int.
Kel: F81: 3M
Albis: Albis
Ashiene: Ashley
CRI: Custom Resins
Grilon: EMS
Vestamid: Huls
Vydyne: Monsanto
Aklun: A. Schulman
Wellamid: Wellman
Ultramid: DSM
Fiberfil: MRC
Nylatron: Thermofil

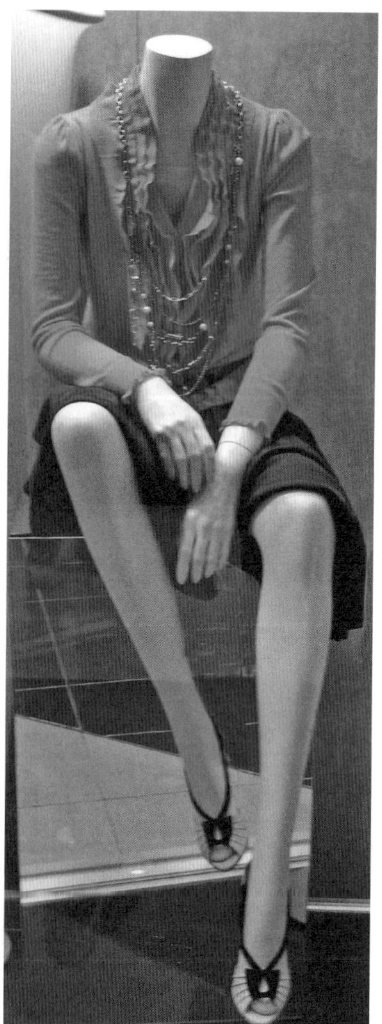

Figura 8.51 Nylon, o primeiro plástico de engenharia

Características:

- Excelente resistência à fadiga
- Baixo coeficiente de atrito
- Boa tenacidade, resistente a combustíveis, óleos e produtos químicos
- Semicristalino
- Primeira resina termoplástica de engenharia
- Desenvolvido originalmente como fibra têxtil de elevada resistência

Propriedades (muito variáveis):

- Inertes a ataque biológico
- Propriedades elétricas adequadas
- Todos absorvem umidade
- O tipo 4/6 possui alta cristalinidade com elevada resistência e rigidez
- Temperatura de deflexão térmica elevada
- Elevada resistência a fadiga, desgaste e fluência
- O tipo 6 é mais flexível e tenaz que o tipo 6/6
- O tipo 6/6 possui elevada resistência ao calor e à abrasão, além de resistência mecânica, dureza e rigidez maiores que as do tipo 6
- O tipo 6/12 absorve menos umidade, mantém as propriedades mecânicas e elétricas em ambientes de elevada umidade com menor resistência, rigidez e temperaturas de aplicação, além de custo maior
- Os tipos 11 e 12 absorvem menos umidade com resistência superior a combustíveis, óleos hidráulicos e maioria dos fluidos automotivos

Usos:

- Mancais e superfícies de desgaste
- Automotivo: painéis de instrumentos, componentes internos como hélices de ventilador, conectores de cabos, reservatórios de radiador e outros
- Equipamentos hidráulicos de ar-condicionado
- Mancais de deslizamento, camos, roldanas e placas de desgaste

Poliuretano (PU)

Texin e Desmopan: Bayer *Estene: BF Goodrich*
Cablon-flex: Cabot *Pellethane: Dow*

Características:

- Grande variação de formas e propriedades físicas e mecânicas
- Excelente vida em flexão e resistência ao corte
- Até vinte vezes mais resistente a abrasão do que os metais
- Formas elastoméricas: macia e flexível ou firme e rígida

Propriedades:

- Excelente resistência a abrasão
- Excelente resistência a combustíveis e óleos
- Elevada resistência a tração e rasgamento
- Elevada elasticidade e resiliência
- Bom amortecimento de vibrações

Usos:

- Automotivo: camos, engrenagens, peças mecânicas, painéis moldados internos e externos da carroceria
- Equipamento esportivo: bolas de golfe, armação de óculos de esqui e botas de esqui
- Telas, etiquetas de identificação, selos, mangueiras, rodízios, baldes, catéteres e conectores

Figura 8.52 Solado de calçado esportivo moldado em TPU

Acetato de celulose (CA)**

Tenite: Eastman/CA700: Albis/CA/GP: Rotuba
Butirato acetato de celulose
Tenite: Eastman/c900: Albus

Características
- Disponível em filme (celofane) ou fibra (rayon)
- Modificado quimicamente para produzir termoplásticos
- Disponível em uma grande gama de cores, desde transparentes, translúcidas ou opacas

Etil Celulose (EC)

Características:
- Cor âmbar clara nas formulações não pigmentadas

Propriedades:
- Baixo calor específico e condutividade térmica conferem uma sensação agradável
- Não é adequado para uso externo
- A maioria das formulações é classificada na categoria 94HB de flamabilidade
- Compostos disponíveis para contato com alimentos
- Tenaz sob temperaturas muito baixas

Usos:
- Armações de óculos, corpos e tampas de caneta, brinquedos, produtos para uso marítimo, carcaças de filtros de combustível, escovas de dente, recipientes de cosméticos, protetores de rosto
- Embalagem em bolha para alimentos e outros produtos
- Sinalização externa, coberturas de janelas e persianas, além de aspersores
- Capacetes, roletes, escorregadores, lanternas e manoplas de ferramentas

Figura 8.53 Mesa ajustável projetada por Sung Pil Lee para ACTTO com tampo em poliuretano e base com roletes em PVC (cortesia do designer)

** Celulósicos são derivados de polpa de Madeira ou linters de algodão

Poliamida

Vespel: DuPont

Características:

- Elevada resistência ao calor e à chama

Propriedades:

- Podem ser usados no ar em temperaturas de até 260 °C
- Temperaturas de exposição intermitente podem chegar a 482 °C
- Fluência próxima a zero
- Boa resistência ao desgaste

Usos:

- Buchas de motores a jato, gaxetas de bombas, selos de válvulas e anéis
- Peças de impressoras de alta velocidade
- Produtos em filmes finos, esmaltes, adesivos e revestimentos

Policarbonato (PC)

Calibre: Dow | *Lexan: GE*
Makrolon | *APEC HT: Bayer*
Naxell: MRC | *Fiberstan: DSM*
Thermofil: Thermofil

Características:

- Tenacidade excepcional em uma larga faixa de temperaturas
- Amorfo

Propriedades:

- Claro e transparente
- Resistente ao calor e à chama
- Afetado por graxas, óleos e ácidos
- Não é afetado por água a temperatura ambiente
- Exposição contínua à água quente (65 °C) causa fragilização gradual
- Exposição à água fervente tem pouco efeito nas dimensões
- Excelente tenacidade
- Superior resistência ao impacto
- Estabilidade dimensional
- Pouco efeito da umidade nas dimensões ou propriedades

Variedades especiais incluem:

- Fórmulas com retardante de chama
- Tipos que atendem as regras da FDA para contato com alimento e aplicações médicas

Figura 8.54 LG CYON telefone celular desenhado por Sung Pil Lee, moldado em policarbonato (cortesia do designer)

- Variedades empregadas em moldagem por sopro
- Resistência ao UV e intemperismo
- Reforçados com fibra de vidro
- Protecão EMI, RFI e ESD
- Aplicações de espuma estrutural

Usos:

- Transporte: componentes de iluminação, painéis de instrumentos e carlingas de aeronaves
- Consumo: cabinetes de ferramentas, embalagens de alimentos, eletrodomésticos, garrafas e filmes
- Equipamentos de escritório: gabinetes de computadores e impressoras, discos de áudio e armazenamento de dados
- Médico: dispositivos de uso diagnósticos, cardiovascular e intravenoso, dispositivos para administração de drogas e embalagens
- Outros: coberturas de medidores, componentes de telefones, difusores de luz e lentes

Figura 8.55 Cadeira de escritório com peças moldadas em Ixef® (cortesia Solvay)

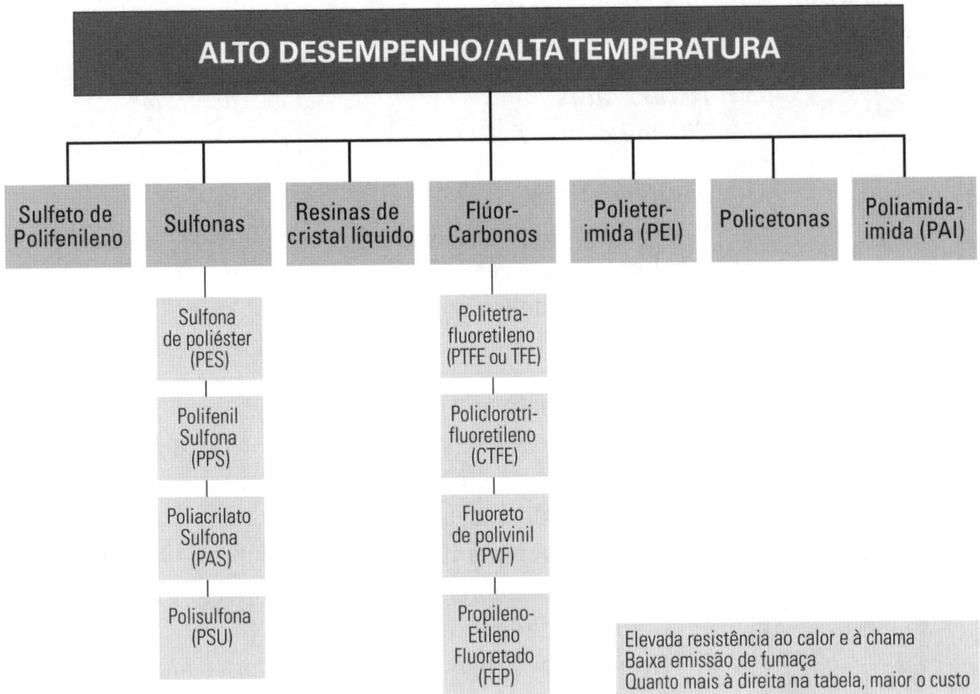

Figura 8.56 Termoplásticos de alto desempenho/alta temperatura

Polifenilsulfona (PPS)

Fortron: Hoechst Celanese *Ryton: Phillips*
Tedur: Albis *Fiberfil: DSM*
Thermocomp: LNP

Características:

- Recomendado em aplicações mecânicas e eletrônicas que demandam elevada resistência mecânica, resistência ao impacto e características de isolamento

Propriedades:

- Ampla resistência química
- Nenhum solvente conhecido abaixo de 204 °C
- Retardamento e resistência a chamas
- Estabilidade excelente a elevadas temperaturas
- Índice de temperatura UL entre 200 e 240 °C, UL 94V-0/5
- Excelente estabilidade a altas temperaturas
- Confiabilidade dimensional
- Grande gama disponível de variedades moldáveis por injeção
- Moldados cristalinos possuem estabilidade dimensional ótima
- Moldados amorfos possuem resistência mecânica ótima a temperatura ambiente

Usos:

- Equipamentos de comunicação e computadores
- Industrial: equipamentos de processos químicos e petróleo
- Automotivo: conectores e componentes
- Aeronáutico: painéis interiores e assentos

Figura 8.57 Arruela de encosto de transmissão automática moldada em Amodel® poliftalamida (cortesia Solvay)

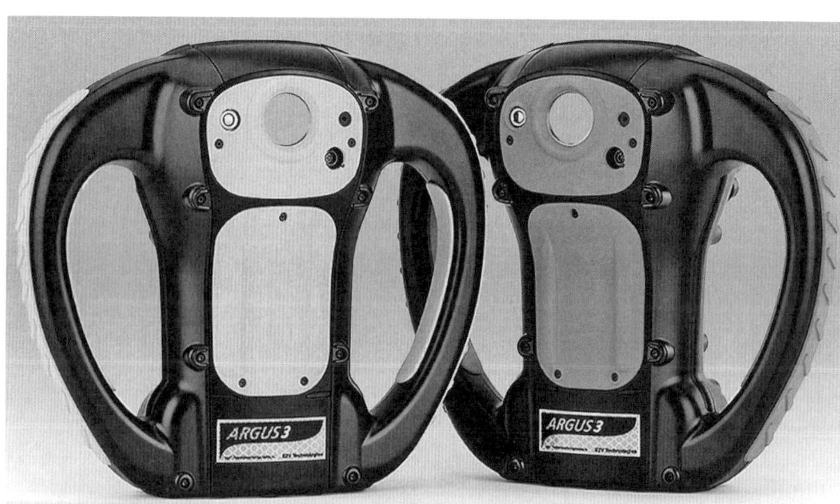

Figura 8.58 Câmera térmica Argus® 3 moldada em Radel® polifenilsulfona (cortesia Solvay)

Polietersulfona (PES)

Ultrason E: BASF

Poliarilsulfona (PAS)

Radel: Amoco

Polissulfona: (PSU)

Udel: Amoco *Ultrason S: BASF*

Características:

- Notáveis pela alta temperatura de deflexão
- Excelente estabilidade dimensional
- Mais elevado desempenho processável em maquinário convencional
- Amorfo

Propriedades:

- Excelente estabilidade a altas temperaturas
- A cor natural é âmbar claro transparente
- Disponível em cores opacas
- Único termoplástico que permanece transparente a 204 °C
- O uso corrente em ar ou vapor na temperatura indicada não escurece ou racha
- Excelente resistência ao calor
- Temperatura de uso limitada pela temperatura de deflexão entre 174 °C e 204 °C
- Boas propriedades elétricas sob temperaturas elevadas

Figura 8.59 Tubos feitos em Udel® polissulfona, moldados por imersão (cortesia Solvay)

- PSU — 160 °C/ Classificação V-2
- PES — 179 °C/ Classificação V-0 de acordo com a UL94
- Absorve raios ultravioleta: pouca resistência ao intemperismo
- Extremamente tenaz; não quebrará nos testes padronizados de impacto
- Fluência extremamente baixa a temperaturas elevadas e sob carga contínua
- Excelente estabilidade dimensional
- Excelente para peças moldadas de precisão

Usos:

- Grelhas de secador de cabelo, válvulas de água quente, peças de máquinas de escritório e peças elétricas automotivas, instrumentos médicos, membranas de respiração e filtração e implantes
- Alimentos: panelas submetidas a vapor, cafeteiras, distribuidores de bebidas quentes e utensílios para cozinhar em micro-ondas

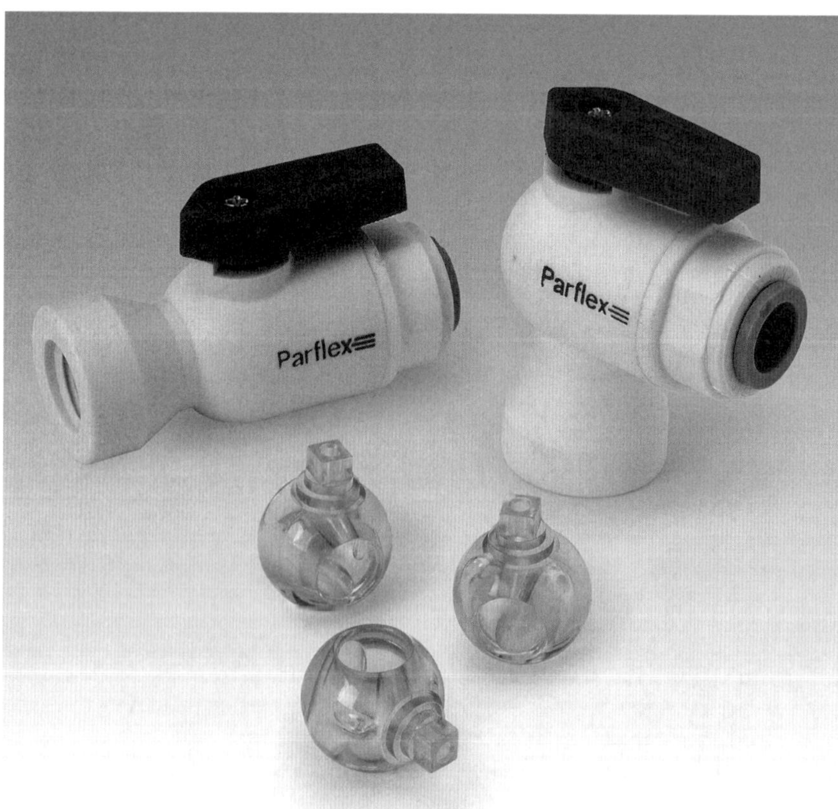

Figura 8.60 Válvula esfera moldada em Udel® P-1700 (cortesia Solvay)

Polímero de cristal líquido (LCP)

Zenite – DuPont

Características:

- Baseado em copoliésteres aromáticos a partir de poliéster
- Polímero de custo elevado e alta resistência ao calor

Propriedades:

- Elevada resistência à temperatura e estabilidade térmica
- Elevada resistência
- UL 94V-0

Usos:

- Conectores miniaturizados de alto desempenho para computadores e equipamentos de comunicação
- Telefones celulares e pagers
- Utensílios para cozinhar em micro-ondas ou em fogão normal

Politetrafluoretileno (PTFE)

Algoflon: Ausmont — *Teflon: DuPont*
Fulon: ICI — *Hostaflon: Hoechst Celanese*

Características

- Extremamente inerte
- Cristalino ou opaco
- Maleável
- Amorfo para temperaturas maiores que 342 °C (retornando ao estado original quando resfriado)

Propriedades:

- Quimicamente inerte
- Estabilidade a altas e baixas temperaturas
- Excelentes propriedades elétricas
- Baixo atrito
- Não tratável
- Fratura se deformado excessivamente

Usos:

- Pós para moldagem por compressão
- Extrusão
- Extrusão lubrificada
- Dispersões aquosas para revestimento/impregnação por imersão

Policlorotrifluoretileno (PCTFE ou CTFE)

Acion: Allied Signal *KelF81: 3M*

Características:

- Quimicamente inerte
- Estabilidade térmica
- Boas propriedades elétricas
- Não possui aderência imediata a nada
- Praticamente não absorve umidade
- Pode ser usado de 202 °C a –240 °C

Fluoreto de polivinilideno (PVDF)

Hylar: Ausimont *Kynar: Elf Atochem N.A.*
Solef: Solvay

Características:

- A mais tenaz das resinas termoplásticas
- Excelente resistência a fadiga, abrasão e escoamento a frio

Usos:

- Pós ou dispersões para revestimentos resistentes a corrosão
- Isolamento de fios, cabos para computador, equipamentos elétricos e eletrônicos
- Tubulação encolhível por calor para resistores e diodos
- Encapsulamento para uniões caldeadas

Etileno-Propileno Fluoretado (FEP)

Teflon: DuPont

Características:

- Copolímero do TFE e hexafluorpropileno

Propriedades:

- Boa tenacidade
- Excelente estabilidade dimensional
- Pode ser moldado em equipamento convencional

Usos:

- Revestimento de tubos para equipamentos de processos químicos
- Aplicações em fios e cabos
- Revestimento em refletores solares

Figura 8.61 Frigideira Polar com revestimento superficial em Teflon® da DuPont

Polieterimina (PEI)

Ultem: GE

Características:

- Amorfo

Propriedades:

- Variedades não reforçadas são transparentes
- Cores padrão e customizadas são disponíveis
- Classificado pelo UL como 94V-0 a 0,016" (0,41 mm) e 94-5V a 0,075" (1,9 mm) sem aditivos
- Índice de oxigênio limitado a 47% (um dos mais altos entre os termoplásticos de engenharia)
- Retardante de chama
- Baixa geração de fumaça
- Resistente a produtos químicos sob condições variáveis de tensão e temperaturas
- Boa resistência a radiação UV
- Adequado para exposição ao vapor em períodos curtos e repetidos
- Excelente em aplicações elétricas
- Estável em uma faixa ampla de temperatura e frequências
- Sensível à concentração de tensões, evitar cantos vivos
- Concentrações de tensões devem ser minimizadas
- Excelente processabilidade
- Dúctil para encaixes

Usos:

- Eletrônicos: conectores de pequena tolerância, embalagem de chip e dispositivos de cabeamento
- Peças de motor de avião a jato, assentos, componentes das paredes e janelas, peças mecânicas e elétricas
- Temperaturas elevadas: revestimento de fios, bobinas, caixas de fusível e circuitos flexíveis

Policetonas – Parcialmente Cristalinas

Kadel: Amoco
Areton (PEKK); DuPont
Victrex (PEK PEEK): ICI
Ultrapek (PAEK): BASF
Hostatec: Hoechst Celanese

Características:

- Mais forte e rígido que a maioria dos termoplásticos

Propriedades:

- Usado sob temperaturas elevadas
- Excelente resistência a queima com muito pouco espalhamento de chama (V-0 de acordo com a UL94)
- Densidade de fumaça extremamente baixa
- Excelente resistência química
- Afetado pela radiação UV
- Baixo coeficiente de atrito
- Resistência a fadiga e taxas de desgaste muito elevadas
- Alta resistência, tenaz
- Resistência ao impacto em uma larga faixa de temperaturas

Usos:

- Revestimento de fios para aplicações de alto desempenho
- Rotores de bombas
- Conectores elétricos

Figura 8.62 Embalagem de vinho MetaCork moldada em Amodel® (cortesia Solvay)

Figura 8.63 Rotor de bomba d'água moldado em Amodel® PPA (cortesia Solvay)

Poliamida-imida (PAI)

Torlon: Solvay

Características:

- Extremamente resistente à chama com geração muito baixa de fumaça

Propriedades:

- Estabilidade dimensional excelente
- Elevada resistência à tração e compressão sob temperatura elevada
- Boa resistência ao impacto
- Integridade estrutural à temperatura de 260 °C
- A variedade sem carga é classificada como 94V-O
- Ultrapassa os requisitos de flamabilidade, densidade de fumaça e emissão de gases tóxicos
- Moldável por injeção, requer cura posterior

Usos:

- Automotivo: grupo propulsor, hastes de válvulas e retentores, anéis de pistão e engrenagens sincronizadoras
- Aeroespacial: suportes, buchas, gabinetes, retentores e uniões
- Máquinas de escritório: aplicações com muito calor, desgaste, parafusos e engrenagens
- Eletronico: soquetes, chaves e relês

Figura 8.64 O programa de condicionamento da Delta Airlines emprega Radel® PPSU e Torlon PAI, plásticos de alto desempenho que atendem os requisitos da FAA (cortesia Solvay)

9 Processo de conformação de plásticos

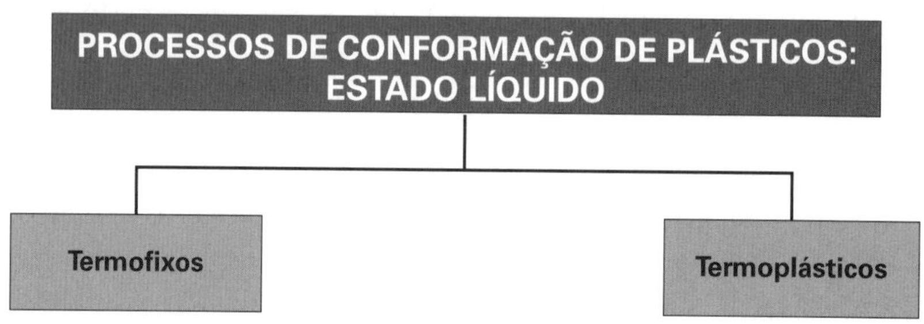

Figura 9.1 Processos de conformação de plásticos: estado líquido

Processos em estado líquido são análogos aos processos de fundição de metais. Nos processos de conformação, resinas aquecidas tornam-se líquidas ou fluidas à medida que entram no molde ou são misturadas (muitas vezes sob pressão) no molde. Em alguns processos, a resina nunca aparenta estar líquida, mas o processo de transformação em peça acabada acontece no interior da ferramenta. Termofixos são, muitas vezes, semelhantes a uma massa quando são colocados no molde.

Termoplásticos não se tornam realmente líquidos, mas ficam viscosos (com a consistência semelhante ao mel) quando aquecidos. Eles são forçados (em muitos processos de moldagem) por pressões elevadas que fazem com que se comportem como líquidos à medida que preenchem a cavidade do molde, resultando em peças com detalhes soberbos.

Há não muito tempo atrás, as escolhas disponíveis para processamento no estado líquido eram um tanto limitadas. Termofixos eram mais ou menos limitados à moldagem por compressão e a injeção era algo já bastante comum. Hoje, os dois tipos de plásticos podem ser injetados e o processo em si, especialmente para termoplásticos, tornou-se razoavelmente complexo e sofisticado. A escolha do processamento do material tornou-se tão complexa quanto a grande gama de materiais disponíveis. A discussão seguinte é uma tentativa de descrever algumas das opções mais comuns, que são divididas nas categorias de processamento de termofixos e termoplásticos.

Termofixo		Considerações Físicas		Logísticas				Custos
		Espessura de parede min/nominal	Tamanho da peça min/nominal	Núcleos/ Ação Lateral	Insertos	Pressão Necessária	Acabamento Superficial	Ferramental
Molde aberto	Laminação manual	0,25/0,50	Ilimitado	Nenhum	Moldados	Molde aberto: sem pressão	O molde confere acabamento polido e detalhes finos	$
	Aspersão	0,25/0,50	Ilimitado	Nenhum	Moldados	Molde aberto: sem pressão	Acabamento polido e detalhes finos	$
Molde fechado	Moldagem por compressão	< 0,350 Comum com parede não uniforme	Com BMC Com SMC Limitado apenas pela prensa	Núcleos são comuns Não é recomendada ação lateral	Moldados mas limitados	2.000-10.000 psi + 700 psi para cada polegada de profundidade	Acabamento polido e detalhes finos	$$
	Moldagem por transferência	Menos variado com possível parede não uniforme e detalhes finos	Máximo uma libra (454 g)	Comum	Moldados ilimitados	2.000-6.000 psi	Acabamento polido e detalhes finos	$$$
	Moldagem por transferência de resina	+0,25	Ilimitado	Comum	Moldados Insertos frágeis possíveis	25-50 psi	Boa superfície	$
	Moldagem por injeção-reação	0,25/0,50 Comum parede não uniforme	Peças grandes	Não se aplica	Moldados	Até 3.500 psi Pressão no molde é 50 psi	Acabamento classe A apenas para o fundo Pintura necessária	$
	Moldagem por injeção-reação com reforços	+0,50	Peças grandes	Não se aplica	Moldados	Até 3.500 psi Pressão no molde é 50 psi	Boa superfície Podem ser necessário acabamento e pintura	$
	Injeção por reação com reforço estrutural	+0,50	Peças estruturais grandes	Não se aplica	Moldados	Até 3.500 psi Pressão no molde é 50 psi	Boa superfície Podem ser necessários acabamento e pintura	$
	Moldagem de espuma	Ilimitado	Ilimitado	Não se aplica	Não se aplica	A pressão varia de acordo com a densidade	Não se aplica	$

Figura 9.2 Tabela para termofixos

Termoplásticos		Considerações físicas		Logísticas				Custos
		Espessura de parede min/nominal	Tamanho da peça máx/nominal	Núcleos/ Ação lateral	Insertos	Pressão Necessária (FF = força de fechamento)	Acabamento superficial	Ferramental
Molde aberto	Comformação por vácuo (com assistência mecânica)	Alguma variação, parede não uniforme	Limitado pelo tamanho da máquina	Nenhum	Após moldagem	vácuo	Bom acabamento longe da ferramen-ta, liso e com bons detalhes	$$
Molde aberto	Moldagem por compres-são (com assistência por vácuo e folha dupla)	Alguma variação, parede não uniforme	Usualmente limitado por um cubo com 1′ de lado	Nenhum	Após moldagem	50-80 psi (+ vácuo)	Muito bom ao lado da ferramenta, detalhes finos	$$
Molde fechado	Rotomoldagem	0,016″-0,25″ Parede uniforme, possível variação	Formas ocas com cubo de 1″ até 6′×6′×12′	Nenhum	Moldados durante ou após moldagem	Não emprega pressão	Bom acabamento, bons detalhes	$$
Molde fechado	Moldagem por injeção e sopro	0,015″ Parede uniforme	Principalmente garrafas, globos e contêineres num volume com cubo maior que 1′	Nenhum	Roscas moldadas ou sem insertos	FF 1 ton psi, 80-120 psi	Bom acabamento	$$$
Molde fechado	Moldagem por extrusão e sopro	Varia com possível parede não uniforme	Limitado pelo tamanho da ferramenta	Possível ação lateral	Após moldagem	50-120 psi	Bom acabamento, detalhes finos	$$$
Molde fechado	Injeção assistida por gás	Parede uniforme 0,125″ com nenhuma transição para nervura de 0,250″	Peças grandes até 4′×4′×3′	Comum	Após moldagem	FF 1 ton psi	Acabamento polido, pintura necessária, delathes finos, variação de brilho	$$$
Molde fechado	Injeção de espuma estrutural por contrapressão	0,220″ parede uniforme	Peças grandes possíveis	Comum	Após moldagem	FF ½ ton psi	Bom acabamento, pintura necessária, detalhes finos, linhas de costura	$$$
Molde fechado	Injeção de espuma estrutural sob baixa pressão	Parede menos crítica uniforme de 0,250″	Peças razoavelmente grandes possíveis	Comum	Após moldagem	FF 1/4 ton psi	Acabamento revolto, pintura normalmente necessária	$$$
Molde fechado	Injeção	Requer parede uniforme de 0,05″-0,125″	Tipicamente limitados mas peças grandes são possíveis	Comum	Após moldagem	FF 1 ton psi	Acabamento polido, detalhes finos, marcas de rechupe, potencial empenamento	$$$

Figura 9.3 Tabela para termoplásticos

Opções de Processamento Plástico para Quantidades Anuais Dadas

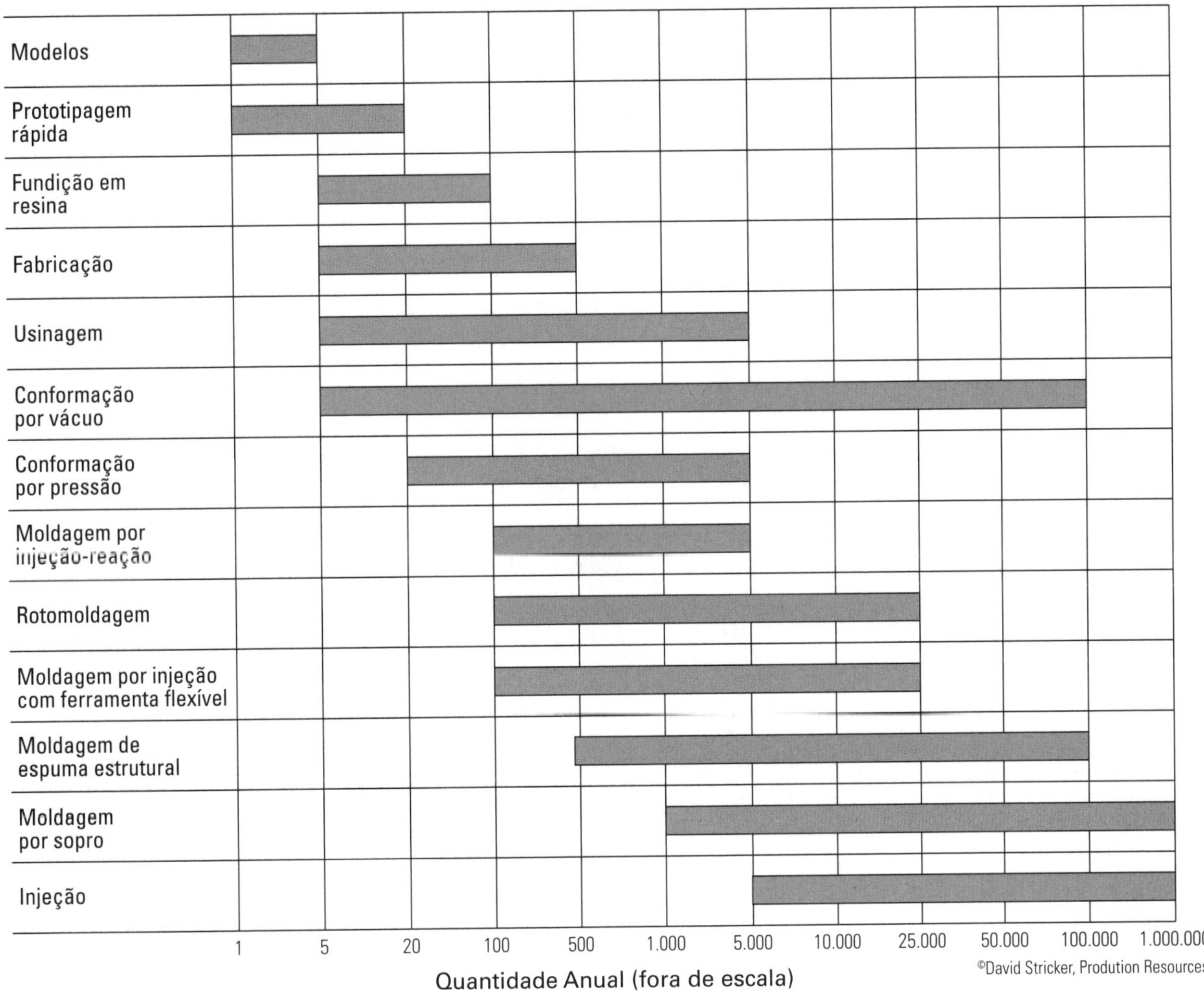

Figura 9.4 Tabela das opções de processamento de plásticos

9.1 Conformação em Estado Líquido

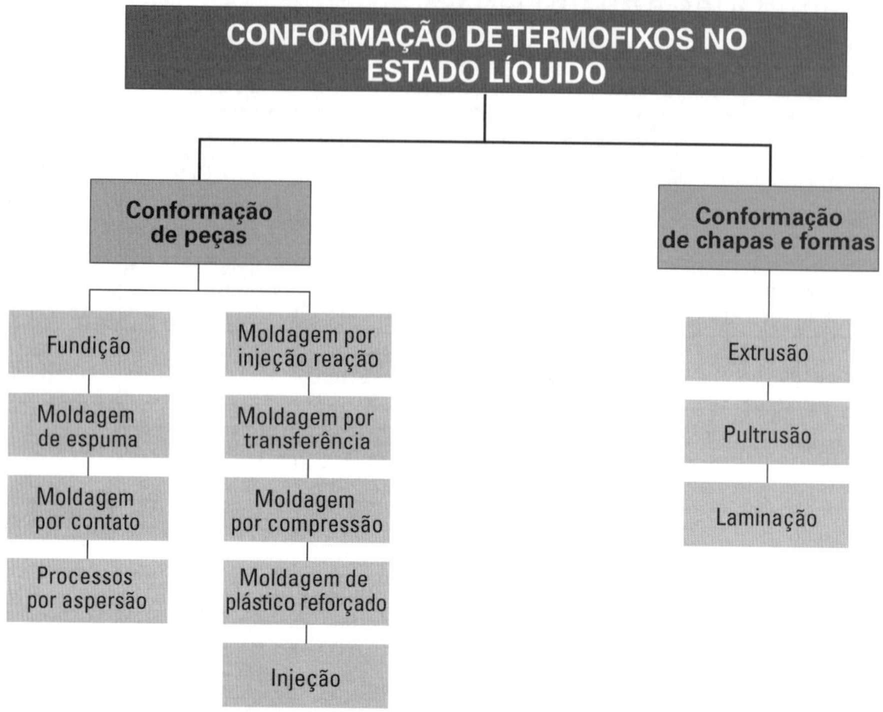

Figura 9.5 Tabela de conformação de termofixos no estado líquido

Termofixos e seus processos de conformação	Conformação de Peças								Peça/Chapa Padrão	
	Fundição	Moldagem de espuma	Moldagem por contato	Rotomoldagem	Moldagem por injeção-reação	Moldagem por compressão	Moldagem por transferência	Injeção	Pultrusão/ bobinamento de fios	Laminação
Alquidas	●					●	●	●		●
Alis	●									●
Epóxi	●	●		●	●					●
Melamina		●				●	●	●		
Ureia		●				●	●	●		●
Fenólicas	●	●				●	●	●		
Poliéster	●		●		●	●			●	
Poliuretano					●					
Silicone	●	●								

Figura 9.6 Tabela de processos de conformação de termofixos

Fundição é um processo de produção limitado usado na maioria das vezes para peças protótipos e pré-produção. Enquanto os custos do molde são baixos, os custos de mão de obra e tempos de produção são razoavelmente altos. Nylon e acrílico são os termoplásticos mais usados em fundição. Epóxi, fenólicos, poliéster e poliuretano são os termofixos mais fundidos. Os moldes podem ser rígidos ou feitos em metais flexíveis. A fundição é usualmente feita com uma mistura com duas partes de monômero, um catalisador e aditivos, tais como pigmentos, cargas e reforços.

Termoplásticos são aquecidos normalmente antes de serem despejados no molde. Materiais termofixos geram seu próprio calor em uma reação com o catalisador durante a polimerização. A fundição centrífuga é usada tipicamente para produzir peças complexas, pequenas a médias e reforçadas. Na indústria de eletrônicos, encapsulamento e embalagem destes materiais são bastante usados na produção de componentes eletrônicos, aproveitando as vantagens da capacidade de isolamento natural dos materiais.

Moldagem ou *fundição de espuma* são usadas para produzir acolchoados e outras formas de poliuretano flexível para a indústria de mobiliário. Materiais de espuma rígida são usados para produzir blocos de isolamento, núcleo de espuma e peças exteriores para a indústria de construção. O processo emprega dois ou mais componentes, bem como sulfa ctantes e aditivos. Estes incluem retardantes de chama que reagem para formar uma estrutura celular à medida que solidificam no molde ou na peça. A densidade da espuma depende da pressão criada pelo volume da mistura no molde.

Figura 9.7 Componentes eletrônicos moldados (cortesia Major League Eletronics)

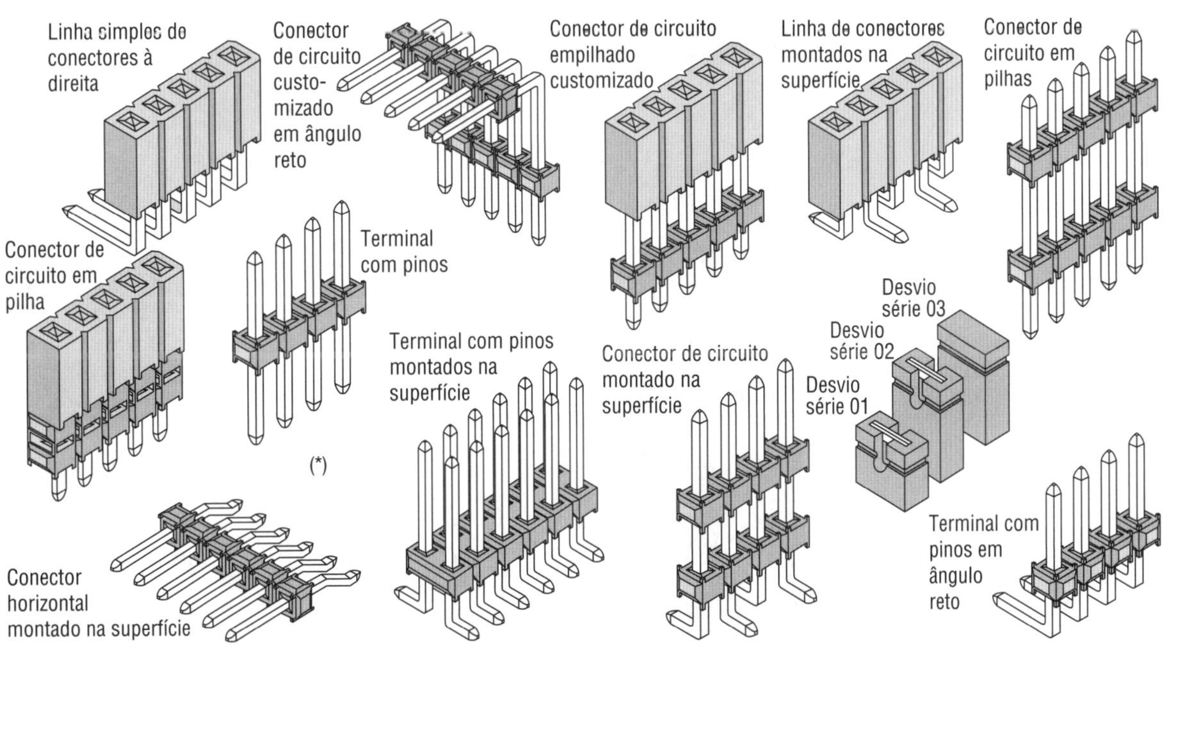

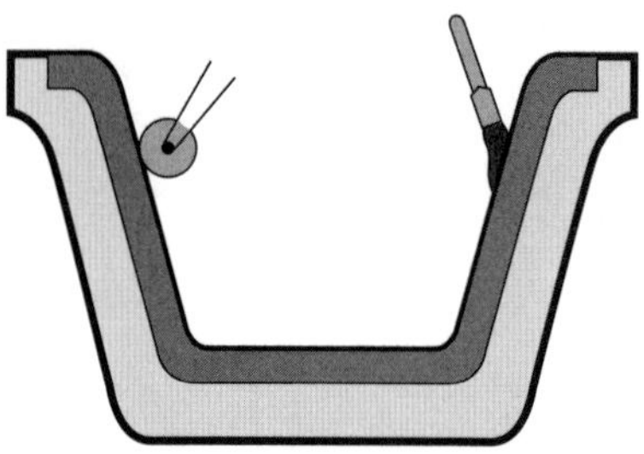

Figura 9.8 Laminação manual

Laminação manual ou *moldagem por contato* é um processo que consome bastante mão de obra, usado para produção de pequenas a médias quantidades de peças razoavelmente grandes. O processo usa moldes de plástico, madeira ou gesso para a fabricação de cascos de embarcações, banheiras e boxes, além de outros tipos de carcaças. Reforços, normalmente na forma de mantas ou tecidos de fibra de vidro, são combinados com resina termoplástica de poliéster no interior do molde aberto. Um rolo é usado para comprimir os reforços e distribuir os materiais no molde.

O *processo de aspersão*, que emprega fibras cortadas, pode ser automatizado para aumentar a produção e conferir melhor uniformidade à mistura reforçada. Enquanto o custo do ferramental é baixo, apenas a superfície em contato com o molde fica lisa e a espessura da parede não é uniforme. Um problema sério é que as peças são relativamente pesadas e o material reforçado é frágil, degrada com o tempo e pode sofrer delaminação quando sujeito a impacto.

Na *moldagem de BMCs*, a mistura ou "toras" são colocadas em moldes de compressão. As toras geralmente contêm reforços que podem ser conformados para contrabalançar as tensões esperadas na peça (isso é semelhante a conformar as fibras no metal no forjamento)

Na *moldagem de SMC*, é a mistura de resina e fibras que é depositada em camadas de acordo com a espessura necessária. As folhas de etileno usadas no manuseio de SMCs são removidas antes da conformação. *Composto de moldar em chapas (SMCs)* são usados para

Figura 9.9 Processo de aspersão (cortesia da Armstrong Mold Corp)

produzir peças grandes, especialmente para a indústria de transporte e de outros produtos de grande porte. Nesse processo, que emprega equipamento para moldagem por compressão, formas grandes e painéis são feitos de composto de moldar em chapas formados por fibras contínuas, combinadas com camadas de resina em pasta (geralmente poliéster) em uma base de etileno. SMCs são laminados, ou colocados em contêineres e armazenados até estarem prontos para a moldagem.

Figura 9.10 Peça em SMC, Korea Die and Mold

Na *conformação em vacuum-bag*, *BMCs* ou *SMCs* são colocados em um molde e, em seguida, cobertos por uma bolsa de plástico. Um vácuo ou pressão de 50 psi é usado para forçar a bolsa contra o pré-impregnado e os moldes. Os moldes são geralmente de alumínio, mas podem ser feitos em outros materiais capazes de resistir à pressão do ar.

Moldagem por injeção-reação (RIM) é um processo que usa uma mistura de resina e catalisador combinados que reagem quimicamente no interior do molde. Reforços em vidro ou grafite são normalmente acrescentados para melhorar a resistência da peça. Por conta de as pressões serem baixas, os custos dos moldes também são baixos. Como na maioria dos processos de termofixos, a espessura das paredes pode variar, mas apenas o lado da base do molde é liso.

Para-choques automotivos, fretes e para-lamas, isolamento para refrigeradores e congeladores, reforços estruturais e outras peças grandes podem ser feitas por RIM. Pelo fato de a espessura de parede ser tipicamente igual a 0,25" (6,3 mm) e a superfície não ser lisa em todos os lados da peça, o processo apresenta algumas limitações. Não é geralmente adequado para pequenas cavidades.

No *processo RIM com reforços (RRIM)*, geralmente as fibras de reforço são tecidas e conformadas seguindo o molde. Como os reforços são alinhados de acordo com as forças esperadas, a peça moldada é normalmente estrutural, pode resistir a forças maiores que as que seriam esperadas normalmente em peças não reforçadas.

Moldagem por compressão

A *moldagem por compressão* é usada primordialmente com resinas e borrachas termofixas. Peças típicas incluem tampas de recipientes e pratos, componentes elétricos para uso automotivo, componentes elétricos e eletrônicos e carcaças, manoplas e acabamentos, agitadores de máquinas de lavar e peças semelhantes.

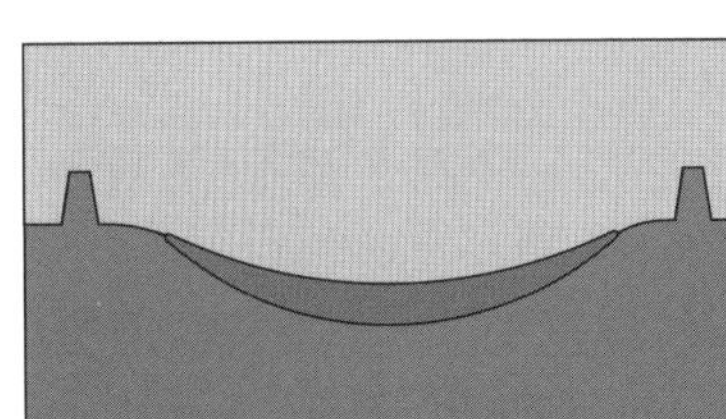

Figura 9.11 Esquema da moldagem por compressão

Na moldagem por compressão, uma quantidade medida ou uma resina parcialmente polimerizada e pré-conformada é colocada manualmente em um forno preaquecido. A polimerização ou a formação de ligações cruzadas acontece no molde sob calor e pressão. Rebarbas normalmente se formam na linha de costura e devem ser aparadas posteriormente. Não há canais de alimentação ou de enchimento do molde. Peças reforçadas com fibras longas podem ser formadas por esse processo porque elas são colocadas diretamente no molde, e não forçadas através do bocal de alimentação como na injeção.

Os moldes ou ferramentas de compressão são feitos em aço ferramenta do tipo P, mas custam menos que as ferramentas de injeção, pois são mais simples e trabalham sob pressões inferiores. Como os moldes são carregados manualmente, insertos são facilmente acrescentados durante o ciclo de carregamento. Entretanto, os custos de mão de obra são maiores, bem como os tempos de processo, justamente porque os moldes são carregados manualmente.

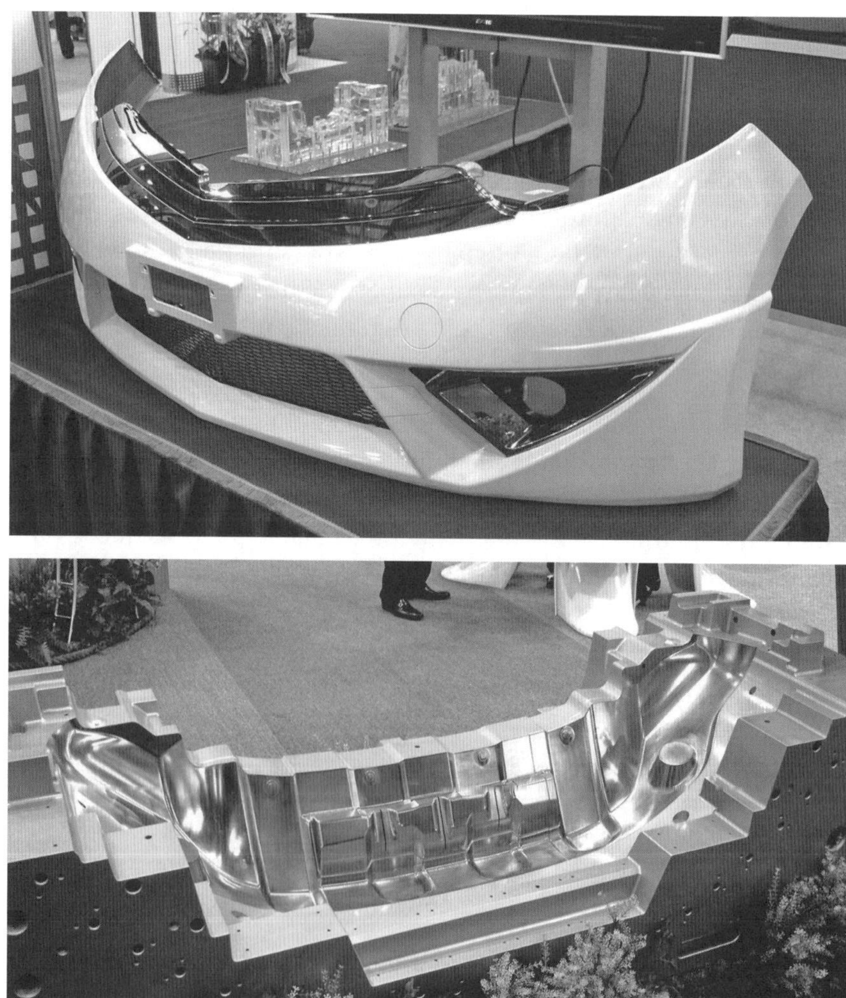

Figuras 9.12ab Acima: frente de automóvel moldada em RIM; abaixo: ferramenta para moldar a frente de automóvel

A *moldagem por transferência* é usada para produzir componentes elétricos e eletrônicos, além de peças em borrachas e silicone que podem ter espessura de parede variável. Esse processo representa um avanço em relação à moldagem por compressão. Material termofixo não curado é colocado em uma câmara de transferência aquecida. O material é, então, aquecido e injetado sob pressão devido à ação de um aríete, pistão ou rosca, forçando o material para o interior da cavidade do molde.

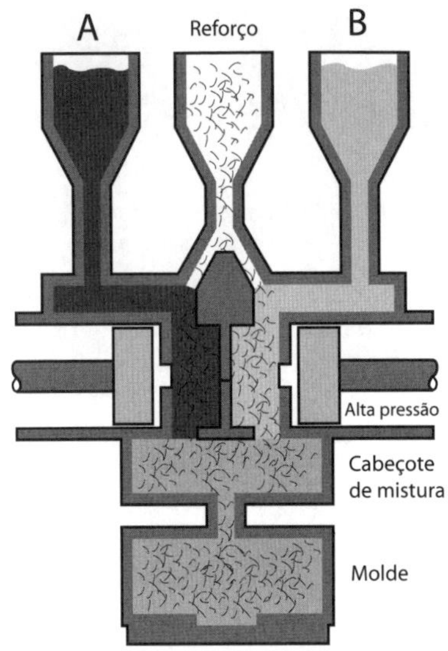

Figura 9.13 Esquema de injeção com reação e reforços

Moldes de transferência são normalmente mais caros e complexos que os de compressão. Há perda de material nos canais durante o enchimento do molde.

A *moldagem por transferência de resina* é uma variação da moldagem por transferência, desenvolvida para produção em volumes grandes ou intermediários. Uma resina misturada com catalisador é forçada sob pressão moderada para o interior de um molde fechado, geralmente com uma manta ou tecido de fibras de reforço pré-colocados no molde.

Plásticos laminados são essencialmente materiais compósitos. O tipo mais comum é usado em balcões de cozinha com os nomes comerciais Fórmica e Micarta. Esses materiais consistem de papel impresso (muitas vezes texturado), com uma cobertura em melamina clara, laminados em uma estrutura impregnada de ureia de reforço. O sanduíche é composto por meio de calor e pressão entre duas chapas de aço, com a superior polida ou texturada. Outros produtos em compostos laminados são feitos de forma semelhante, mas em menor escala para várias aplicações.

Pultrusão é, em certo sentido, o oposto da extrusão (pois a forma que será conformada é puxada através de uma matriz, e não empurrada), mas o processo produz formas que são semelhantes às da extrusão, uma vez que possuem perfil constante e comprimento indefinido. Produtos típicos são elementos estruturais tais como escadas, passadiços e corrimãos. Outros produtos vão desde tacos de golfe a eixos motores. Neste processo, o material de reforço é puxado através de um banho de termofixo viçoso (geralmente poliéster). A resina adere ao reforço, que é puxado através de uma matriz longa e aquecida de aço que cura e reforça o perfil ou a peça.

No *enrolamento de fios*, um reforço contínuo e a resina são combinados e enrolados em um mandril, formando uma estrutura com reforços cruzados com o formato desejado. Essa estrutura, reforçada em resina endurecida e enrolada, faz com que as peças sejam resistentes. Produtos típicos são vasos de pressão e grandes recipientes.

A *fita de reforço* é fabricada com fibras contínuas puxadas através de um banho de resina e depois unidas com um fundo em papel. Aplicações incluem painéis arquitetônicos corrugados e componentes estruturais para aeronaves.

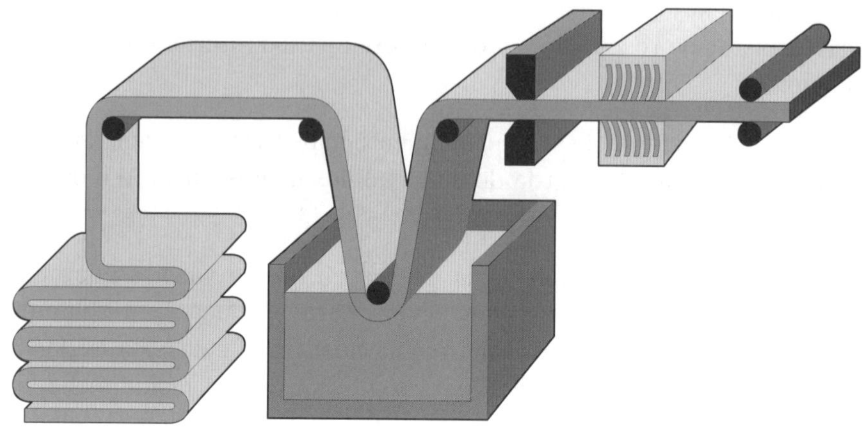

Figura 9.14 Esquema de pultrusão

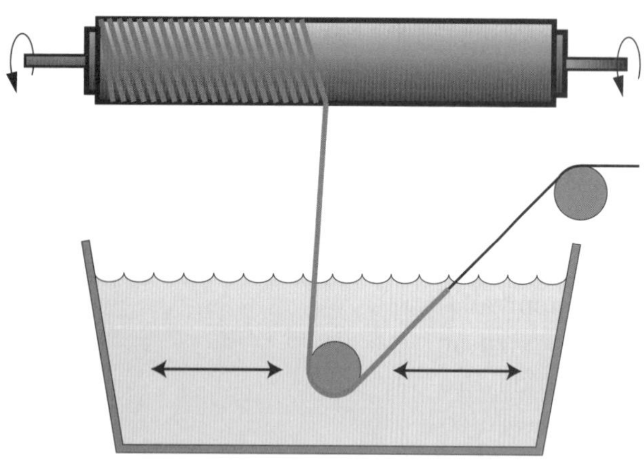

Figura 9.15 Esquema de enrolamento de fios

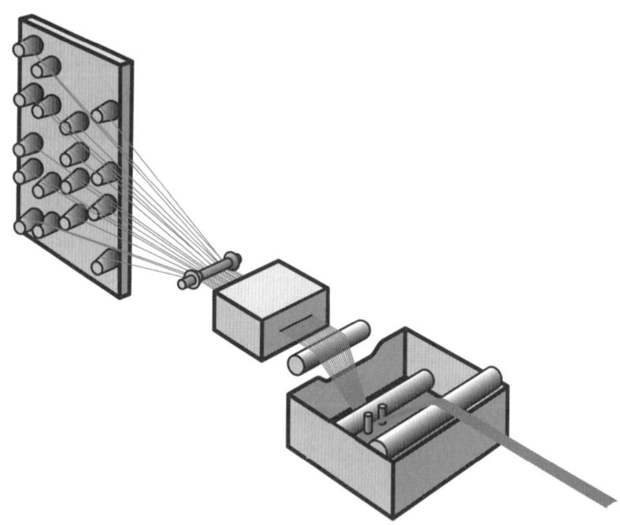

Figura 9.16 Esquema de produção de fita de reforço

Figura 9.17 Página seguinte: máquina injetora de médio porte em exposição na WooJin Selex Co. Ltd. na exposição Intermold Korea em 2007, realizada no Kintex, centro de exposições internacionais da Coreia em Daehwa, Coreia do Sul

YUCON-400
YUDO
STAR
WOOJIN SEI

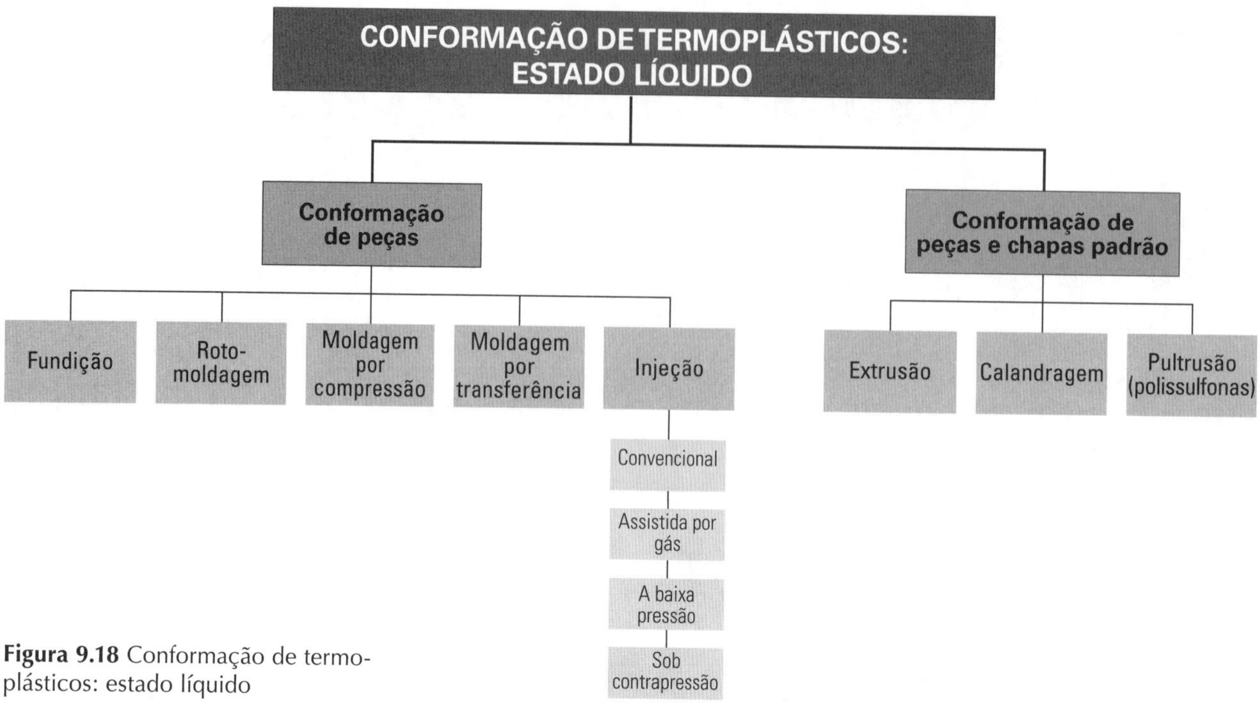

Figura 9.18 Conformação de termoplásticos: estado líquido

Termoplásticos e seus processos de conformação	Estado líquido					LS/PS	Estado plástico	
	Moldagem por compressão	Injeção	Extrusão	Calandragem	Rotomoldagem	Moldagem por sopro	Termoconformação/ Moldagem por pressão	Moldagem de espuma
ABS		●	●		●	●	●	
Acetato		●	●	●	●	●	●	●
Acrílico		●	●	●		●	●	
Acetato de Celulose	●	●	●	●			●	
Nylon		●	●	●	●	●		
Poliamida		●						
Policarbonato		●	●	●		●	●	
Polietileno		●	●	●	●	●	●	●
Polipropileno	●	●	●	●	●	●	●	
Poliestireno		●	●	●	●	●	●	●
Polissulfona		●	●			●	●	
Poliuretano		●	●	●	●	●		●
PVC	●	●	●	●	●	●	●	●
Acetato de polivinila	●	●	●	●	●	●	●	●
Tetrafluoretileno (Fluorplásticos — TFE)	●	●		●				

Figura 9.19 Tabelas de processos para termoplásticos

Rotomoldagem

Peças feitas por *rotomoldagem* tendem a ser produzidas em qualquer tamanho em quantidades limitadas. Enquanto os custos de equipamentos e ferramental são baixos, os tempos de processo são maiores que em outros processos, além de empregar muita mão de obra. Produtos grandes típicos incluem cascos de embarcações, *motorhomes* e peças de transportadores, veículos de brinquedo, tanques de armazenamento químico e industrial de volume médio a muito grande, latões de lixo, e outros recipientes semelhantes. Produtos pequenos cobrem toda a gama, mas só são viáveis se as quantidades forem pequenas. Insertos são moldados nas peças, pois é fácil ter acesso ao molde. A maioria dos termoplásticos e alguns termofixos podem ser conformados por rotomoldagem. Com usinagem controlada por computador é econômico usinar nas formas ocas para conseguir acesso ao interior da forma; com design criativo, o processo pode ser usado para fabricar produtos com design arrojado.

Na rotomoldagem, o material pré-dosado é carregado no interior de um molde metálico em duas peças; depois, aquecido em um grande forno no segundo estágio do processo, enquanto é girado ao redor de dois eixos. Essa ação tamboreia o pó, recobrindo o interior das paredes do molde. A peça resfria à medida que gira no terceiro estágio e depois é removida na estação de descarregamento/carregamento. São possíveis formas ocas, complexas e pequenas, com espessura de parede de 0,016" (0,41 mm), até peças de 6'×6'×12' (1,83 m × 1,83 m × 3,66 m). Com nenhuma pressão durante a conformação, a clareza dos detalhes é limitada.

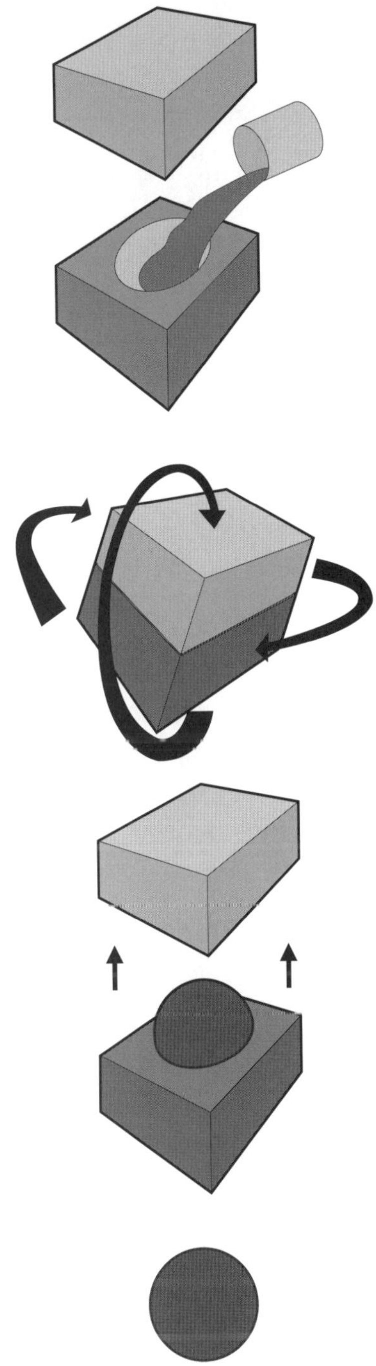

Figura 9.21 Sequência de rotomoldagem

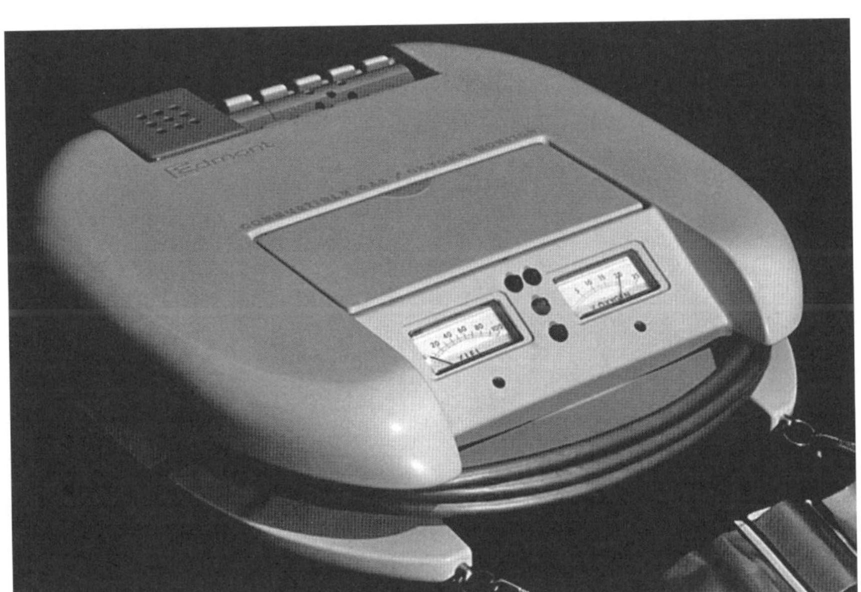

Figura 9.20 Monitor de gás feito em rotomoldagem (cortesia da Bally Design Inc.)

Injeção

Talvez não exista outro processo que tenha modificado tanto o *design* de produtos do que a *injeção*. Baseados na fundição de metais em matrizes aquecidas, os materiais desenvolvidos e recentes avanços na tecnologia do processo permitiram que os *designers* tivessem uma liberdade quase total nos seus projetos.

Apesar de ter havido muitos avanços novos e excitantes na injeção, o processo ainda é relativamente novo e continua a evoluir. No início de seu desenvolvimento, a injeção apresentava várias limitações, tais como pouco conhecimento do processo e escolha limitada dos materiais, alguns dos quais apresentavam desvantagens sérias. O processo foi várias vezes mal empregado e havia uma percepção justificável de que os materiais não durariam o bastante para atender as demandas esperadas. Também havia o elevado custo de ferramental e os longos tempos de espera e configuração.

A maioria dos problemas desapareceu, especialmente com o espectro de materiais hoje disponíveis, bem como com o contínuo desenvolvimento e uso sofisticado do processo básico. Projeto auxiliado por computador (CAD) e prototipagem rápida (RP) encurtaram drasticamente os tempos de configuração do ferramental, e a eletroerosão (EDM) quase eliminou os erros de fabricação do ferramental. Programas de simulação em computador são capazes de prever quase todos os aspectos de moldagem, e com o modelamento tridimensional e prototipagem rápida é possível evitar e corrigir quase todos os problemas antes que se fabrique a ferramenta.

Figura 9.22 Máquina de injeção (cortesia Husky)

Hoje, produtos feitos por injeção abrangem o espectro inteiro de *design* de produtos, de produtos de consumo; de escritório, industriais, equipamentos de computação e comunicação, além de dispositivos médicos e de laboratório, brinquedos, produtos de beleza e cuidados pessoais e equipamentos esportivos. O aspecto mais impactante dos novos desenvolvimentos é a redução drástica do tempo para produzir peças, hoje já possível em 24 horas.

Injeção é um processo de produção em massa com os moldes feitos em aço ferramenta do tipo "P". No processo, grânulos são alimentados em uma tremonha e aquecidos em um tambor onde são misturados aos aditivos e derretidos. A resina derretida é, então, injetada na cavidade do molde. Máquinas mais antigas usam um injetor de estágio único, como na maioria das máquinas de fundição em moldes permanentes, de modo a criar a pressão para injetar a resina no molde. Essas máquinas ainda estão em uso. A coinjeção é uma variante usada para injetar peças com diferentes cores e/ou características. Nesse processo, um injetor de duplo estágio é empregado. Cobertura de lanternas traseiras de automóvel, painéis de instrumento e botões de controle com letreiros em cores diferentes são feitos normalmente usando essas máquinas.

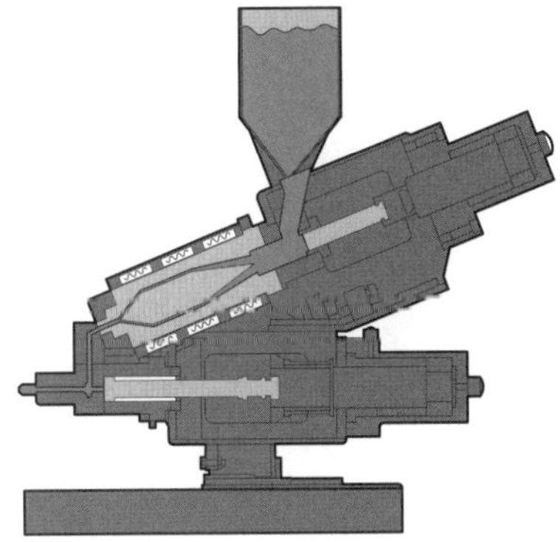

Figura 9.23 Esquema de máquina com injetor de duplo estágio

As máquinas atuais usam roscas simples ou duplas com movimento alternativo para gerar a força necessária para injetar o material liquefeito no interior da cavidade do molde a pressões da ordem de uma ton. psi. Após a peça em termoplástico resfriar ou em termofixo ser curada, o molde é aberto e a peça é ejetada. Elastômeros também são injetados neste tipo de máquina.

Figura 9.24 Máquina de duplo estágio da SMAU Dies Company

Moldagem de espuma estrutural

Injeção à baixa pressão de espuma estrutural

Por conta das limitações na espessura de parede e das demandas de esforço da ordem de uma tonelada psi para o processo de injeção, existe um limite para o tamanho da peça quando este processo é empregado. A injeção de espuma estrutural foi desenvolvida para produzir de maneira econômica peças moldadas de tamanho grande, usando uma força de apenas ¼ de tonelada psi. As peças têm espessuras que vão de 0.157" a 0.50" (4,0 a 12,7 mm), o que dá a elas resistência e rigidez necessárias para grandes peças estruturais. O processo emprega gás inerte ou um agente químico soprado para que se obtenham peças plásticas com casca exterior rígida e estrutura interna celular. Produtos característicos são gabinetes para máquinas de escritório e produtos eletrônicos. Um aspecto negativo do processo é que a peça moldada possui uma superfície corrugada, semelhante à pele de elefante. Isso é, em parte, causado pela baixa pressão e, de algum modo, pelo escape de gases para a superfície exterior ao longo da parede da cavidade.

Injeção de espuma estrutural com contrapressão

Uma variante, denominada *injeção de espuma estrutural com contrapressão*, produz uma superfície mais bem acabada, pois emprega pressão próxima à da injeção convencional para forçar a resina no molde. Em seguida, a pressão é invertida, permitindo que ocorra a formação da espuma. Peças feitas com este processo costumam apresentar superfícies muito boas e não necessitam de acabamento posterior. Seções de parede mais finas de até 0,220" (5,6 mm) permitem que o processo seja usado para fabricar carcaças e gabinetes pequenos.

Figuras 9.25ab Produto moldado por injeção de espuma industrial, carcaça e peças (cortesia Lesko Design)

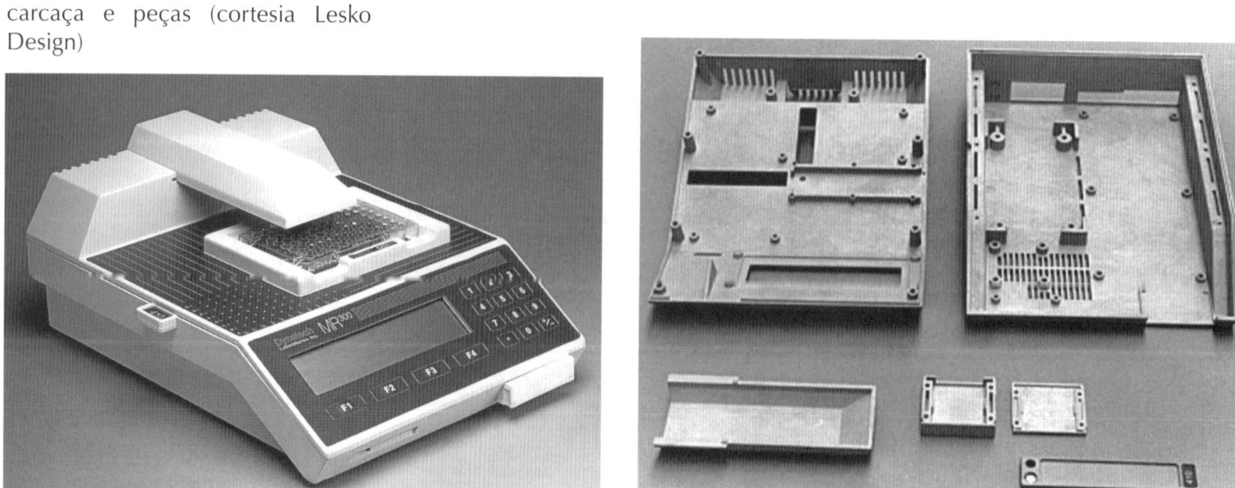

Injeção auxiliada por gás

A *injeção auxiliada por gás* é o desenvolvimento mais recente para conferir maior resistência a peças grandes e, ainda assim, manter a alta qualidade típica da superfície encontrada na injeção convencional. Esse processo usa um gás inerte que não se mistura com a resina, mas cria aberturas ocas no interior dos reforços, conferindo a rigidez necessária para peças moldadas de grande porte. A superfície é tão boa quanto na injeção convencional, pois os valores de pressão usados também são da ordem de uma tonelada psi. Enquanto a superfície é excelente, pode haver alguma variação de brilho. Caixotes, mesas, portas, molduras, suportes, placas de base e coberturas são peças típicas e ideais para o processo de injeção auxiliada por gás.

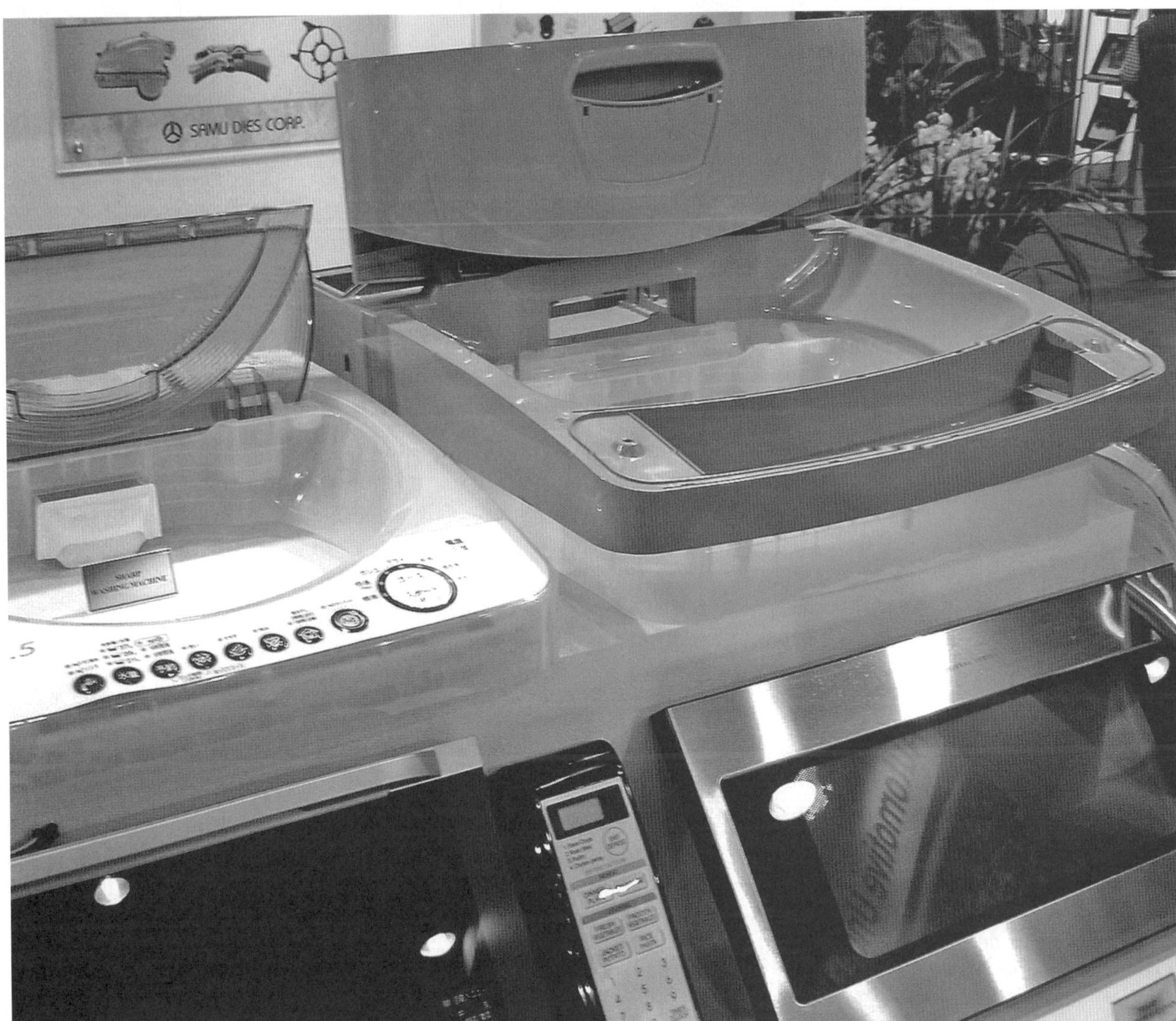

Figura 9.26 Gás auxilia a fortalecer peças injetadas grandes

Figura 9.27 Interior da base do molde

Ferramentas para injeção

Ferramentas de injeção possuem uma cavidade que é o negativo da peça a ser fabricada. O plástico derretido entra por um canal de alimentação (espiga) que está no centro do molde. Canais de distribuição adentram a cavidade através da porta. Machos criam formas ocas e furos, e peças acionadas por camos permitem que se moldem reentrâncias. Outras características de uma ferramenta de injeção incluem canais para água de refrigeração, pinos de retirada, ejetores para separar a peça do molde.

São três os tipos básicos de molde:

- Molde bipartido com alimentação fria é o tipo mais simples.
- No molde em três peças com alimentação fria, o sistema de alimentação de material é separado da peça quando o molde é aberto. Os canais de alimentação normalmente são ejetados com a peça.
- Nos moldes com alimentação aquecida, o plástico derretido é mantido quente em uma placa de alimentação aquecida. Estes são os moldes mais caros, mas com ciclos de produção mais curtos, pois apenas a peça moldada precisa ser resfriada e ejetada. Nenhuma parte do sistema de alimentação é ejetada junto com a peça.

Figura 9.28 Página seguinte: Ferramenta de injeção de plástico com molde base (cortesia Peter Kobal, AUDAX, www.audax.51/c3p-reference.php)

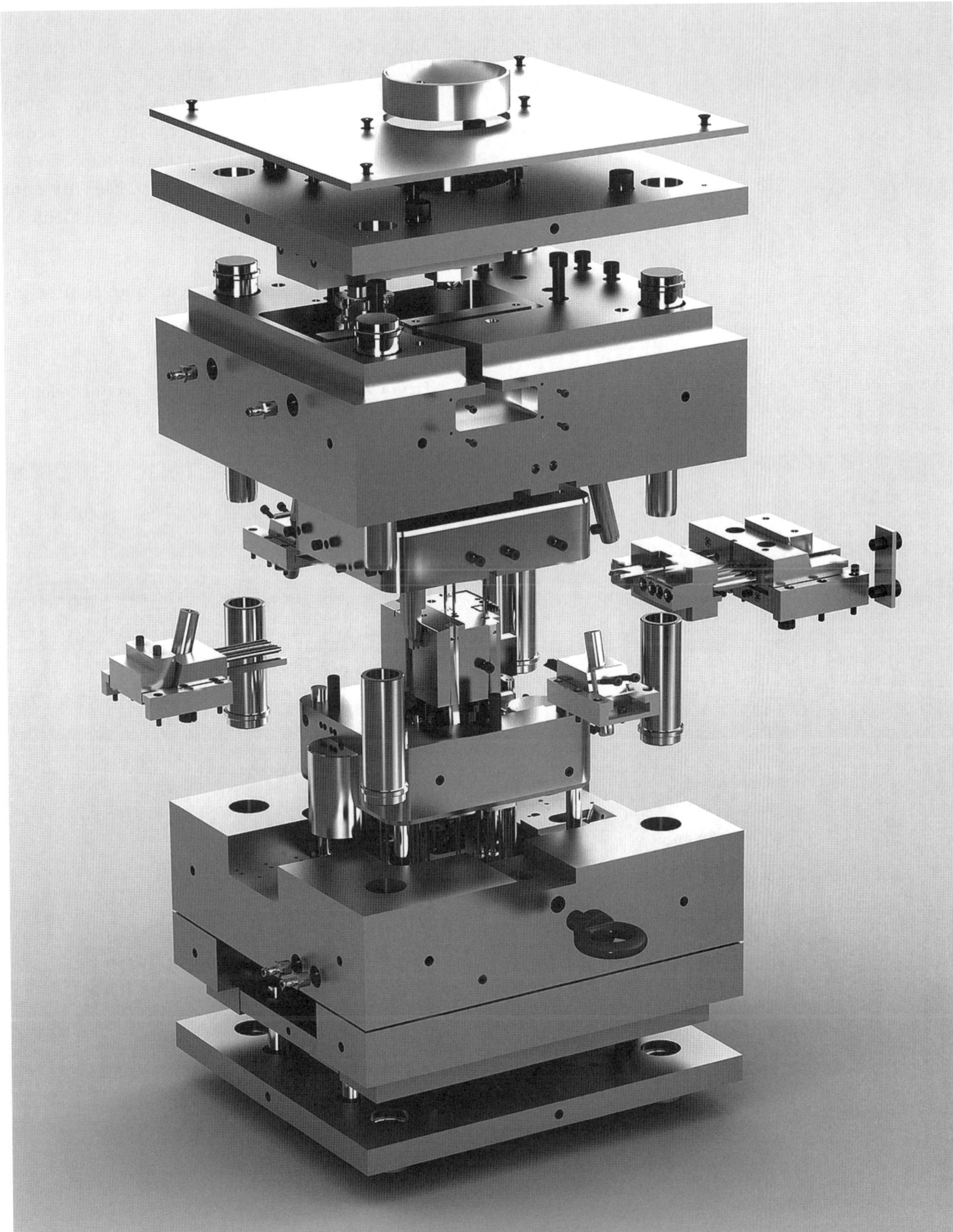

O *ferramental* é geralmente o item mais caro no processo de injeção. Quando do projeto de uma peça injetada, o *designer* deve levar em conta os ângulos de saída adequados, evitar cantos vivos e manter constante a espessura das paredes. As reentrâncias são o que causa mais problemas na moldagem. Postiços podem ser usados para que uma peça com reentrâncias possa ser retirada do molde, mas são caros e há uma demanda maior de tempo com o seu uso. Eles atrasam o tempo de ciclo e no final demandarão manutenção ou substituição quando desgastarem.

Outras partes da ferramenta são a placa de extração que, com os pinos, ejeta a peça. Isso é feito o mais rapidamente possível para liberar o molde para o próximo ciclo.

Figura 9.29 Máquina injetora com a ferramenta na posição aberta (cortesia Husky)

Figura 9.30 Página oposta: Robot de sucção endeffector removendo uma tigela da matriz de injeção (cortesia SAMU Dies Company)

SAMU DIES C

Extrusão

Na *extrusão*, grânulos são colocados em um tambor onde são derretidos pela ação de resistências elétricas de aquecimento e pelo atrito interno do tambor criado pela movimentação de uma rosca de alimentação. À medida que gira, mistura os grânulos com aditivos e força a mistura adiante através de uma matriz ou fieira, criando uma forma contínua. Assim que a forma extrudada sai da ferramenta, é resfriada por ar ou passa por um canal de água e, como nos metais, pode ser enrolada ou endireitada e cortada em comprimentos definidos. O ferramental normalmente não é caro.

Quase todos os polímeros, assim com os elastômeros, podem ser extrudados. Formas típicas são barras cheias, canais, tubos e outros perfis, esquadrias, batentes de porta e outros componentes arquitetônicos. Chapas e filmes podem também ser extrudados. Peças típicas em elastômeros são selos de portas e janelas e laterais de para-choques. Fios e cabos elétricos são um caso especial de extrusão, em que o fio passa pelo interior da matriz e é combinado com o plástico estrudado.

Figura 9.31 Revestimento de fio

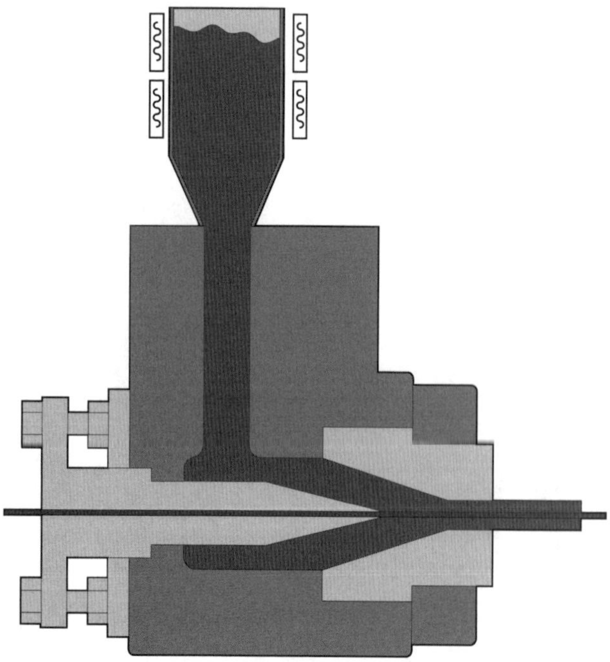

Figura 9.32 Calandragem

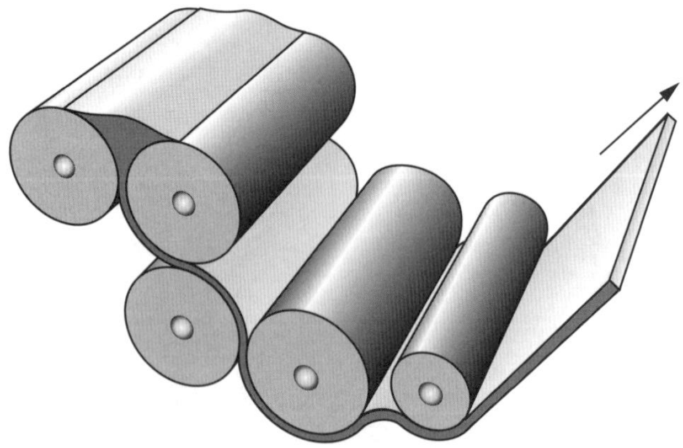

Calandragem

Na *calandragem*, uma massa plástica aquecida passa por uma série de rolos aquecidos e, depois, é retirada na forma de folha. Folhas de plástico são geralmente conformadas por calandragem. Cortinas de banheiro e peças semelhantes em folha de plástico são geralmente fabricadas por este processo.

Figura 9.33 Folhas de plástico transformaram as plantações e cobrem muitos campos como este em Busan, Coreia do Sul.

Figura 9-34 Conformação em estado plástico

9.2 Conformação em Estado Plástico

Espuma de poliestireno expansível (PS)

A *espuma de poliestireno expansível (PS)* é usada para produzir produtos descartáveis para servir alimentos, tais como copos e embalagens, e produtos como boias salva-vidas e pequenas embarcações que podem ser descartados, assim como pranchas de surf e coletes salva-vidas. Blocos de isolamento e peças conformadas de embalagem para proteger produtos caros e frágeis tais como eletrônicos, computadores e componentes de áudio formam outro grande mercado para espuma descartável de PS. Outros usos para este produto, mas normalmente não vistos, são como isolante térmico em recipientes e caixas térmicas feitas por rotomoldagem e moldagem por sobro, além de esquadrias e batentes extrudados, produzindo núcleos com elevada relação rigidez/peso para produtos feitos em compósitos, como para-choques automotivos produzidos em extrusão com sopro, além de esquis e pranchas de surf.

Figura 9.35 Estrutura de embalagem em poliestireno expansível

Espumas descartáveis de PS são produzidas em um processo com duas etapas. Primeiro, partículas são expandidas por ação de calor de 20 a 40 vezes em relação ao tamanho original da resina, e a cor também é agregada. Em seguida, são despejadas em moldes de alumínio e cozidas em vapor sob pressões menores que 50 psi. Isso amolece as partículas ainda mais, as expandem e as fundem. O produto é uma célula fechada, com forma livre vazia de 80% a 95% de ar em volume. Pelo fato de as peças não serem de aparência complexa nem as pressões de moldagem elevadas, o custo do ferramental é baixo.

Figuras 9.36ab Estrutura em espuma de poliestireno expansível para capacetes. Aspectos externos e internos

Figura 9.37 Instrumento eletrônico conformado por pressão (cortesia Bally Design Inc.)

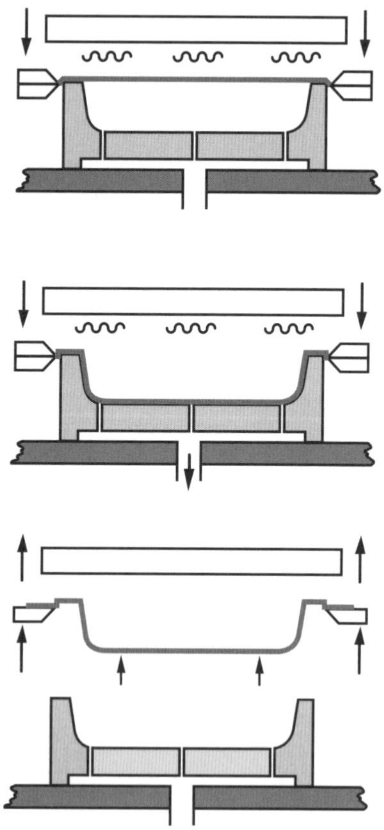

Figura 9.38 Processo de termoconformação

Termoconformação

A *termoconformação* usa calor e pressão para dar forma a chapas de termoplásticos. Neste processo se usa vácuo para "sugar" a peça aquecida até que fique totalmente em contato com as paredes do molde. Uma vez que as pressões são baixas, o ferramental é feito normalmente em madeira ou alumínio e é relativamente barato.

Peças grandes como placas de propaganda, revestimento de eletrodomésticos e refrigeradores, banheiras e boxes, além de painéis interiores de aeronaves são normalmente fabricados por conformação a vácuo (*vacuum forming*). Peças com produção em escala pequena ou limitada são também fabricadas usando este processo de baixo custo. É possível que no lado do molde a superfície sofra arranhões, assim, a ferramenta deve ser *projetada* com o lado acabado longe do molde. Chapas coloridas e com texturas podem reduzir o custo de acabamento, mas a peça deve ser feita a partir de chapas e deve-se tomar cuidado com arestas fresadas. Fresadoras automatizadas reduziram esse custo consideravelmente, além de melhorarem a precisão e a qualidade.

Uma variante desse processo é denominada *conformação por pressão*, em que a pressão do ar é usada para forçar a chapa contra um modelo ou molde, com ou sem assistência por vácuo. Enquanto peças de qualidade razoavelmente boa podem ser obtidas, boas tolerâncias, encolhimento, empenamento, espessuras não uniformes e detalhes na superfície podem ser problemas. Os custos do molde para conformação por pressão são ligeiramente maiores que na conformação a vácuo. Madeira não pode ser usada em razão da alta pressão. Todas as outras características da conformação por pressão são semelhantes às do processo a vácuo; entretanto, a pressão permite características e detalhes mais definidos. Se adequadamente projetada, a conformação por pressão pode competir com sucesso com outros processos mais caros como a injeção, especialmente se os volumes de produção forem baixos.

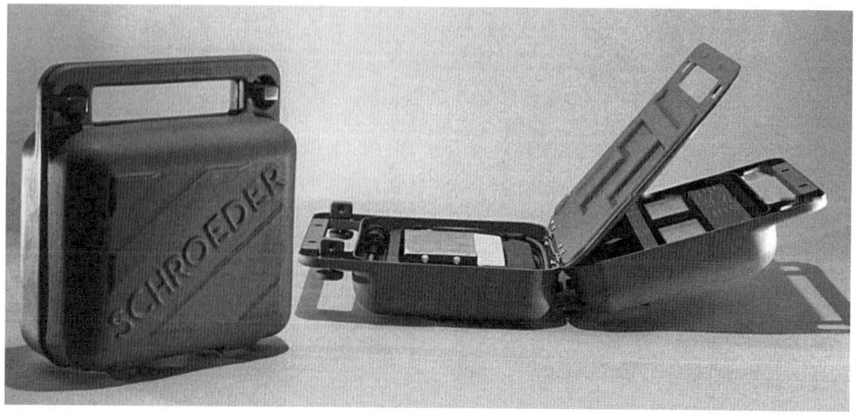

Figura 9.39 Estojo conformado a vácuo (cortesia Bally Design Inc.)

Moldagem por sopro

Figura 9.40 Embalagem em HDPE moldada por injeção e sopro (o aspersor é feito por injeção)

A *moldagem por injeção e sopro* é usada para produzir garrafas de leite e bebidas, bem como outros recipientes para as indústrias de cosméticos e fármacos, além de recipientes de uso industrial. Um dos maiores usuários são as indústrias de bebidas gaseificadas. As primeiras embalagens foram um fracasso, pois permitiam o escape do gás através do plástico e porque havia uma fraqueza estrutural inerente. Os problemas foram solucionados com o desenvolvimento de uma estrutura com múltiplas camadas de vários materiais que formavam uma série de barreiras e satisfaziam uma série de demandas singulares desses recipientes. A camada interior funciona como barreira impermeável para impedir ou reduzir bastante a perda do gás e proteger o aroma e o sabor. A camada externa confere resistência aos rasgos, permite que se imprima o rótulo e também pode ser preenchida com líquidos quentes. Mudanças no projeto estrutural melhoraram a capacidade de os recipientes resistirem a impactos e outros abusos no manuseio.

A injeção com sopro é um processo em duas etapas em uma máquina com três estações. Primeiro, uma peça semelhante a um tubo de ensaio é fabricada em um processo comum de injeção, normalmente com a rosca e outras características. A peça segue para a próxima estação com a ferramenta de soprar. Ar quente é injetado nela, que se expande e preenche a cavidade do molde. Na última estação, a peça acabada é retirada.

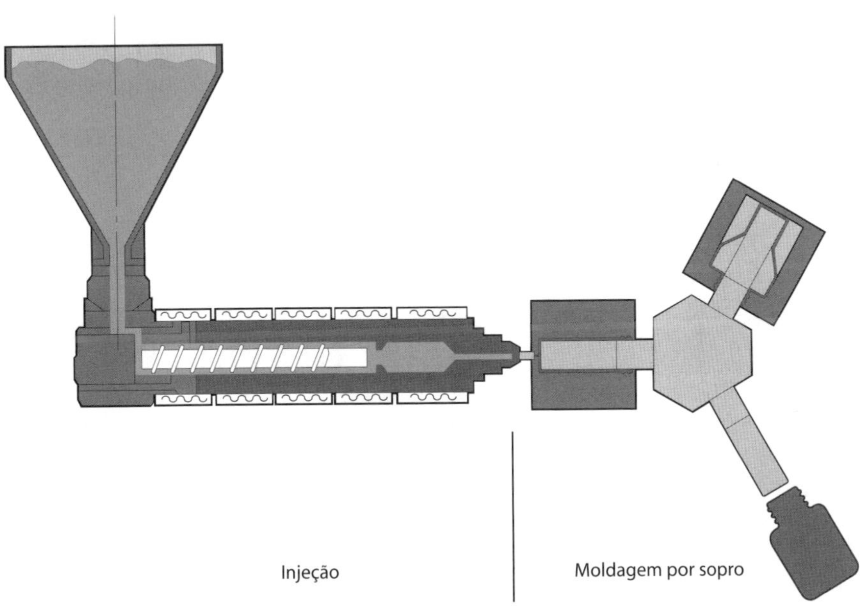

Figura 9.41 Processo de moldagem por injeção e sopro

Processo de extrusão com sopro

Produtos típicos do *processo de extrusão com sopro* são estojos de paredes duplas, de pequenos a grandes, para ferramentas e outras máquinas, grandes recipientes para produtos químicos e detergentes líquidos e em pó; formas ocas muito grandes, tais como para-choques de carro e pisos para carroceria de caminhão. Outras aplicações são tubos corrugados que são feitos em processo contínuo no qual o tubo é extrudado horizontalmente e soprado em moldes móveis. Moldagem em camadas múltiplas envolve o uso de tubos coextruturados, permitindo a formação de estruturas multicamadas.

Na extrusão com sopro, um tubo é extrudado normalmente. Em seguida, é fixado em uma ferramenta com cavidade muito maior que o diâmetro do tubo. É soprado ar no interior do tubo, que preenche a cavidade do molde. O sopro é feito normalmente com pressão de 50 a 100 psi. As metades do molde fecham-se ao redor do tubo, selando as duas extremidades (geralmente destacando o tubo). A peça é em seguida resfriada, as duas metades são separadas e a peça é ejetada.

O processo de extrusão com sopro oferece muitas oportunidades singulares para criar características em peças, tais como nervuras de apoio, conferindo à peça resistência excepcional. Dobradiças integradas e alças conformadas na linha de divisão reduzem o custo de montagem e aumentam a resistência. No projeto de peças automotivas, as formas ocas criadas por este processo permitem passagem de ar e de cabos no projeto do painel e excelentes relações peso/resistência nos para-choques dianteiro e traseiro. Estes são muitas vezes preenchidos com espuma para resistência adicional. Uma característica singular de para-choques moldados por este processo é que eles retornam à sua forma original após impacto, normalmente apresentando pouco ou nenhum dano.

Figura 9.42 Sequência da moldagem por extrusão com sopro

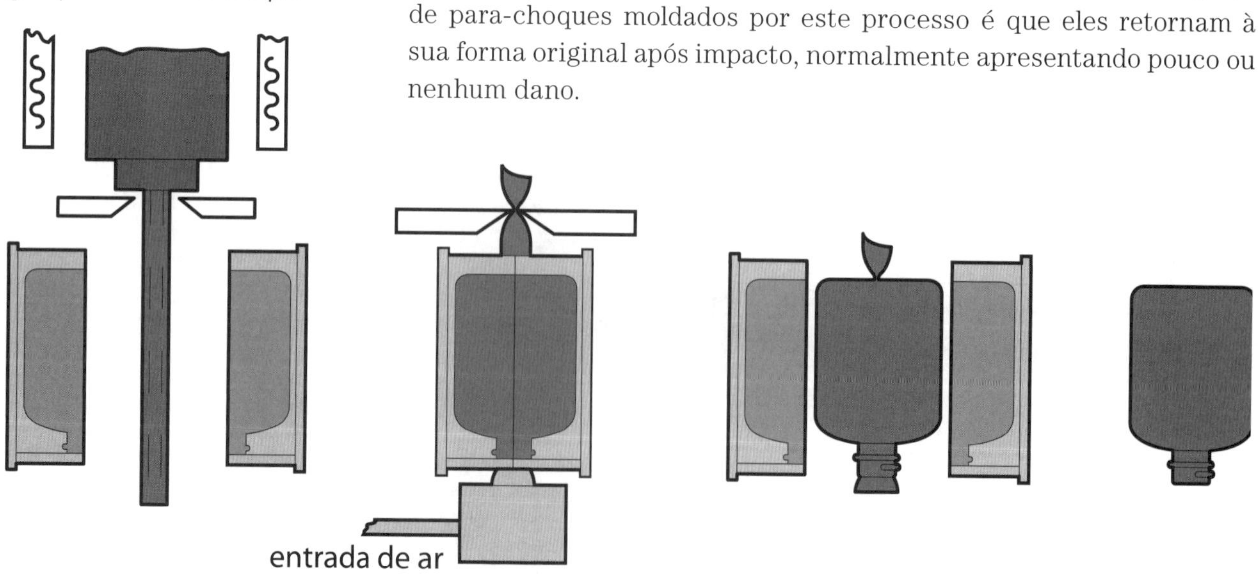

O processo é relativamente rápido quando comparado a outros processos concorrentes tais como a rotomoldagem. Outras alternativas possíveis com este processo são os insertos moldados e a capacidade de dar forma a todas as partes de um produto que depois são separadas, normalmente por centros de usinagem robotizados.

Figura 9.44 Peças moldadas por extrusão e sopro

Figura 9.43 Sistema modular de armazenagem química feito em extrusão com sopro (cortesia Bally Design Inc.)

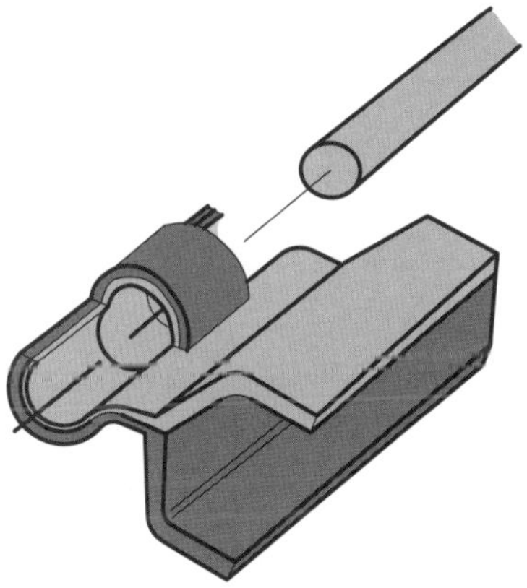

Figura 9.45 Detalhe de moldagem por extrusão com sopro: dobradiça (cortesia Pappago Plastics Inc.)

Figura 9.46 Detalhe de moldagem por extrusão com sopro: Nervura (cortesia Pappago Plastics Inc.)

Figura 9.47 Conformação em estado sólido

9.3 Conformação em Estado Sólido

A conformação a frio e a conformação em estado sólido são processos que usam equipamentos projetados para conformar metais. Eles também podem ser usados para conformar termoplásticos tais como o polipropileno, policarbonato, ABS e PVC rígido. Esses materiais devem ser dúcteis em temperatura ambiente para realizar processos tais como laminação, embutimento, extrusão, forjamento em matriz fechada e cunhagem.

As vantagens da conformação de plásticos a frio em relação a outros métodos de conformação são:

- Resistência, tenacidade e alongamento uniforme
- Materiais com elevado peso molecular são empregados para fabricar peças com propriedades superiores
- Velocidades de conformação não são afetadas pela espessura da peça desde que não ocorra aquecimento ou resfriamento
- Tempos de ciclo são normalmente mais curtos que em outros processos de moldagem
- Forças de conformação e recuperação são menores

Usinagem de plásticos

10

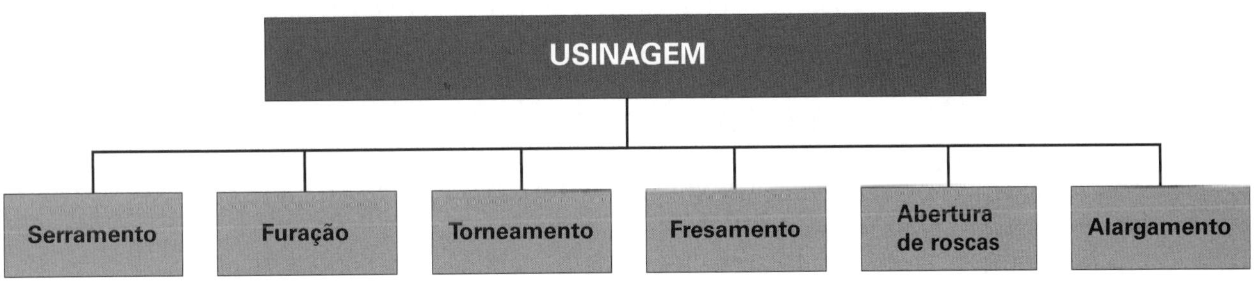

Figura 10.1 Classificação de usinagem

As informações e desenhos nos Capítulos 10, 11 e 12 têm como base dados do Plastic Specification Handbook *(Manual de Especificação de Plásticos) da GE Plastics. As reproduções têm a permissão da empresa.*

A usinagem de peças plásticas é econômica quando a quantidade necessária é tão baixa que o custo do ferramental de moldar é demasiado alto ou quando a peça precise ser modificada de tempos em tempos e, assim, a moldagem não seria a melhor escolha. A peça pode precisar de usinagem para não ter ângulos de saída ou porque os requisitos de tolerância não podem ser satisfeitos de modo econômico pelos processos de moldagem. Algumas resinas são difíceis de dar forma pelos métodos tradicionais de manufatura. Estas são algumas das razões pelas quais a usinagem pode passar a ser a melhor solução para dar forma a uma determinada peça em particular. Novos centros de usinagem controlados por computador podem agora competir com muitos processos padronizados de conformação, tornando-os viáveis como métodos de produção. No passado, era preciso aceitar o custo elevado e a lenta cadência de produção da usinagem padrão.

Usinagem

Partes feitas com a maioria das resinas podem ser facilmente usinadas com ferramentas padrão de aço rápido para trabalho com metais. Ferramentas com ponta de carbeto são recomendadas para produção de grandes volumes e, em particular, para resinas reforçadas com fibras de vidro. É importante verificar com o fornecedor da resina as condições específicas de usinagem. Os folhetos de informação técnica irão conter os dados básicos.

Serragem

Serras comuns de fita, circulares e manuais podem ser usadas com a maioria das resinas. A melhor superfície é obtida com serra de fita cuja lâmina contém de 10 a 18 dentes por polegadas.

Furação

Brocas padrão com ângulo de ataque de 5° e um ângulo de ponta de 118° irão funcionar bem com a maioria das resinas. É importante afiar as brocas para manter a qualidade das peças usinadas.

Torneamento e furação em torno

Ferramentas com aresta de corte único em aço rápido e ângulo de ataque de 15° são recomendadas para operações normais de torneamento. Se ferramentas com ponta de carbetos forem usadas em produção de grandes volumes, o ângulo de ataque deverá ser um pouco menor. Velocidades de corte de 38 a 63,5 m/min são recomendadas para cortes com profundidade de 10 a 100 mm. A velocidade de avanço deve ser ajustada para obter o acabamento desejado.

Fresamento

Fresas verticais e circulares podem ser usadas com a maioria das resinas. Fresas padrão com 4 arestas e ângulo de ataque de 15° devem produzir bons resultados. A velocidade elevada de avanço é geralmente recomendada para evitar que ocorram derretimento e adesão dos cavacos.

Abertura de roscas

Jogos de machos concêntricos em aço rápido são sugeridos para a abertura de roscas. Aqueles com duas entradas são sugeridos para furos com até 3,2 mm de diâmetro, enquanto as ferramentas com quatro entradas são recomendadas para furos maiores. Os ângulos de ataque devem ser de 10° a 15°.

O alargamento pode ser realizado com ferramentas convencionais de alta velocidade. Alargadores com entradas helicoidais dão melhores resultados, mas aqueles com entradas retas geram resultados satisfatórios. São sugeridas velocidades da ordem de dois terços do que é usado na furação.

Figura 10.2 Usinagem de plásticos

Figura 10.3 Modelo grande em acrílico para uma ferramenta de injeção

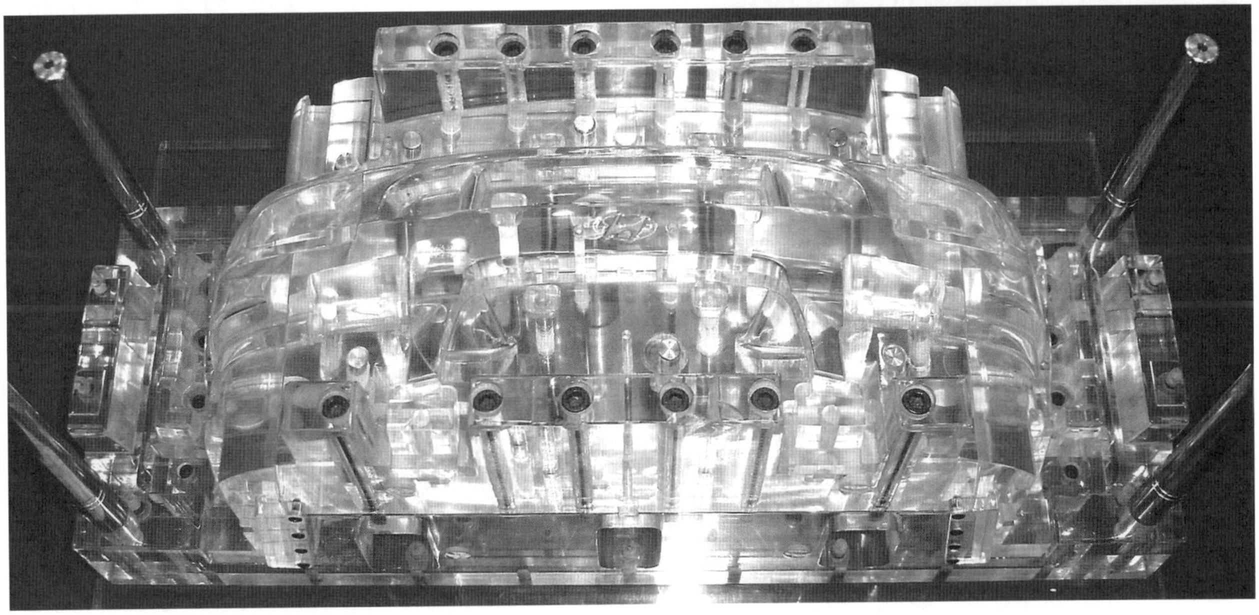

11 União de plásticos

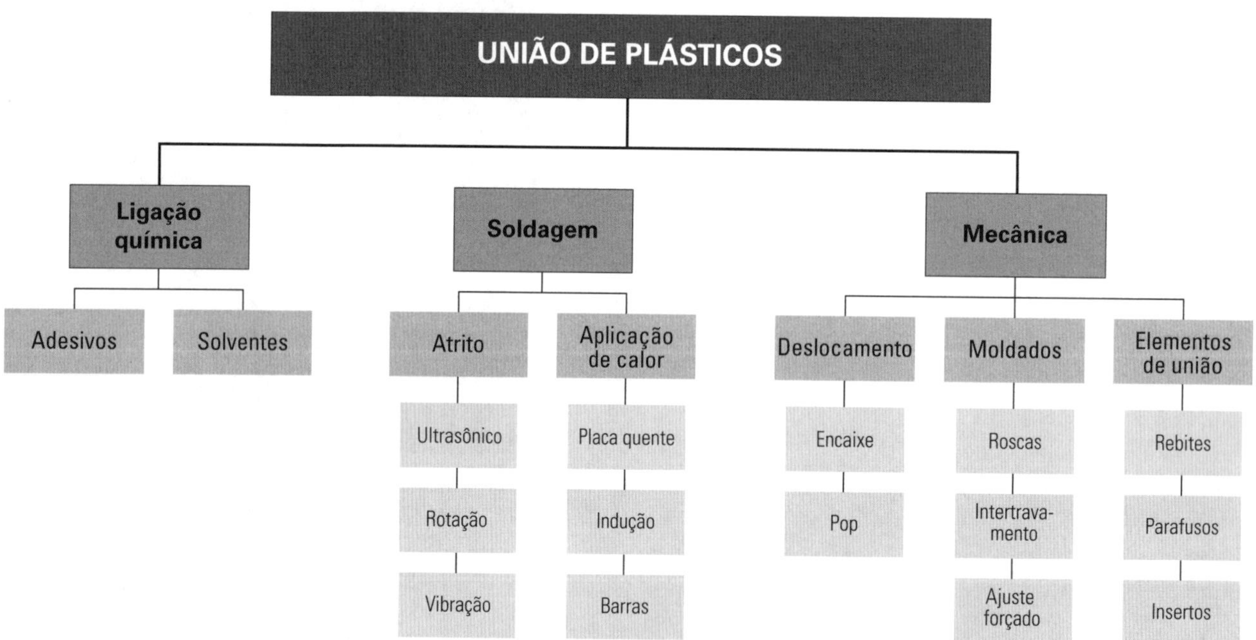

Figura 11.1 União de plásticos

Peças e formas em plástico podem ser coladas umas às outras, bem como a materiais dissimilares usando-se uma variedade de adesivos disponíveis comercialmente. Uma vez que a união por adesivos envolve a aplicação de uma substância química diferente entre as duas peças, o ambiente de uso da peça será de extrema importância na escolha do adesivo. Temperaturas de operação, ambientes, aparência da junção, forma da unidade, propriedades físicas, instalações de produção, custos de equipamentos e volumes de produção devem todos ser considerados. Adesivos à base de epóxi e acrílico são comuns e recomendados devido à sua versátil linha de produtos e velocidade de cura.

Fatores que devem ser considerados na seleção de um adesivo:

- A temperatura de cura do adesivo não deve ultrapassar a temperatura de deflexão.
- Adesivos que não tiveram a compatibilidade testada devem ser evitados ou finalmente testados.
- Teste de compatibilidade para adesivos devem considerar as condições operacionais de tensão e temperatura.

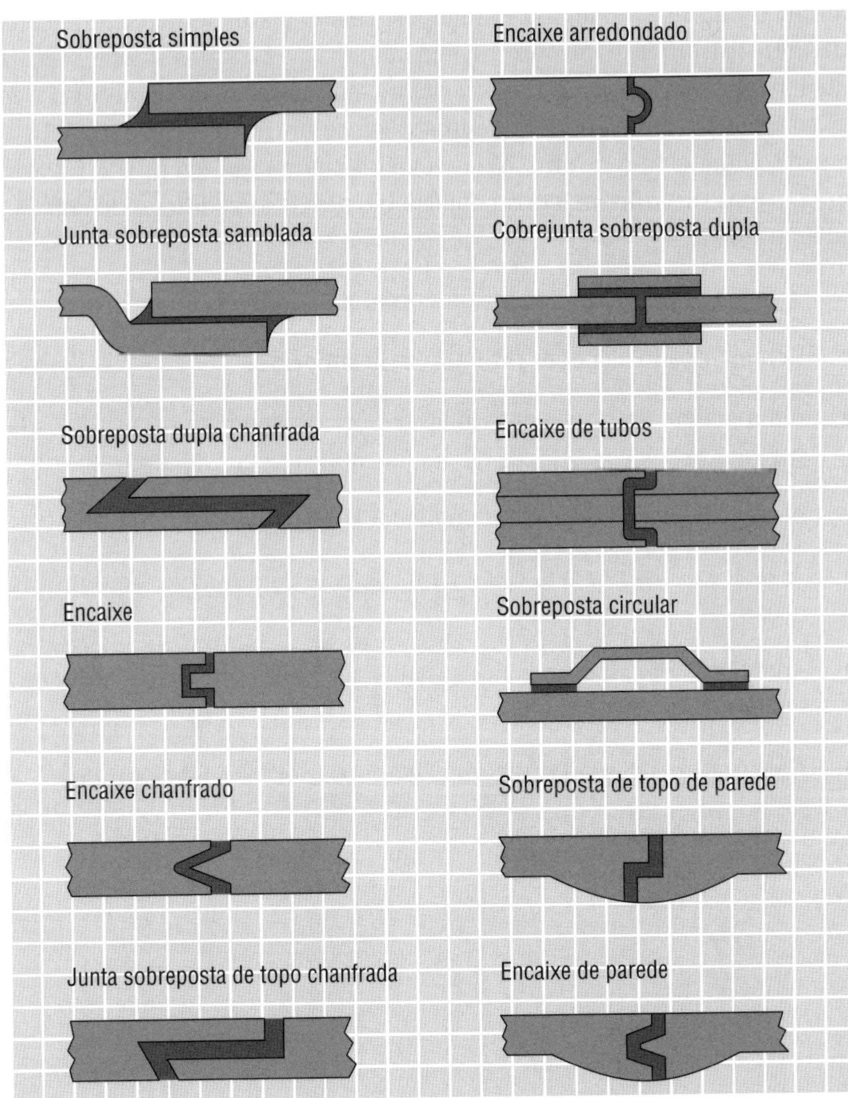

Figura 11.2 Projetos de junções para uniões com solventes e adesivos

- Testes de resistência da união devem ser realizados com corpos de provas apropriados (por exemplo, impacto, cisalhamento, destacamento).

Com a exceção da pressão de retenção e ciclo de cura, os processos de união usados para solventes também podem ser usados para adesivos. Certifique-se de que as superfícies das peças estão livres de sujeira, graxa, poeira, óleo ou agentes de desmoldar. A superfície da peça deve ser lixada ou atacada com ácido crômico antes da união, para que se tenha máxima resistência. Para garantir que não haverá desalinhamento durante o ciclo de cura, aplique apenas uma leve pressão com os dedos. Siga os tempos de cura e temperaturas definidos pelo fabricante do adesivo.

Na colagem por solventes (também chamada de soldagem), um agente químico dissolve a camada externa de resina o suficiente para permitir que seja unida com outras peças compatíveis. Após a evaporação do solvente uma ligação real é criada, sem material intermediário. A montagem adequada com solventes varia conforme a aplicação. A área a ser colada, o tipo de união e a velocidade de montagem são fatores que podem ser influenciados pela velocidade de evaporação do solvente empregado.

Os procedimentos para uniões de máxima resistência são:

- Remover todos os contaminantes da superfície
- A superfície da união deve passar por abrasão leve ou ser tratada com ácido
- Limpar pela segunda vez com álcool isopropílico
- Aplicar o solvente nas duas superfícies e rapidamente montar as peças
- Apertar as peças uma contra a outra assim que tenham sido montadas
- Manter uma pressão uniforme de aperto por 30 a 50 segundos

Soldagem por ultrassom

Na *soldagem por ultrassom*, uma ferramenta que vibra em frequência ultrassônica é colocada em contato com uma das peças que estão sendo montadas. Aplica-se uma pressão e é gerado calor por atrito à medida que a energia de vibração em alta frequência derrete uma saliência moldada na peça, em uma das superfícies que vão ser unidas. O material derretido de ambas as superfícies flui e solidifica quando o calor gerado pelas vibrações ultrassônicas cessa.

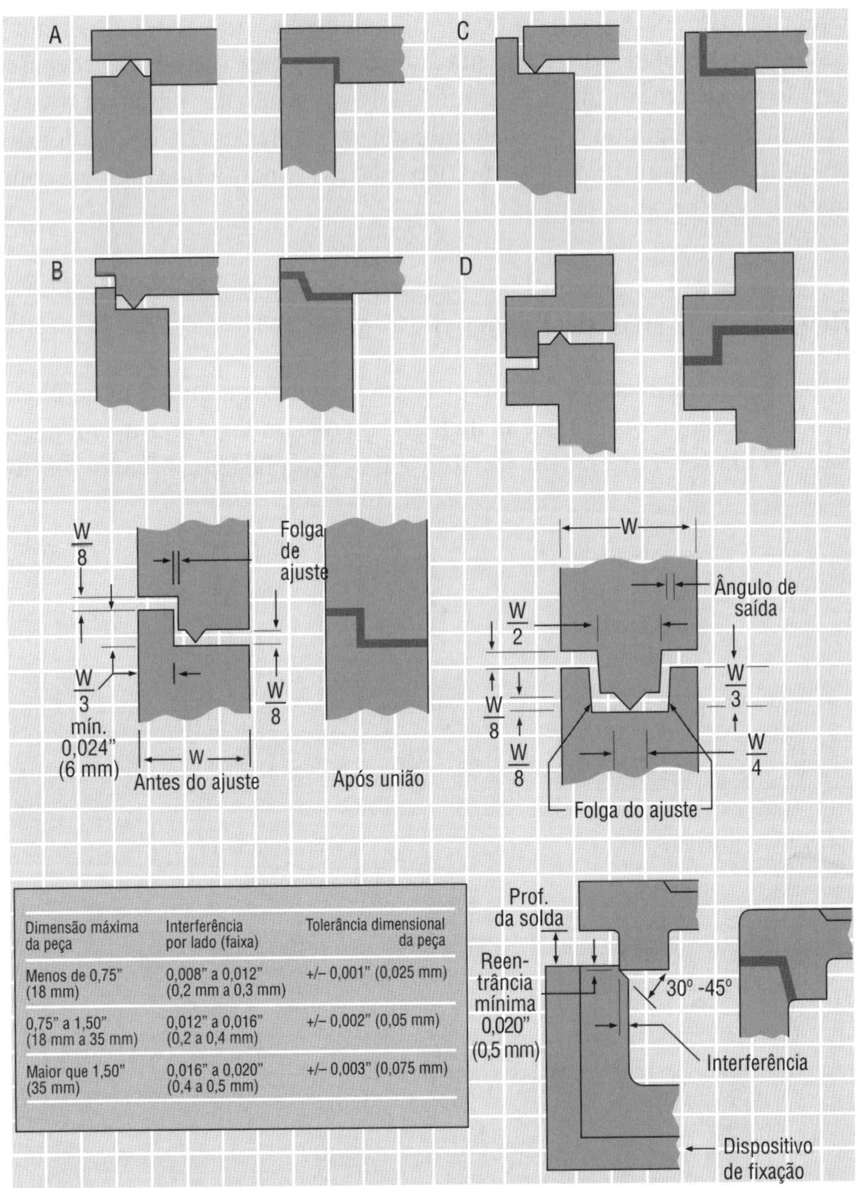

Dimensão máxima da peça	Interferência por lado (faixa)	Tolerância dimensional da peça
Menos de 0,75" (18 mm)	0,008" a 0,012" (0,2 mm a 0,3 mm)	+/- 0,001" (0,025 mm)
0,75" a 1,50" (18 mm a 35 mm)	0,012" a 0,016" (0,2 a 0,4 mm)	+/- 0,002" (0,05 mm)
Maior que 1,50" (35 mm)	0,016" a 0,020" (0,4 a 0,5 mm)	+/- 0,003" (0,075 mm)

Figura 11.3 Projetos de juntas soldadas por ultrassom

Resultados uniformes na produção são obtidos uma vez que a energia — transferida para a junta e liberada na forma de calor — é consistente, ocorre muito rapidamente e é confinada à região da junta. A montagem acabada de duas ou mais peças é forte, limpa e pode ser realizada consideravelmente mais rápido que com outros métodos. Projeto adequado das superfícies de união e a incorporação de um direcionador de energia ou junta de cisalhamento são necessários. Resistências de cisalhamento de até 3.000 psi podem ser obtidas na área de junção com o uso dessa técnica de montagem. Cada aplicação dita as condições específicas e os projetos que se devem seguir. O uso de um solvente comum pode ajudar a obter uma soldagem melhor com melhores resultados em certas resinas. A resistência da junção dependerá dos materiais usados e das condições de soldagens. As variedades reforçadas com fibras de vidro são mais difíceis de unir com esse processo devido à baixa quantidade de material de substrato na região da superfície da junta e também pela dificuldade de moldar um direcionador de energia. Entretanto, selos herméticos são geralmente inatingíveis com materiais reforçados com vidro.

Rebitagem por ultrassom

A maioria das aplicações desse processo envolve a montagem de plástico em metal ou outras peças de material dissimilar. Um furo na peça a ser unida receberá o pino existente na peça plástica. A barra vibra-

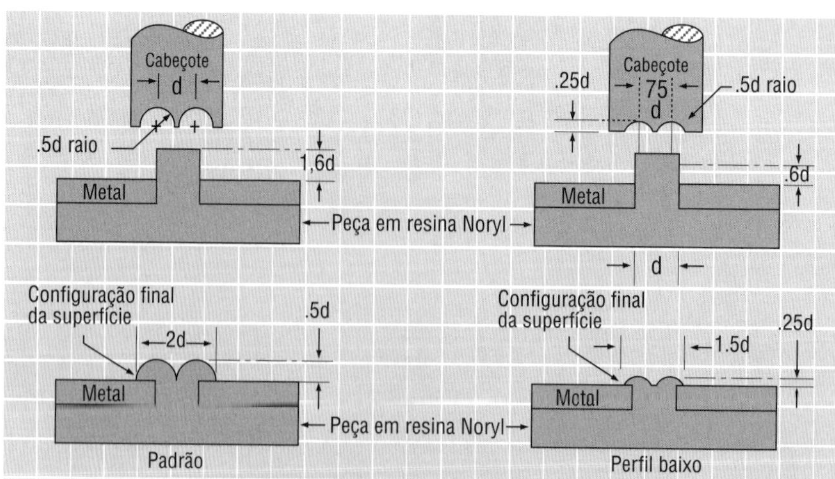

Forma da cabeça	Diâmetro do pino	Diâmetro da cabeça	Altura da cabeça	Diâmetro centro-centro	Altura do pino acima da peça antes da conf.
Padrão	d	2 d	0,5 d	d	1,6 d
Perfil baixo	d	1,5 d	0,25 d	0,75 d	0,6 d

Figura 11.4 Rebitagem por ultrassom

tória tem uma ponta com contorno especial que, quando colocada em contato com o pino, o derrete e o transforma em uma trava. O processo oferece muitas vantagens. Uma vez que frequência, pressão e tempo permanecem os mesmos em cada ciclo, o calor é gerado mais rapidamente e de forma mais consistente que quando aplicado com uma barra quente. Montagens apertadas são asseguradas, pois o pino derretido pode resfriar sob pressão, eliminando a memória do material. Com esse processo não há degradação do material plástico, uma vez que este é tornado fluido o bastante para escoar um pouco antes de atingir o ponto de fusão.

Montagem

Diferentemente de soldagem por ultrassom convencional, esse processo requer que vibrações fora de fase sejam geradas entre a barra e a superfície plástica. Pressão de contado inicial leve é um requisito para a atividade vibratória fora de fase em uma região limitada na área de contato. É o derretimento progressivo do plástico sob a ação contínua de uma pressão leve que formará a trava. As condições ideais do processo dependem do projeto da peça e da resina usada.

Soldagem com estampagem por ultrassom

A *soldagem com estampagem por ultrassom* é um processo que derrete e reconforma uma saliência em resina para encapsular mecanicamente outro componente de uma montagem.

Solda ponto ultrassônica

Ao vibrar em frequência ultrassônica, a ponta de prova atravessa o topo da chapa. O plástico derretido é conformado por uma cavidade radial na ponta e forma um anel regular na superfície. Simultaneamente, é liberada energia na interface das duas chapas, produzindo calor por atrito. À medida que a ponta penetra em direção à base da chapa, o plástico derretido deslocado escoa entre as chapas, na área preaquecida, e forma uma ligação molecular permanente. A solda a ponto substitui adesivos, rebites, grampos e elementos mecânicos de fixação. O processo tem sido usado na montagem de automóveis, veículos de todo terreno, motos de neve, *trailers*, mobiliário e em muitas outras peças grandes em plástico.

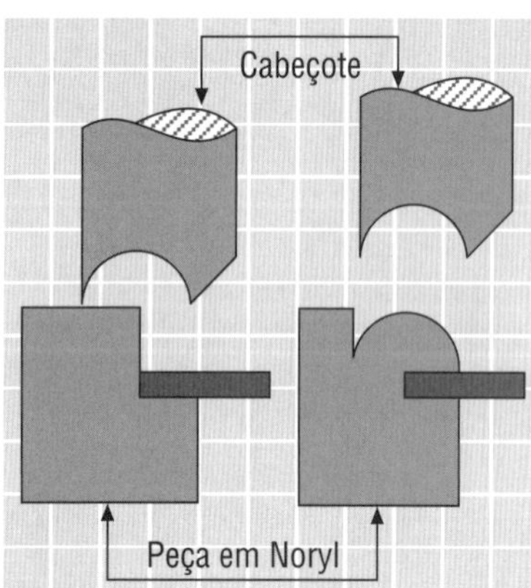

Figura 11.5 Soldagem com estampagem por ultrassom

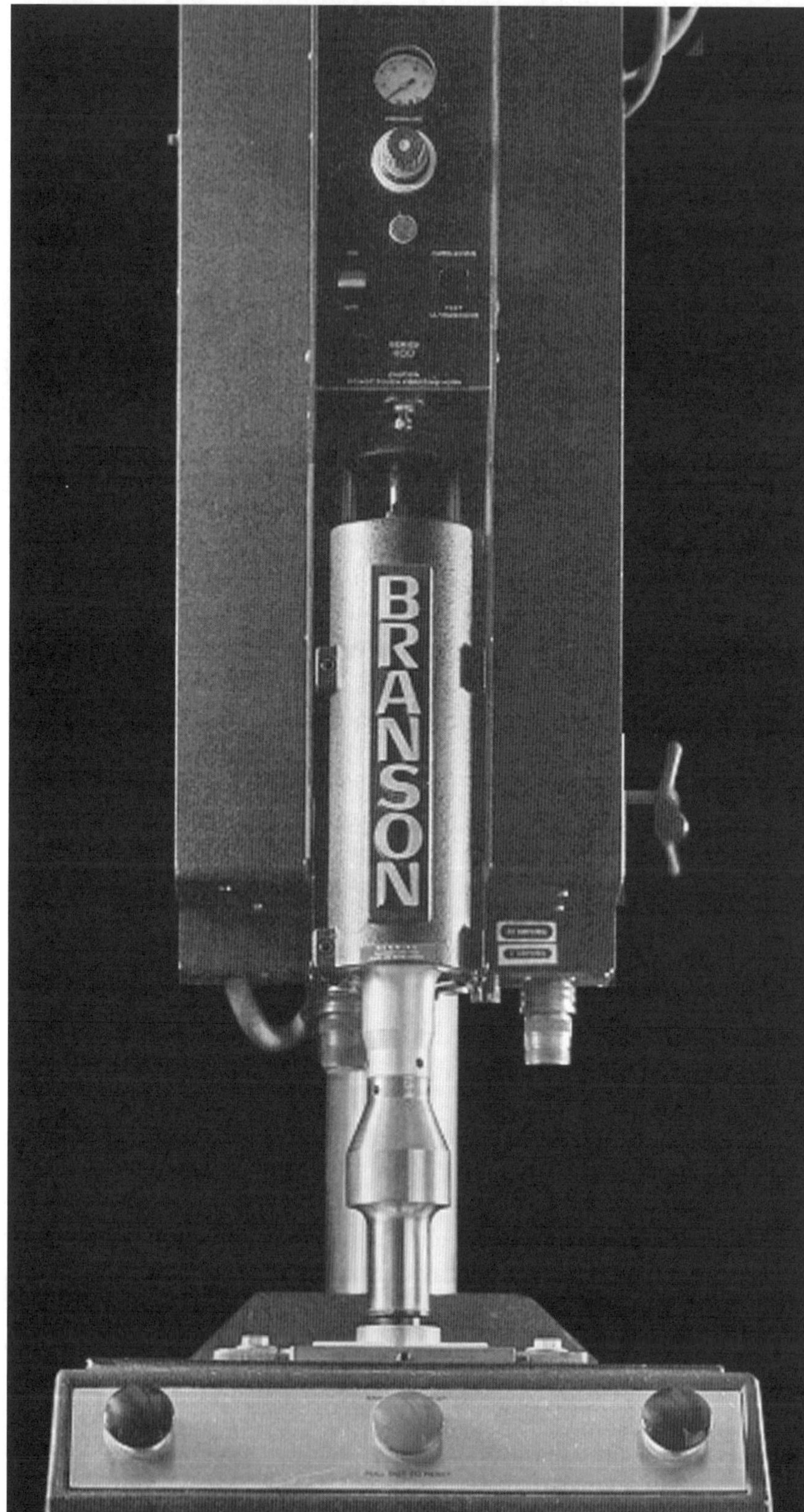

Figura 11.6 Máquina de ultrassom

Solda por rotação

Solda por rotação é o processo pelo qual duas peças redondas podem ser unidas sem o uso de adesivos, solventes ou calor externo. O processo de solda por rotação requer um tempo específico de rotação e um determinado tempo sem rotação, mas com pressão de retenção. As variáveis dependem do tipo de resina usada e do projeto da união. Condições típicas são velocidade periférica entre 1,2 e 1,5 metros por segundo e pressão de 300 a 400 psi.

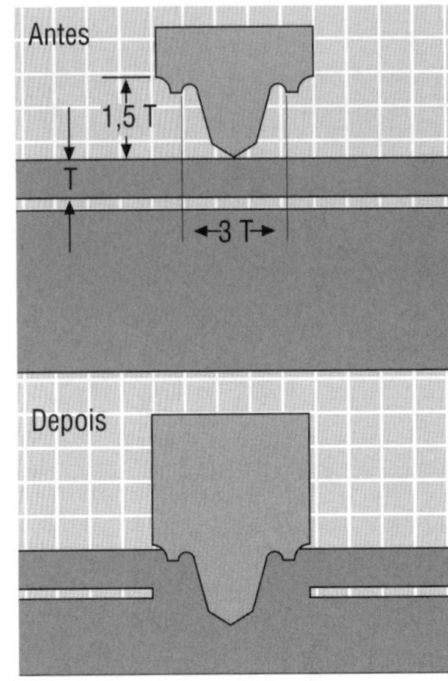

Figura 11.7 Solda por rotação

Soldagem ultrassônica

Resinas amorfas com larga faixa de temperaturas de fusão são melhores que resinas cristalinas.

Soldagem por indução

Metal ou partículas de metal encapsuladas são passadas em um campo magnético de alta frequência – processo de custo elevado, mais adequado para polipropileno, polietileno, estireno, ABS, poliéster e nylon.

Soldagem por vibração

Na *soldagem por vibração*, a seção inferior da peça é fixada enquanto a parte superior é vibrada em uma frequência de 120 Hz e com amplitude de 1 mm a 5 mm na direção horizontal. Esse método é capaz de produzir juntas fortes e estanques e abre caminho para possibilidades de designs novos e inovadores, especialmente na área de peças grandes e de formas irregulares.

Soldagem por fusão (chapa quente)

Peças podem ser unidas pelo uso de uma placa quente ou por *soldagem por fusão*. A técnica consiste em duas peças que se encaixam, colocando-se a área a ser unida de cada peça em uma placa quente, removendo-as da placa quente em seguida e, então, forçando uma contra a outra até que a união seja formada.

Soldagem por indução eletromagnética

Peças podem ser unidas por uma técnica conhecida como *soldagem por indução eletromagnética*. É gerado calor diretamente na interface por um campo magnético que atravessa os materiais a serem unidos. Com uma bobina convenientemente projetada, o campo magnético energiza partículas metálicas de tamanho submicroscópico, dispersas uniformemente no agente de união, produzindo o calor efetivo para formar a união.

Rebitagem por calor é outra técnica de montagem. Semelhante ao processo por ultrassom, mas com a cabeça conformada aquecida e com temperatura controlada. O equipamento pode ser fabricado em oficina ou adquirido e é relativamente barato.

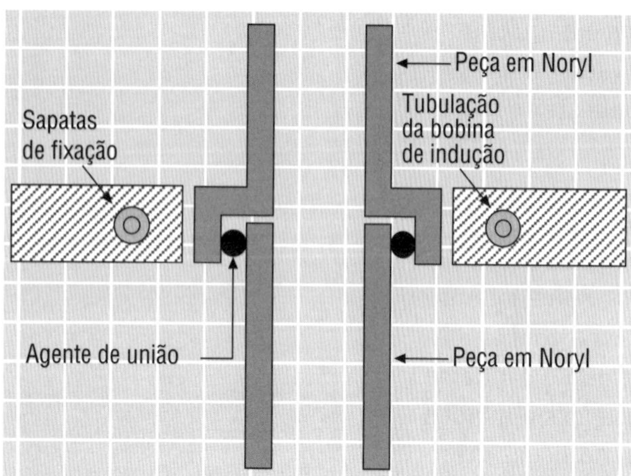

Figura 11.8 Soldagem por indução eletromagnética

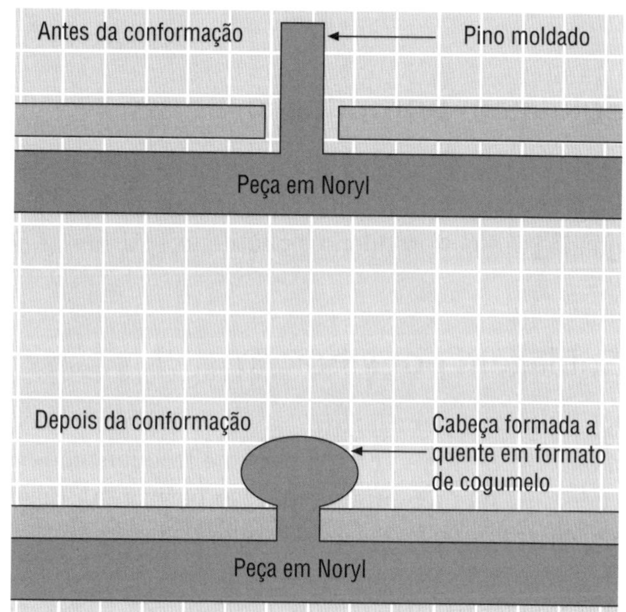

Figura 11.9 Rebitagem por calor

Montagem por encaixe

Um método que funciona bem para a maioria das resinas é a união por encaixes moldados. Uma vez que nenhum componente extra é necessário, as partes a serem unidas podem ser montadas rapidamente e de maneira econômica na linha de montagem ou no destino final.

As seguintes diretrizes devem ser observadas na criação de uma trava flexível:

- Não exceder o limite de deformação dinâmica.
- Após o encaixe ser realizado, a trava deverá estar sujeita a pouca ou nenhuma tensão.
- A localização do encaixe deverá ser projetada de modo que não existam cantos vivos, portas ou linhas de costura na trava flexível, o que poderia reduzir a vida.
- Uma montagem por encaixe é usada geralmente menos de dez vezes. Se um número de ciclos maior é esperado, pode ser preciso considerar a vida em fadiga e um limite inferior para a deformação poderá ser necessário. Consulte o grupo de marketing técnico em resinas para maiores informações.

Produtos com tampas ou coberturas são projetados normalmente com dobradiças e encaixes moldados. Essas tampas e carcaças podem ser facilmente projetadas para incorporar dobradiças e mecanismos de trava. Resinas limitadas são disponíveis para dobradiças ativas.

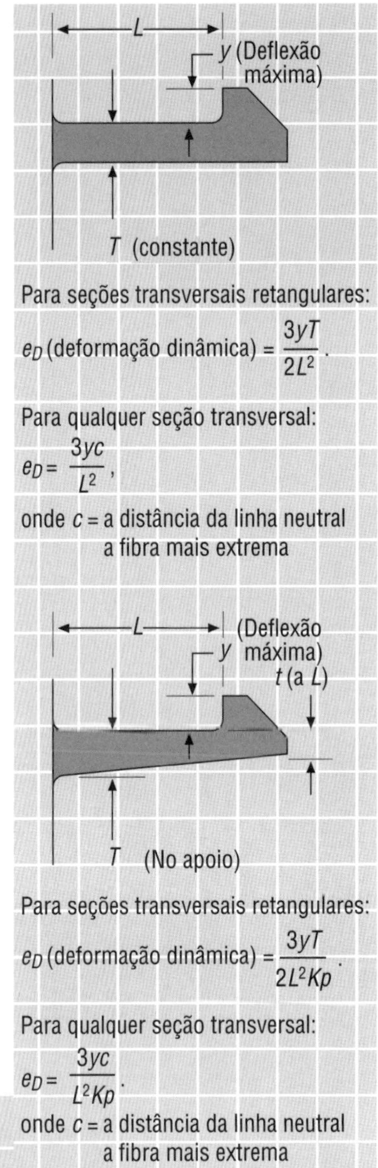

Figura 11.11 Fecho

Figura 11.10 Tipos de articulações

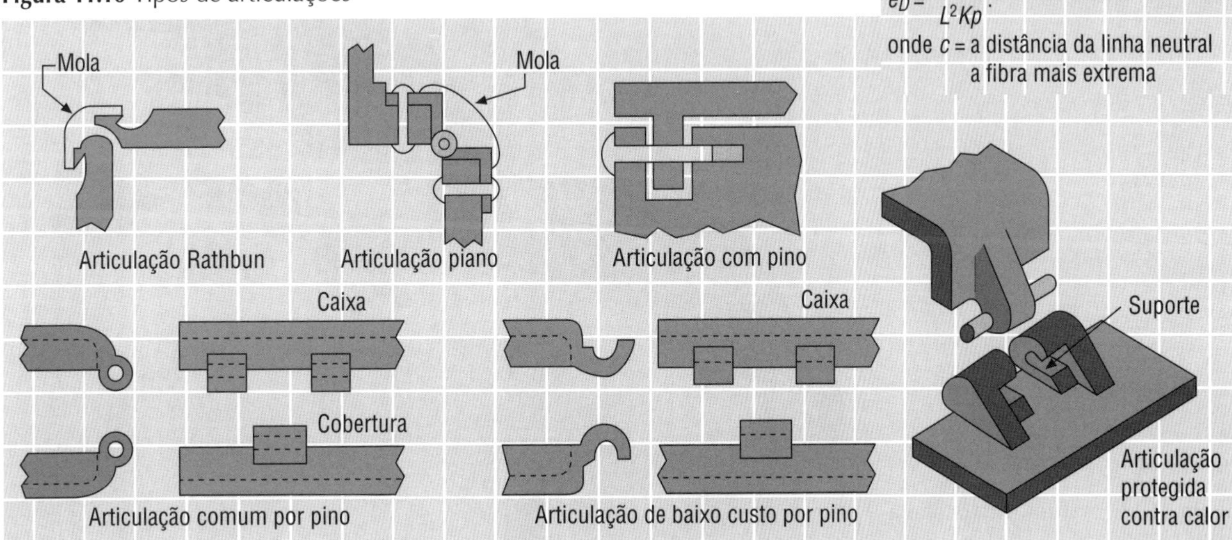

Elementos metálicos de união com rosca

Parafusos metálicos são usados comumente para montar peças ou para fixar vários componentes.

Montagens comuns por parafusos são:

- Por meio porca e parafuso — A parte metálica coloca a peça sob compressão entre o parafuso e a porca. As seguintes diretrizes devem ser observadas:
    - As peças em compressão não devem causar flexão ou distorção na peça moldada. A folga de ajuste deve ser grande o bastante apenas para permitir o ajuste.
    - Torques de montagem fora de controle com esse tipo de fixação podem causar forças excessivas de compressão nas partes moldadas. Se a tensão resultante de compressão for maior que a tensão recomendável de trabalho, ou o torque terá de ser reduzido ou as áreas sob compressão terão de ser aumentadas com uma cabeça maior do parafuso ou por meio de arruelas metálicas.
    - Como normalmente as áreas estão sob tensão moderada, lubrificantes, óleos, compostos para travamento de roscas e outras substâncias devem ser evitadas.

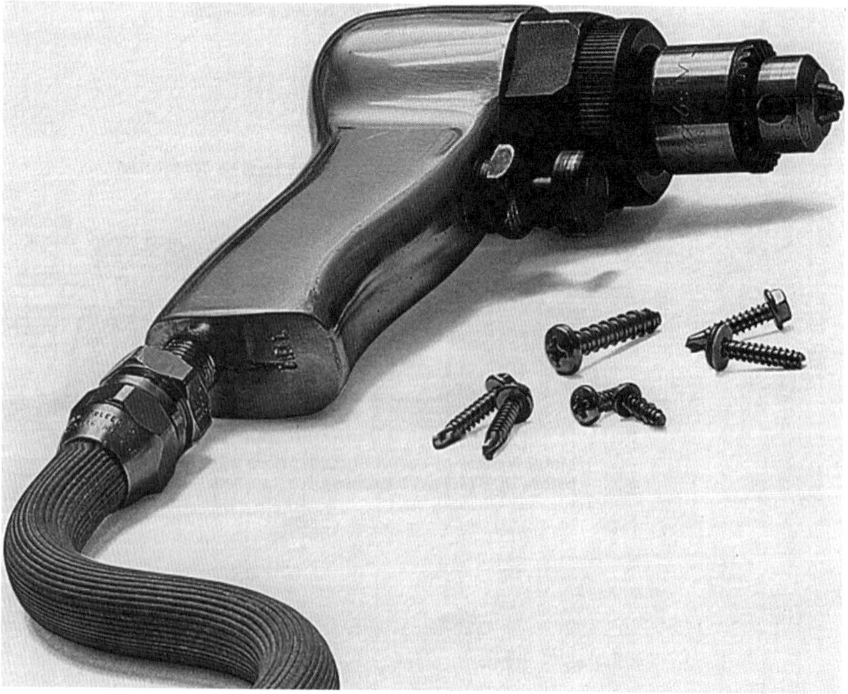

Figura 11.12 Parafusadeira pneumática

- Fixando a peça metálica — Semelhante a ter um parafuso passante com porca, e a compressão excessiva pode criar problemas. Se porcas maiores ou torques menores não puderem ser usados, uma porca ou arruela escalonada podem ser empregadas.

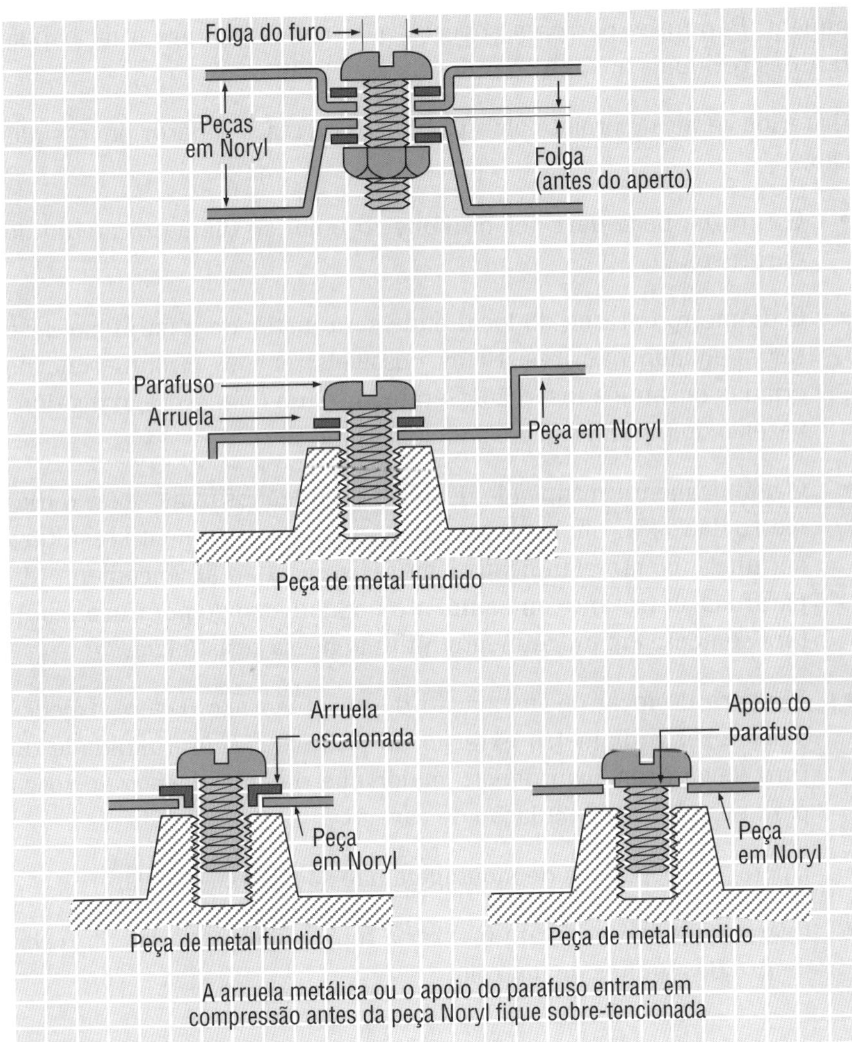

Figura 11.13 Montagens rosqueadas

Parafusos de rosca soberba

Existem dois tipos de parafusos de *rosca soberba*. Cada um possui vantagens e desvantagens. Quando se usam termoplásticos em peças injetadas, o uso deste tipo de parafuso, capaz de fazer a rosca na peça, é recomendado. Além de fazerem a própria rosca, estes parafusos possuem um fenda cortada na base para permitir que os cavacos se acumulem. Parafusos de rosca soberba oferecem a vantagem de baixas tensões residuais na área ao redor da aplicação.

Critérios gerais de projeto para parafusos de rosca soberba em resinas são:

- O furo na peça deve ter o diâmetro igual ao diâmetro médio do parafuso.
- O diâmetro externo do local onde será instalado o parafuso deve ser adequado para resistir às possíveis tensões circunferenciais criadas durante a inserção. Geralmente um diâmetro igual a duas vezes o do parafuso já é o suficiente.
- O comprimento rosqueado deve ser pelo menos duas vezes o diâmetro da rosca. Um ligeiro aumento nesse comprimento resultará em um aumento significativo na resistência ao arrancamento do parafuso, entretanto, um aumento no diâmetro do parafuso resultará somente em um aumento mínimo nessa resistência.
- A altura do local de instalação do parafuso não deverá exceder duas vezes o diâmetro externo do parafuso. A profundidade do furo deverá ser ligeiramente maior que o comprimento da rosca para permitir a acumulação de cavaco.
- Operações repetidas de montagem não são recomendadas.
- Usar torque mínimo para manter a tensão de montagem da rosca dentro dos limites do material.

Insertos ultrassônicos

Inserção ultrassônica é um método rápido e econômico de instalar insertos metálicos em peças moldadas. A técnica oferece um elevado grau de confiabilidade mecânica, com resistência ao arrancamento do inserto e torque de retenção excelentes, combinados com economia resultante do curto tempo de produção. Se a montagem for adequadamente *projetada*, a inserção ultrassônica resultará em menores tensões residuais em comparação às técnicas de insertos moldados ou prensados, pois o derretimento ocorre uniformemente e uma quantidade mínima de encolhimento térmico é envolvida.

Rebites

Deve-se ter cuidado ao *rebitar* peças em resina para evitar as elevadas tensões inerentes na maioria das técnicas de rebitar. Usar um rebite escalonado limita a quantidade de tensão imposta à peça. Rebites de alumínio também podem limitar a força que pode ser aplicada, uma vez que ele se deformará sob tensão maior.

Em geral, a cabeça do rebite deve ser de 2.5 a 3 vezes o diâmetro do fuste e a extremidade deformada do rebite deve ter uma arruela para evitar tensões locais elevadas. A folga ao redor do fuste deve permitir a fácil inserção, mas não pode ser tão grande a ponto de permitir o jogo entre as peças unidas.

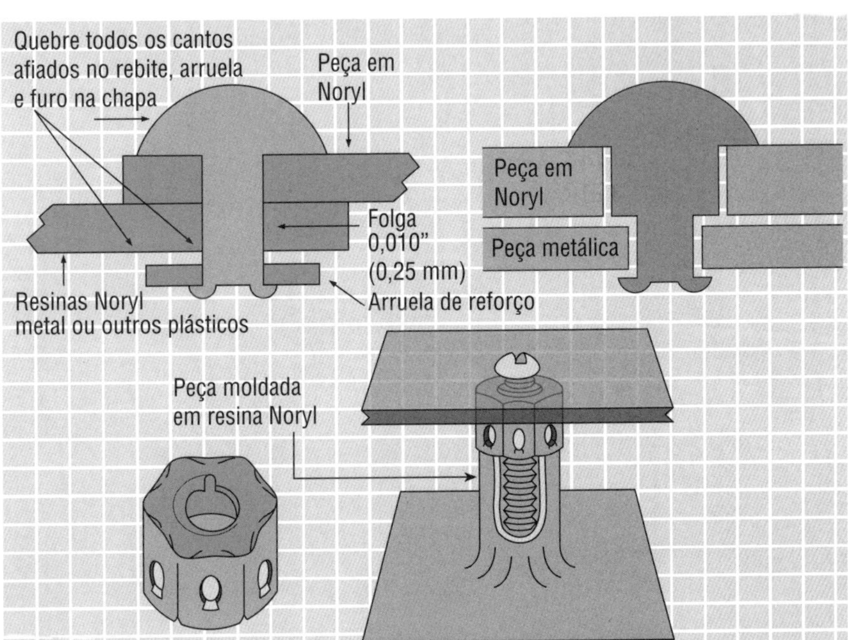

Figura 11.14 Rebite padrão, rebite escalonado e tampão

Tampões

São anilhas metálicas em formato de copo, pressionadas à mão contra saliências, ou ainda por um cilindro pneumático ou prensa de pequena capacidade. São projetados para reforçar essa saliência contra forças de expansão exercidas por parafusos de rosca soberba e funcionam bem com peças em resina para aplicações leves.

Figura 11.15 Porcas e tampões para materiais plásticos

12 Acabamento de plásticos

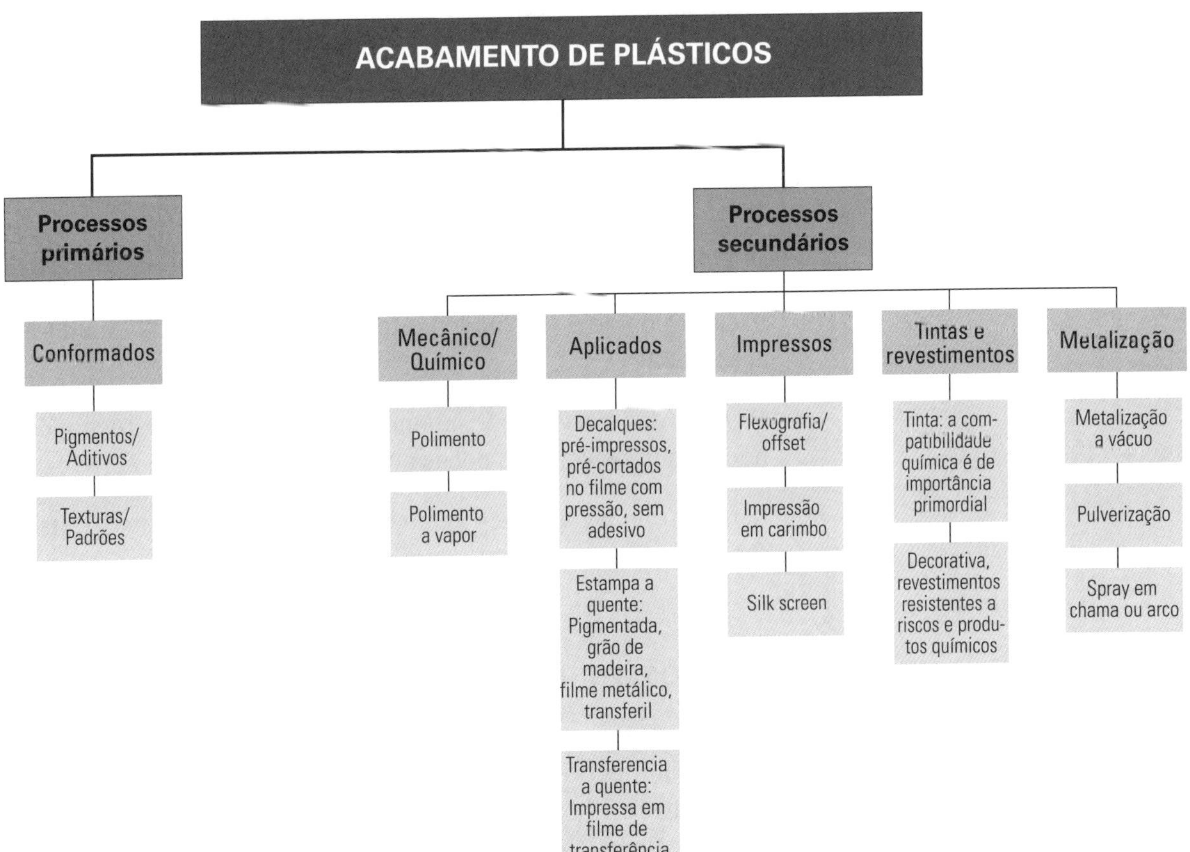

Figura 12.1 Acabamentos de plásticos

Acabamento de plásticos

Opções de acabamentos com fins estéticos e funcionais incluem: pintura, eletrodeposição, pulverização, metalização por vácuo, cobertura com vinil, *spray* por chama ou arco, estampa a quente, decalques e numerosas técnicas de impressão.

Revestimentos são usados para abrigar componentes eletrônicos sensíveis de radiação eletromagnética e para conferir proteção contra radiação ultravioleta. Ainda que o acabamento esteja entre os estágios finais da produção, a preocupação a respeito dele deve começar com o *projeto* da peça. A qualidade, durabilidade, compatibilidade ambiental da peça acabada dependem bastante de considerações iniciais de projeto. Se a peça necessitar de um acabamento particular ou de impressão, então é importante que o *designer* industrial discuta essas necessidades logo no início do projeto para garantir que a geometria da peça e a resina usada sejam adequadas para o acabamento desejado. Geralmente, peças fabricadas podem ser acabadas com polimento simples ou a vapor.

Os critérios de projeto necessários para acabamentos duráveis e de alta qualidade incluem:

- Ângulos de saída – para eliminar o uso de agentes que liberam a peça do molde e que podem afetar de modo adverso a adesão do acabamento.
- *Projeto* das nervuras e saliências – para eliminar rechupes que podem ser visíveis nas peças acabadas.
- Espessura das paredes e geometria da peça – para resistir às pressões de estampagem a quente.

Pigmentos/aditivos e texturas/padrões

A maioria das resinas, transparentes ou opacas, pode ser pigmentada para que sejam obtidas as peças moldadas coloridas. Texturas superficiais, de ultrabrilho ao fosco, além de uma série infinita de padrões, podem ser colocadas na moldagem com a alteração nas ferramentas. Texturas também são usadas para cobrir pequenos erros de moldagem, resistir a ambiente agressivo ou conferir uma superfície aderente, além de ajustar cor/textura de peças adjacentes compostas por materiais distintos.

Outros aditivos

Aditivos podem incrementar a resistência da peça ao intemperismo e ataque químicos e também ajudam a minimizar a degradação da cor comum à maioria das resinas expostas ao UV ou à luz fluorescente. Retardantes de chama e/ou eliminadores de fumaça podem melhorar sobremaneira a aceitação por entidade certificadora (UL) em aplicações críticas. Aditivos metálicos podem conferir condutividade elétrica necessária para proteção contra interferência por radiofrequência (RFI) ou interferência eletromagnética (EMI).

Padrões

A Mold-Tech é uma empresa bem estabelecida que se especializou em alterar ferramental metálico e plástico para conferir padrões e texturas que são moldados na peça final. A maioria das peças possui profundidade e, logo, ângulos de saída. A texturas levarão ao aumento desses ângulos. A regra básica é ângulo de saída de 1° a 1,5° para cada 0,001" (0,025 mm) de profundidade de textura, a serem adicionados aos ângulos originais. Como é usual nos ângulos de saída internos, as texturas internas podem demandar ângulos maiores. Muitos padrões normalizados estão disponíveis — mais de 10.000 — e podem ser alterados fotograficamente para criar uma variação singular. Quase todos os padrões podem ser fornecidos, mas o custo de padrões únicos pode ser elevado e pode ser demorado o processo de tentativa e erro até que se produza um novo padrão de sucesso. A Mold-tech sugeriu que uma boa fonte são os padrões Letratone da Letraset USA.

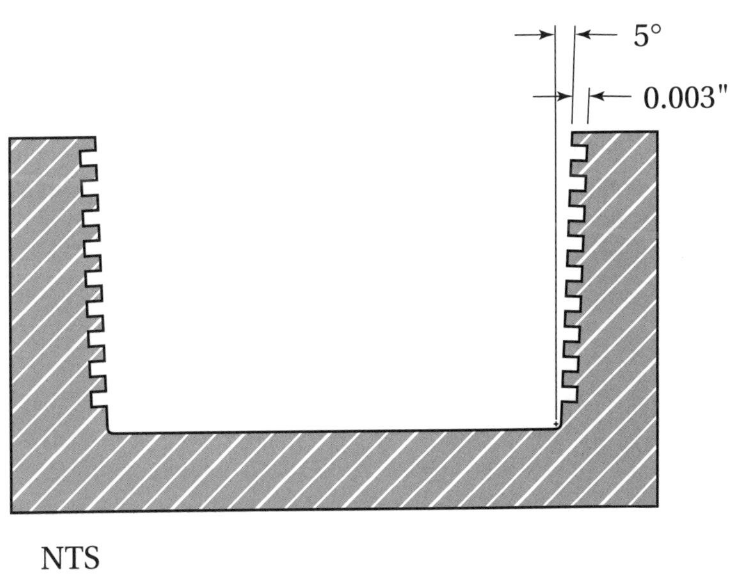

Figura 12.2 A regra prática para a profundidade de um padrão gravado na superfície da parede interna do molde é de 1° a 1,5° de ângulo de saída para cada 0,001" (0,025 mm) de profundidade da textura. Este ângulo deverá ser somado ao ângulo de saída original

Decais

Um *decal* é uma decoração pigmentada, impressa em uma peça pré-cortada de plástico transparente que contém, na parte posterior, um adesivo sensível a pressão, protegido por uma folha. Quando essa folha protetora é removida, o decal é facilmente aplicado na superfície do plástico. Decais são disponíveis em cores ilimitadas, *designs* e estilos, mas deve-se tomar cuidado na sua seleção para assegurar que o filme plástico e os adesivos usados sejam compatíveis com os requisitos do usuário final, particularmente em aplicações de alto impacto. Para a relação de materiais recomendados e fornecedores disponíveis consulte o Grupo de Serviços Técnicos do fornecedor de resina.

Estampa quente e decais quentes

Para efeitos decorativos selecionados, as estampas quentes oferecem economia excepcional. Durante o processo de estampa quente, motivos pigmentados ou metálicos, que estão entre duas camadas de um revestimento especial em uma fita, são transferidos para a peça usando uma ferramenta de estampar a quente. No projeto das peças, deve-se ter cuidado para que as paredes sejam grandes o suficiente de modo a resistir à pressão de estampagem. Áreas grandes podem ser impressas desde que sejam o mais planas quanto possível; além disso, todas as peças devem ser projetadas para que se evite o uso de agentes para desmoldar. Os moldes também devem ser polidos naquelas áreas onde a estampa quente será aplicada.

Quando um motivo tem que ser estampando sobre uma peça pintada, o sistema adequado de secagem é essencial. Não são necessárias máscaras especiais sobre a área pintada, uma vez que a estampagem quente aplica uma imagem permanente.

No processo de *transferência quente* um decal pré-impresso é aplicado na superfície da peça usando calor e pressão. Embora a transferência a quente seja mais cara que o *silk-screen* ou estampagem a quente, é possível obter uma cor melhor.

Impressão

Numerosas técnicas de impressão estão atualmente em uso para peças em resinas moldadas, incluindo:

- *Flexografia*. Um método econômico limitado pela forma a peças simples.
- *Autoroll padflex*. Considerações de custo usualmente limitam esse método a formas difíceis que não podem ser impressas por *silk-screen*.
- *Impressão em carimbo*. Recomendado para peças que demandem precisão do impresso.
- *Silk-screen*. De baixo custo, gera impressão de qualidade com boas propriedades físicas. O processo de silk-screen exerce somente uma pressão leve na peça durante a decoração. Entretanto, como é um sistema úmido, os motivos aplicados em *silk-screen* devem ser secados a cada cor aplicada. Uma vez que o registro de desenhos complicados é difícil, o processo é usualmente limitado a duas cores. A técnica de impressão selecionada comumente determinará o tipo de tinta a ser usado. O fornecedor de resina normalmente auxilia na escolha do processo correto e das tintas quimicamente compatíveis.

Figura 12.3 Decais e impressão em plástico

Escolhendo uma tinta

Uma variedade de tintas à base de alquídicos, uretano, poliéster, acrílico e epóxi foi usada com grande sucesso em muitas peças moldadas e fabricadas. A seleção de tintas para cada aplicação precisa considerar requisitos ambientais, funcionais e outros do usuário final, bem como o efeito estético desejado. Consulte a informação técnica da resina para as tintas recomendadas, com histórico de desempenho comprovado e técnica de pintura recomendada pelo fornecedor da resina, para obter uma gama de efeitos decorativos e funcionais. Além de conferir uma aparência superficial especial, muitas tintas melhoram a resistência da peça ao intemperismo e ataque químico. Revestimentos de tinta podem também ajudar a minimizar a degradação da cor comum à maioria das resinas quando expostas ao UV e à luz fluorescente.

Tintas com pigmentos metálicos conferem a condutividade elétrica necessária para proteger contra interferência de rádio (RFI) ou interferência eletromagnética (EMI). Revestimento por borrifo é uma das técnicas de fácil aplicação de texturas para esconder imperfeições menores de moldagem, bem como impressões digitais, riscos e outros sinais de uso diário.

Preparando a superfície

Compostos de desmoldar, inibidores de corrosão do molde, lubrificantes e óleos – mesmo sujeira e poeira comuns podem afetar a adesão da tinta e aparência da superfície. De modo a remover esses contaminantes de superfície, aplique na peça uma solução de água e detergente ou de solvente não agressivo (recomendado); álcool isopropílico, metanol ou hexano. Em aplicações mais críticas, um sistema automatizado de lavagem com pó alcalino pode ser usado.

Aplicação da tinta

Por ar, sem ar, eletrostático, aspersão em múltiplos componentes, cortina e revestimento por fluxo, transferência por carimbo, *silk-screen* – todos esses métodos foram empregados com grande sucesso. O método de aplicação a ser escolhido dependerá, obviamente, do tipo de tinta.

Na aspersão eletrostática de tintas, as peças são revestidas inicialmente com um primer condutor. Em seguida, a peça é aterrada e uma cobertura de tinta eletricamente carregada é aplicada. A atração elétrica da tinta com a peça elimina muito desperdício, 7% em relação às técnicas convencionais de aspersão.

Figura 12.4 Pintura por aspersão

Cura

Fornos de circulação de ar quente, fornos infravermelho e técnicas convencionais de secagem ao ar são todos métodos comuns de *curar* peças em resina pintada. A exposição à luz ultravioleta é um método rápido e eficiente do ponto de vista energético, mas as peças podem ter que ser revestidas com uma resina polimérica especial. Tempos e condições de cura para todas essas técnicas variarão de acordo com o projeto da peça, com a tinta e revestimento empregados. A temperatura de deflexão sob calor das resinas deve ser considerada antes do processo de secagem a quente. Peças que são relativamente livres de tensões e não possuem seções esbeltas podem ser aquecidas a temperaturas maiores que a de deflexão por curtos períodos de tempo.

Texturização e outras técnicas de acabamento

Uma série de técnicas de acabamento é usada para obter texturas, incluindo superfícies granuladas. Decais também podem ser usados para conferir à peça textos e formas em colorido brilhante.

Cobertura de vinil

Ao aderir vinil com verso de espuma ou compósitos de vinil a uma peça em resina, uma sensação de acolchoado é conseguida em quase todas as aplicações. O processo, chamado cobertura de vinil, é surpreendentemente simples. Primeiro, um adesivo compatível é aplicado na superfície plástica e o vinil acolchoado é aquecido até determinada temperatura. Em seguida, o vinil aquecido é aplicado sobre a peça em uma seção de vácuo. Quando se emprega um adesivo recomendado em conjunto com uma peça projetada adequadamente, o vinil conformado a vácuo produzirá uma casca durável e bem ajustada sobre toda a superfície da peça.

Revestimento em camurça e flocado são dois métodos singulares para conferir um sentido de toque especial em peças de resina. No processo de flocado, fibras são inicialmente aderidas à superfície da peça, seguidas pela aplicação de uma carga elétrica para fixar as fibras de maneira regular. O composto final lembra um tapete liso em aparência – um adicional decorativo em incontáveis aplicações automotivas e domésticas.

Legislação ambiental

A legislação ambiental recente teve impacto nas indústrias de revestimento em duas áreas básicas:

- Os requisitos da agência federal de proteção ambiental dos Estados Unidos e de alguns estados americanos limitam a quantidade de emissão de solventes orgânicos voláteis emitidos no local de trabalho.
- As normas da FCC controlam os níveis de radiação eletromagnética e de radiofrequência emitida por uma grande gama de produtos eletroeletrônicos.

Emissões voláteis podem ser controladas pelo uso de tintas muito sólidas ou redutíveis em água, juntamente com processos muito eficientes de aplicação da tinta, como a aspersão eletrostática.

Emissões de radiofrequência e eletromagnéticas podem ser reduzidas pela aplicação de uma carreira condutora nas paredes internas dos produtos emissores. Redução em prata, tintas com pigmentos metálicos, metalização a vácuo, aspersão por chama ou arco, borrifamento catódico e eletrodeposição de peças servirão todos a esse propósito em níveis variáveis.

Os fabricantes de resina, por meio dos grupos de assistência técnica, podem fornecer auxílio para atender as normas ambientais estaduais e federais.

Metalização

Eletrodeposição é aplicada em situações nas quais é necessário alto desempenho. Por exemplo, o Noril PN235 é um material de substrato bastante estável com estabilidade dimensional sob carga e calor, que permite revestimento confiável com baixa taxa de rejeito durante a fabricação. No processo de eletrodeposição, uma peça moldada é inicialmente atacada por ácidos fortes; em seguida, um processo sem eletricidade é usado em conjunto com ativadores e aceleradores para depositar um acabamento de cobre ou níquel na superfície de uma peça. Segue-se a deposição elétrica de várias camadas de cobre, níquel e cromo, resultando em um acabamento metálico brilhante e durável. Na deposição seletiva, o processo de eletrodeposição permanece basicamente o mesmo, mas uma camada de tinta isolante é usada inicialmente para cobrir essas áreas que não serão revestidas. É importante lembrar que a aparência ótima de uma peça revestida, o desempenho e a economia demandam um esforço bem coordenado entre *designer*, fabricante e revestidor.

O *revestimento por borrifos* gera um acabamento metálico brilhante e durável, com resistência à abrasão comparável aos revestimentos externos automotivos, e ainda oferece vantagens em peso, preço e proteção ambiental em relação à eletrodeposição. No revestimento por borrifos, os átomos superficiais do metal escolhido para o acabamento na peça (ligas como cromo e aço inox) são bombardeados com moléculas ionizantes. Os átomos, então, se separam do metal e se depositam na superfície plástica, formando uma fina camada. A cobertura por borrifo geralmente demanda o uso de uma cobertura base e um verniz que contém a camada metalizada. A camada base ajuda a nivelar a superfície da peça plástica, aumentando, assim, o brilho e melhorando a adesão do metal de revestimento. Bases também ajudam a reduzir a quantidade de gaseificação que ocorre justamente por proteger o material plástico na superfície da peça. O verniz, que pode ser transparente ou colorido para que se tenha um efeito atraente, ajuda a proteger o depósito metálico da abrasão e de danos físicos, além de melhorar a resistência à corrosão.

Metalização a vácuo produz um acabamento muito polido, espelhado, que quase iguala o efeito do cromo ou da deposição de sólidos. Consiste em um processo semelhante ao borrifamento, mas somente metais puros como o alumínio podem ser depositados. A resultante redução na resistência à corrosão geralmente limita as peças metalizadas por vácuo ao uso interno ou a aplicações não corrosivas. Ainda assim, a metalização a vácuo é uma alternativa ao borrifamento ou eletrodeposição e é normalmente compatível com muitas resinas. Durante o processo de metalização por vácuo, a peça é inicialmente aspergida com uma base orgânica que promove a adesão.

Uma descarga de plasma é mantida entre um catodo composto pelo material a ser depositado e um ânodo do substrato plástico. O metal de acabamento é, então, aquecido ao ponto de vaporização em uma câmara de vácuo e o metal em condensação se depositará na superfície da peça (ligas não podem ser usadas, pois seus materiais de composição se separariam durante o processo). Após a metalização se completar, a peça é removida da câmara de vácuo e aspergida com um segundo revestimento orgânico para a proteção do filme metálico.

Acabamentos metálicos estão disponíveis para resinas sem as limitações de peso, custo, problemas de processamento e de regulamentação como no caso das peças metálicas padrão. Aspersão por chama ou arco produzem um revestimento semelhante à textura de uma lixa grossa, bem diferente das superfícies lisas obtidas com as outras técnicas de revestimento com acabamento metálico. Seu uso é comumente limitado às aplicações não estáticas, de uso interno à peça, tais como proteção eletromagnética e radiofrequência. Para melhorar a adesão do metal, a superfície de uma peça em resina, antes do processo de aspersão, deverá ser lixada ou texturada. Na aspersão por chama, um pó metálico é dosado em uma dispositivo especial de aspersão e em seguida é derretido pelo contato com um gás inerte superaquecido, sendo aspergido diretamente sobre a peça.

Na *aspersão por arco*, dois fios metálicos são colocados em um arco elétrico produzido em uma pistola. O arco derrete as extremidades dos fios causando a aspersão de uma camada de metal na superfície da peça.

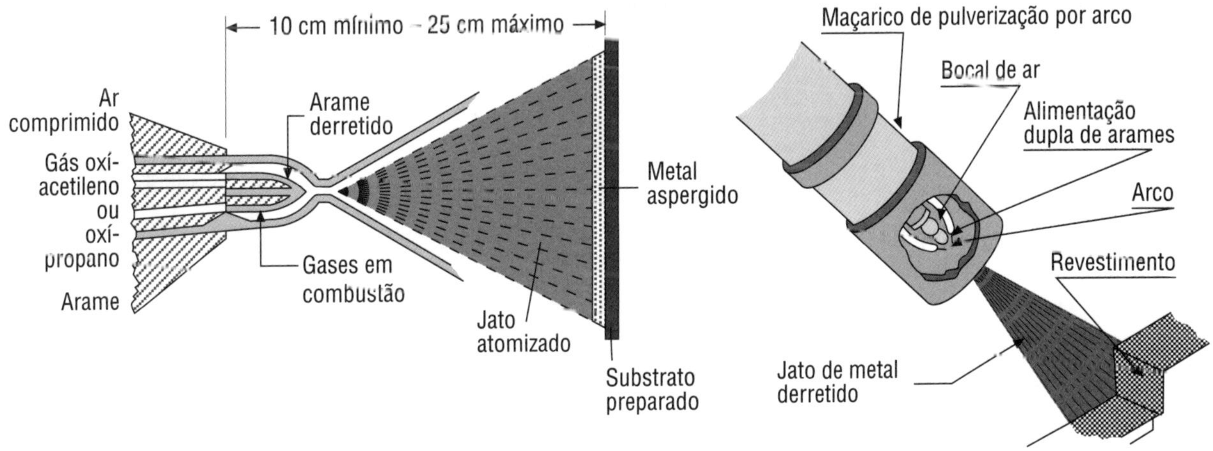

Figura 12.5ab Aspersão por chama e arco elétrico

13 Borrachas e elastômeros

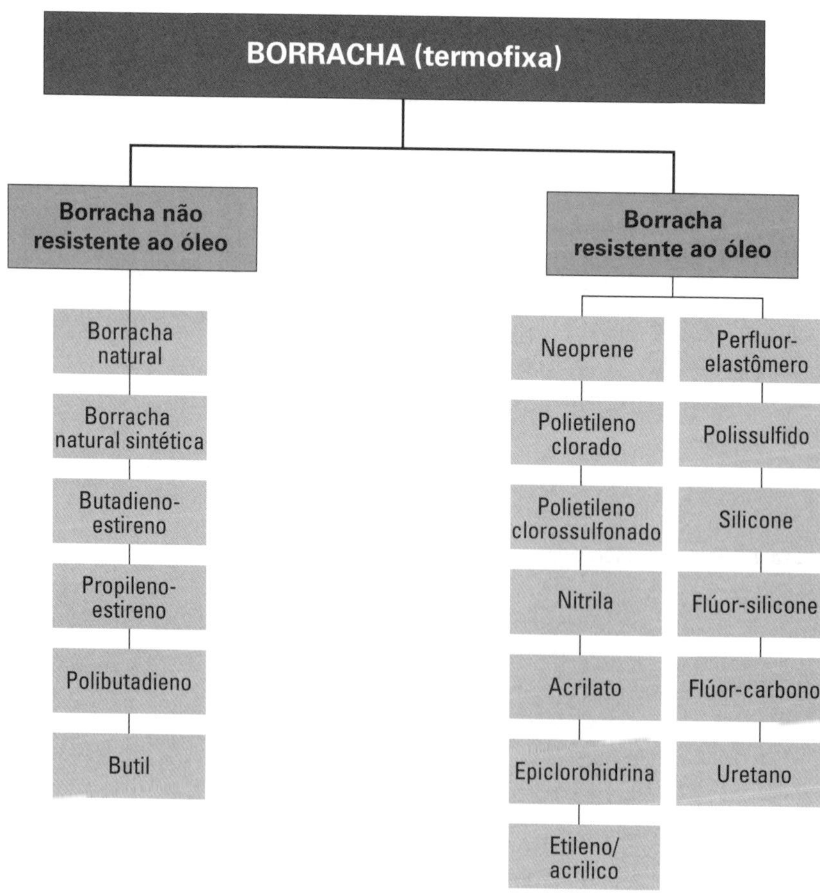

Figura 13.1 Classificação das borrachas termofixas

13.1 Borrachas Termofixas

Borrachas e *elastômeros* são materiais que retornam à sua forma original depois de esticados em muitas vezes o seu comprimento. A diferença entre uma borracha e um elastômero está baseada no quanto demora para uma amostra deformada retornar ao seu tamanho original aproximadamente após a força de deformação ser removida e também na extensão da recuperação.

A borracha é definida como um material capaz de se recuperar rápida e forçosamente de grandes deformações e que, em seu estado modificado, retrai em menos de minuto a menos de 1,5 vezes o seu tamanho original após esticada, sob temperatura ambiente, a duas vezes seu comprimento e mantida por um minuto antes de ser liberada.

Um elastômero é definido como um material macromolecular que, em temperatura ambiente, é capaz de recuperar substancialmente a forma e tamanho após a remoção de uma força de deformação, sem tempo dado para a recuperação. Alguns plásticos qualificam-se como elastômeros de acordo com essa definição.

Borrachas termofixas

Borrachas naturais e *sintéticas* são usadas em absorção de choques, ruído e controle de vibrações, selagem, isolamento térmico e acústico e vedação. *Estireno butadieno (SBR)* é o principal material usado, compondo quase metade de toda a borracha usada nos Estados Unidos. Mais da metade é usada em pneus de automóveis de passageiros. Borracha natural é usada para pneus de caminhões, ônibus, aviões e veículos *off-road*.

Escolhas da fabricação requerem as considerações:

- Requisitos de trabalho mecânico e físico
- Ciclo de vida e ambiente operacional
- Custo e fabricabilidade da peça

Peças em borracha são conformadas em moldagem por transferência, moldagem por compressão ou injeção.

Borracha natural (NR, AA)

Propriedades:

- As melhores borrachas de uso geral
- Grande capacidade de deformabilidade com resistência no estado deformado
- Temperatura de uso entre –54 °C e 121 °C
- Pouca resistência ao óleo, oxidação e ozônio

Usos:

- Pneus
- Absorvedores de choques e energia
- Selos
- Isoladores
- Acoplamentos
- Mancais e molas

Figura 13.2 Rolos de borracha em loja de fornecedor de borracha, Busan, Coreia

Borracha natural sintética

Polisopreno sintético (IR, AA)

Propriedades:

- Mais próximo da borracha natural
- Elevada resistência sem reforços com boa resistência a abrasão

Usos:

- Os mesmos da borracha natural

Figura 13.3 Loja de fornecedor de borracha, Busan, Coreia

Butadieno-estireno (SBR, AA, BA)

Propriedades:

- Deve ser reforçado para que a resistência à tração, ao resgamento e durabilidade em geral sejam aceitáveis
- Não tem as qualidades de fabricação e processamento da borracha natural

Usos:

- Pneus

Etileno-propileno (EPR, EPDM, AA, BA, CA)

EPR: copolímero de etileno e propileno
EPDM: copolímero de etileno e propileno com monômero de dieno

Propriedades:

- Boa retenção de propriedades na exposição ao calor, oxidação e ozônio
- Ligação difícil
- Ampla resistência a produtos químicos (exceto óleos e hidrocarbonetos fluidos)
- Boas propriedades elétricas

Usos:

- Mangueiras automotivas, montantes e pastilhas
- *O-rings*
- Esteiras transportadoras
- Isolamento de fios e cabos
- Canaletas de janelas e outros produtos que necessitam de resistência ao intemperismo, tais como telhados e revestimentos

Polibutadieno (BR, AA)

Propriedades:

- Mais resiliente que a borracha natural
- Tornou possível a bola de golfe maciça
- Flexibilidade superior à da borracha natural a baixas temperaturas
- Faltam a tenacidade, durabilidade e resistência ao crescimento de rasgos da borracha natural

Usos:

- Mistura com outros polímeros
- Pneus industriais e montantes resistentes às vibrações

Butil (IIR, CIIR, AA, BA)

Poli-isobutileno e isopreno com ou sem cloro

Propriedades:

- Excelente impermeabilidade a gases
- Excelente resistência ao ozônio e oxidação
- As resistências a flexão, rasgamento e abrasão aproximam-se a da borracha natural
- Faltam a tenacidade e durabilidade das borrachas de uso geral

Usos:

- Correias
- Mangueiras de vapor
- Bexigas de cura
- *O-rings*
- Produtos para choques e vibrações
- Vedantes e selantes estruturais
- Aplicações de barreira de água
- Revestimentos de teto
- Diafragmas de medidores de gás

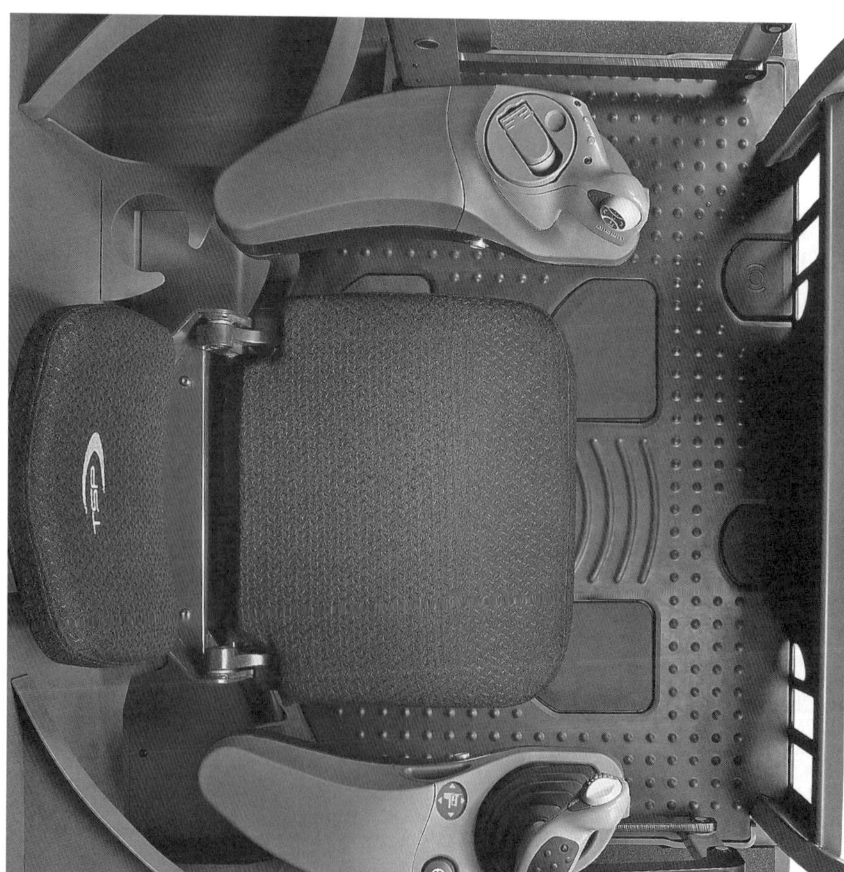

Figura 13.4 Projetada para o máximo conforto do operador, o piso de borracha da TSP6000 está em uma base apoiada por molas (cortesia Crown Equipment Corp.)

Neoprene (CR, BC, BE)

Propriedades:

- Família de borrachas com propriedades que se aproximam daquelas da borracha natural, com melhor resistência a óleos, ozônio, oxidação e chama
- Envelhecem melhor, não amolecem com a exposição ao calor

Usos:

- Mangueiras e correias
- Fios e cabos
- Sapatos e tecidos revestidos
- Pneus
- Montantes e mancais
- Rotores de bombas
- Adesivos e selos para janelas
- Cortinas painéis, tetos
- Adesivos e bens revestidos por imersão
- Jaquetas com amortecimento celular

Polietileno clorado (CM, DE)

Tyrin (Dow)

Propriedades:

- Excelente resistência ao ozônio e ao intemperismo
- Resistência ao calor até 260°C
- Resistência dinâmica à flexão com boa resistência à abrasão

Usos:

- Aplicações em mangueiras automotivas
- Mangueiras hidráulicas de melhor qualidade, mangueiras para produtos químicos e tubulações
- Correias
- Chapas de embalagem e espumas
- Fios e cabos

Figura 13.5 Pneus de borracha

Polietileno clorossulfonado (CSM, DE)

Hypalon (DuPont)

Propriedades:

- Resistência total ao ozônio
- Excelente resistência a abrasão, intemperismo, calor, chama, produtos químicos oxidantes e crescimento de trincas
- Baixa absorção de umidade
- Boas propriedades dielétricas
- Grande gama de cores (não precisa de negro de fumo para reforço)
- Resistência muito boa ao óleo
- Razoável flexibilidade a baixa temperatura, –40 °C
- Borracha de uso especial, não recomendada para aplicações dinâmicas
- Excelente resistência ambiental

Usos:

- Tecidos revestidos e manutenção de revestimentos
- Revestimento interno de tanques
- Capas protetoras para velas de ignição e conectores elétricos
- Revestimento de cabos
- Revestimento para telhados e impermeabilização

Nitrila (NBR, BF, BG, BK, CH)

Propriedades:

- Copolímeros de butadieno e acrilonitrila
- Usado primariamente para aplicações que demandam resistência a óleos derivados de petróleo e à gasolina
- Resistência excelente a óleos minerais e vegetais
- Pouca resistência a acetona, metil-etil-cetona e outras cetonas
- Boa resistência a ácidos e bases exceto àqueles que possuem forte efeito oxidante
- Resistência ao envelhecimento por calor, geralmente uma vantagem-chave sobre a borracha natural
- Pouca resistência ao rasgamento
- Isolação elétrica
- Usado muitas vezes no lugar da borracha natural com maior resistência a óleos derivados de petróleo, gasolina e hidrocarbonetos aromáticos

Usos:

- Diafragmas de carburadores e bombas de combustível
- Mangueiras e gaxetas para aeronaves

Acrilato (ACM, ANN. DF, DH)

Propriedades:

- Altamente resistente ao oxigênio e ao ozônio
- Resistência superior ao calor
- Pouca resistência à água; não é recomendável para o uso com vapor ou materiais solúveis em água (metanol ou etilenoglicol)

Usos:

- Selos de vedação em transmissões
- *O-rings* e gaxetas

Epiclorohidrina (CO, ECO, CH)

Propriedades:

- Resistência moderada a tração
- Propriedades de elongação
- Baixo aumento do calor
- Aplicações
- Choque ou vibração

Usos:

- Bexigas e diafragmas
- Equipamentos de controle de vibração e montantes
- Amortecedores de vibrações
- Selos e gaxetas
- Mangueiras de combustível
- Rodízios e correias

Etileno/acrílico

Vamac – DuPont

Propriedades:

- Preço moderado, resistência a calor e fluidos superada apenas por produtos mais caros e especiais tais como flúor-carbonos e flúor--silicones
- Características de amortecimento constante sobre faixas largas de temperatura, frequência e amplitude
- Aplicações que demandam uma borracha que resiste com boas propriedades à baixa temperatura e resistência a influências deteriorantes combinadas de calor, óleo e intemperismo

Usos:

- Componentes automotivos, tais como montantes
- Gaxetas e selos
- Botas
- Proteção a velas de ignição

Perfluorelastômero (FFKM)

Kalrez: DuPont

- Borracha de alto desempenho e preço elevado
- Peças de perfluorelastômero são usadas primariamente em aplicações críticas de selagem de fluidos nas indústrias de processos químicos, produção de óleo, aeroespacial e aeronáutica

Polisulfidos (PTR, AK, BK)

Propriedades:

- Excelente resistência a óleos, graxas e solventes
- Odor desagradável e pouca resiliência
- Resistência ao calor apenas razoável
- Resistência a abrasão é metade daquela da borracha natural e a resistência a atração vai de 1.200 a 1.400 psi; valores mantidos após longo período de imersão em óleo

Usos:

- Mangueira de gasolina
- Vedantes, adesivos e ligantes

Silicone (VMPQ, PVMQ, MQ, PMQ, FC, FE, GE)

Propriedades:

- Família de produtos semiorgânicos sintéticos que parecem com borracha orgânica, ainda que tenham um tipo de estrutura completamente diferente da dos outros tipos de borracha
- Máximo em termos de custo para borrachas
- Resiste a temperaturas tão altas quanto 316 °C sem deteriorar-se
- Quimicamente inerte

Usos:

- Equipamento cirúrgico e de processamento de alimentos
- Selantes de silicone em uma ou duas partes
- Adesivos estruturais e calefação em edifícios

Flúor-silicone (FVMQ; FK)

Propriedades:

- Resistência melhorada a muitos fluidos hidrocarbonetos
- Propriedades dielétricas moderadas
- Baixo endurecimento em compressão
- Excelente resistência ao ozônio e intemperismo
- Caro, para uso especial

Usos:

- Selos e *O-rings*
- Revestimento interno de tanques e diafragmas
- Elementos de proteção em equipamentos elétricos

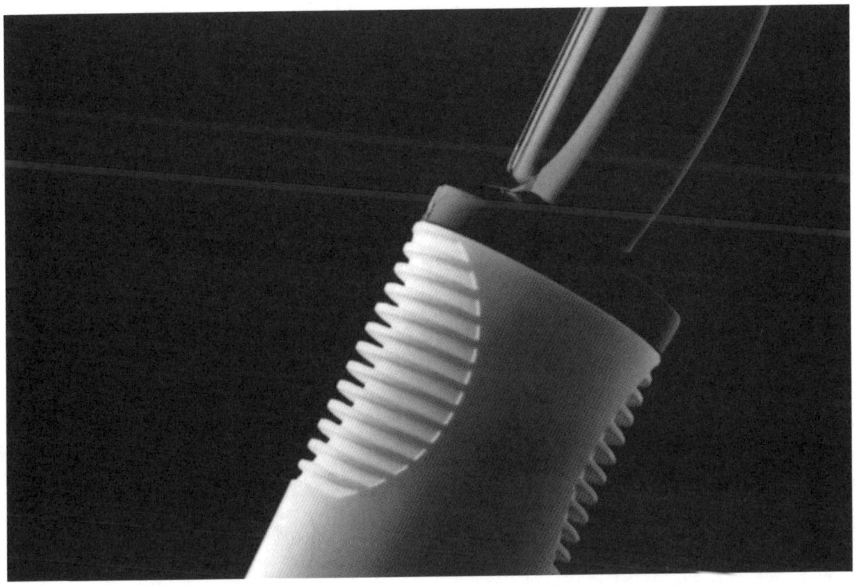

Figura 13-6 OXO Good Grips projetada pela Smart Design (cortesia Smart Design)

Flúor-carbono (FKM; HK): Viton: DuPont/Fluorel-3M

Propriedades:

- Borracha de alto desempenho e alto custo
- Excelente resistência ao calor, produtos químicos, óleos e solventes
- No estado reforçado apresenta moderada resistência a tração
- Baixo valor das propriedades de elongação
- Resiste à oxidação e ao ozônio
- Não entra em combustão
- Faixa de dureza de 65 a 95 Shore A

Usos:

- Selos
- Gaxetas
- Diafragmas
- Rotores de bombas
- Tubos
- Equipamentos para radiação e vácuo

Figura 13.7 Diversão sobre rodas de polímero

Uretano (AU, EU; BG)

Propriedades:

- Excelente resistência a abrasão
- Excelente resistência a tração e capacidade de resistir a esforço
- Potencial de elongação com elevada dureza
- Baixa resistência a temperatura
- Elevada resistência ao rasgamento
- Coeficiente de atrito alto ou baixo
- Boa resistência a radiação
- Boa elasticidade e resiliência

Usos:

- Selos
- Para-choque
- Matrizes de conformação de metais
- Assentos de válvulas
- Revestimentos
- Elementos de acoplamentos
- Roletes
- Rodas
- Correias transportadoras (especialmente com condições abrasivas)

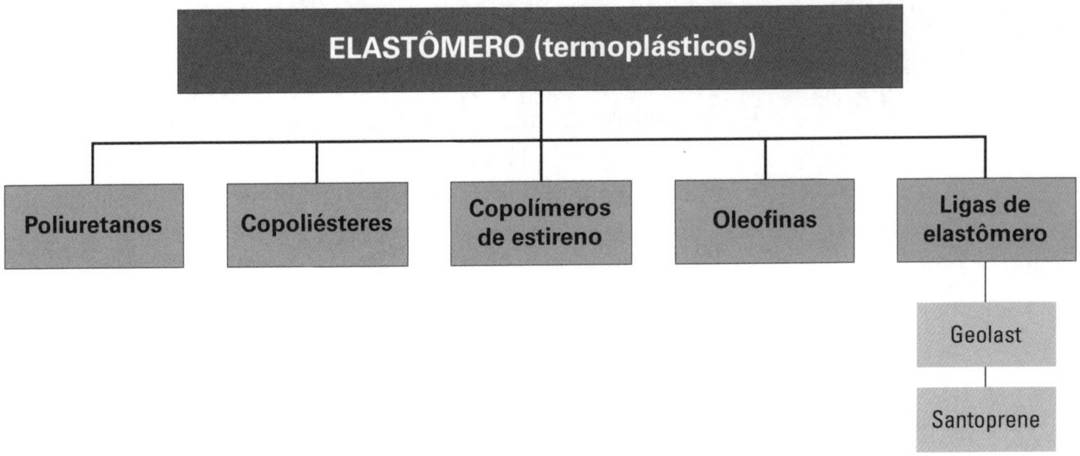

Figura 13.8 Classificação de elastômeros (termoplásticos)

13.2 Elastômeros Termoplásticos

Elastômeros termoplásticos podem ser moldados ou extrudados em equipamentos padrão de processamento de plásticos. Os tempos de ciclos são consideravelmente menores que o necessário para compressão ou moldagem por transferência de borrachas termofixas convencionais. Outras vantagens são os menores custos de energia necessária para processamento e a possibilidade de reciclar aparas. Elastômeros também são disponíveis nas variedades padrão e uniforme.

Poliuretanos

Propriedades:

- Primeiros elastômeros capazes de ser processados com os métodos dos termoplásticos
- Não possuem a mesma resistência ao calor e endurecimento à compressão dos tipos termofixos
- Disponíveis em uma grande faixa de durezas
- Excelente resistência à abrasão
- Boa flexibilidade a baixas temperaturas
- Excelente resistência ao óleo a 118°C
- Situa-se entre os melhores elastômeros quanto à capacidade de suportar cargas
- Tubos usados em linhas de combustível
- Usados em peças que necessitam de resistência ao ozônio e ao oxigênio

Usos:

- Para-choques
- Engrenagens
- Roletes
- Engrenagens de corrente
- Cobertura de cabos
- Revestimento de calhas
- Peças de máquinas têxteis
- Rodízios
- Gaxetas
- Acoplamentos de eixos
- Peças para amortecimento de vibrações
- Correias transportadoras
- Bexigas
- Coberturas de teclado e filmes de embalar

Figuras 13.9abc Solados em poliuretano moldado

Copoliéster

Hytrel: Dupont
Riteflex: Hoechst: Celanese Ecdel: Eastman Chemical

Propriedades:

- Geralmente são mais tenazes que os uretanos em uma faixa maior de temperaturas
- Dureza entre 35 e 72 Shore D
- Elastoplásticos de preço elevado
- Propriedades dinâmicas excelentes
- Módulo elevado
- Bom alongamento e resistência ao rasgamento
- Boa resistência a fadiga por flexão seja a baixa ou a alta temperatura
- Baixa resistência ao intemperismo, podendo ser melhorada com estabilizadores de UV ou negro de fumo

Usos:

- Mangueiras hidráulicas
- Mangueira de incêndio
- Correias de transmissão
- Acoplamentos flexíveis
- Diafragmas
- Engrenagens
- Botas de proteção
- Selos
- Peças para campos petrolíferos
- Solados de sapatos esportivos
- Isolamento de fios e cabos
- Proteção em cabos de fibras ópticas
- Conectores elétricos
- Elementos de fixação e manoplas
- Buchas

Lomod: GE

Propriedades:

- Uso geral
- Retardante de chama
- Variedades muito resistentes ao calor

Usos:

- Conectores
- Fios
- Cabos
- Mangueiras
- Tubos
- Variedades especiais para frentes de veículo, painéis
- Excelente resistência a impactos para temperaturas de até –40 °C

Copolímeros de estireno

Propriedades:

- Variedades para moldagem e extrusão com dureza entre 28 e 95 Shore A
- Baixa resistência a tração
- Elevado alongamento (mais que o SBR ou borracha natural com resistência semelhante ao intemperismo)

Usos:

- Produtos médicos descartáveis
- Embalagem de alimentos
- Tubos e chapas
- Correias
- Cabeças de martelo
- Solas de sapato
- Selantes
- Adesivos quentes
- Revestimento e isolamento para fios e cabos

Oleofinas (TPO)

Propriedades:

- Disponível em diversas composições: dureza em temperatura ambiente entre 60 Shore A e 60 Shore D
- Permanece flexível para temperaturas de até –51 °C, dúctil até –68 °C
- Processável em autoclave
- Temperatura de uso até 153 °C quando expostas ao ar

Ligas elastoméricas

TPV (Termoplásticos vulcanizados) Santoprene, Geolast
MPR (borrachas processáveis por derretimento) Alcryn: DuPont

Propriedades:

- Desempenho intermediário
- Disponível nas variedades coloríveis ou na cor preta
- Dureza de 55A a 80A

Usos:

- Peças protetoras em automóveis
- Coberturas de mangueiras
- Isolamento elétrico
- Selos
- Gaxetas
- Mangueiras de uso médico
- Êmbolos de seringas
- Selos de janelas arquitetônicas e vedação de telhados

Figura 13.10 Sola moldada de calçado com insertos

14 Materiais naturais de engenharia

Figura 14.1 Cerâmica é um material antigo, mas é o único material isolante disponível para a aplicação extrema de proteger o ônibus espacial do intenso calor durante a reentrada na atmosfera (cortesia NASA)

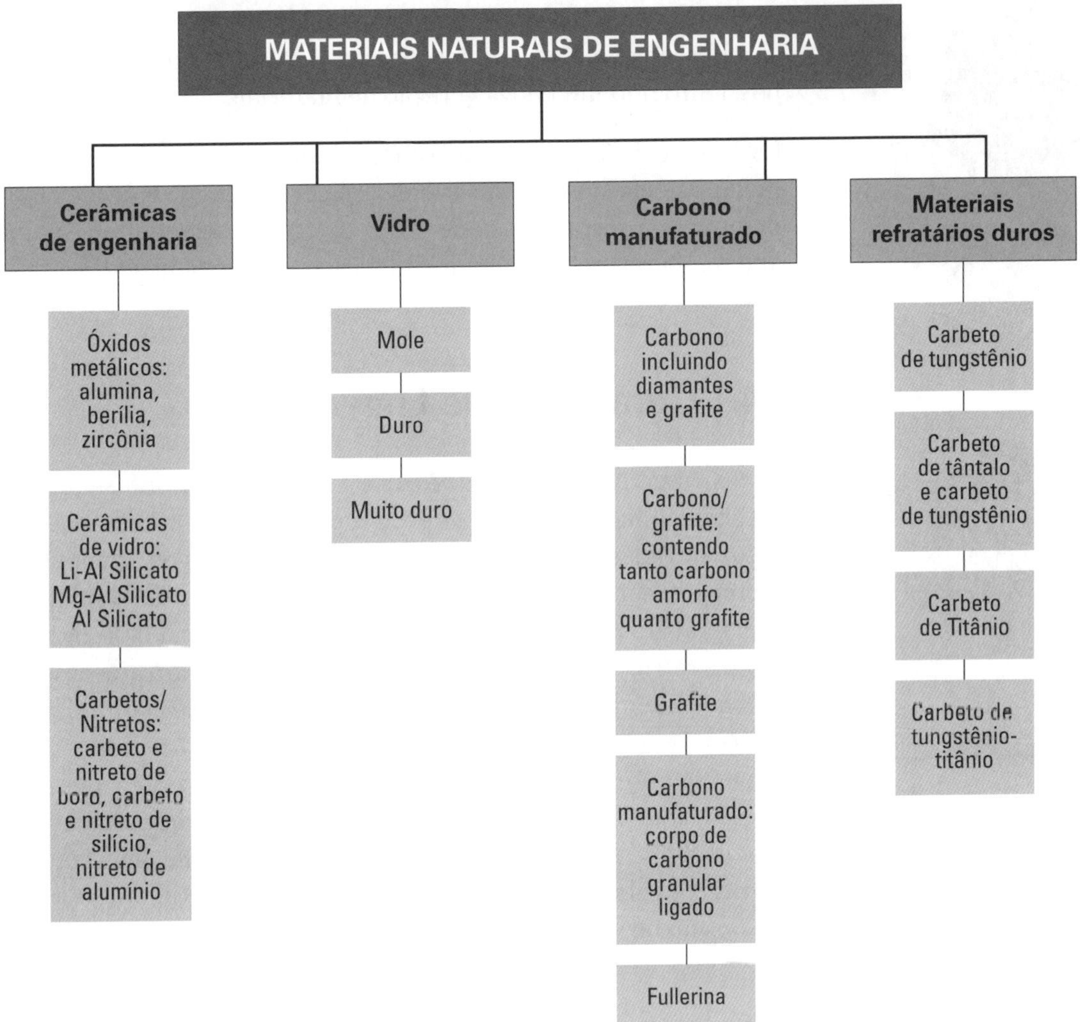

Figura 14.2 Classificação dos materiais naturais de engenharia

Surpreendentemente, os desenvolvimentos mais excitantes atualmente em materiais envolvem aqueles de engenharia mais antigos e usados: vidro, cerâmicas e carbono, além de novos materiais refratários.

Novas demandas de alto desempenho dispararam o desenvolvimento de novas classes de materiais feitas de combinações de materiais. Estas combinações novas fornecem maior resistência mecânica, resistência a corrosão, estabilidade dimensional, resistência ao calor e outras propriedades não disponíveis em um material único. Para obter os novos padrões de desempenho, os engenheiros de materiais têm combinado cerâmicas com metais e carbono com plásticos e, assim, estão desenvolvendo outras combinações novas de materiais. Recentemente, uma forma nova de carbono foi descoberta. É chamada de Fullerina, em homenagem a R. Buckminister Fuller por sua vida dedicada ao desenvolvimento de estruturas geodésicas, que são a estrutura básica desse novo material descoberto. A descoberta das fullerinas está possibilitando uma nova geração de materiais.

Estes materiais antigos, agora renascidos em combinações novas, estão aparecendo em uma série de aplicações que vão desde supercomputadores a ferramentas de corte de alto desempenho a motores de alta temperatura a equipamento para esportes radicais.

14.1 Cerâmicas de Engenharia

Peças estruturais em *cerâmicas de engenharia* apresentam grande resistência mecânica, baixo peso e resistência à corrosão a temperaturas elevadas e em ambientes altamente corrosivos. Componentes de motor em cerâmica permitem a queima eficiente do combustível sob temperaturas mais elevadas e eliminam a necessidade de um sistema de refrigeração. Outros empregos são como ferramenta de corte, válvulas, mancais e em equipamentos de processos químicos. Na indústria de eletrônicos, os materiais cerâmicos são usados em chips, supercondutores, ímãs, capacitores e transdutores. O custo é baixo, pois há abundância de matéria-prima para fabricação de cerâmicas. A fragilidade é um problema no uso desses materiais, mas combinações novas com fibras de reforço têm aumentado a ductilidade e a tenacidade dos materiais cerâmicos.

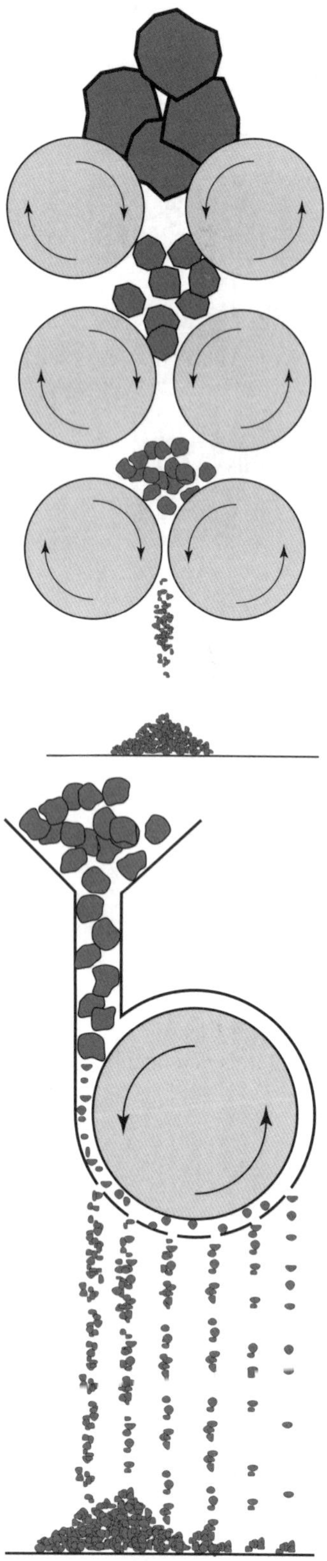

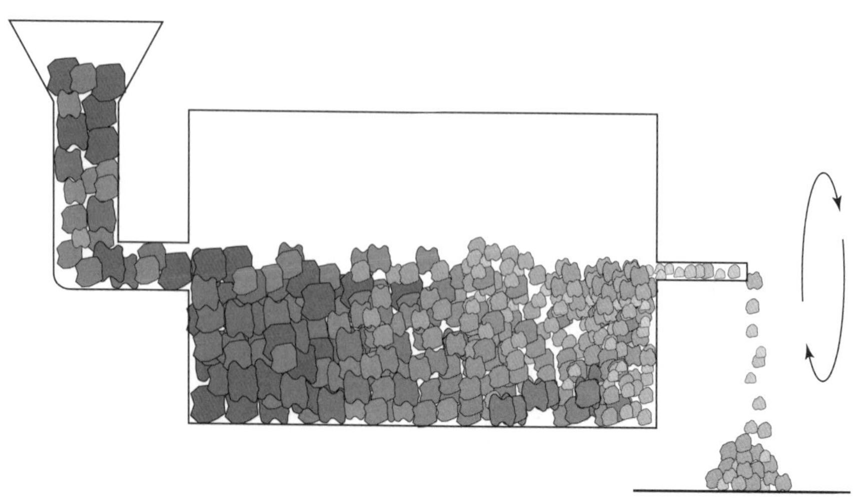

Figura 14.3abc Métodos para esmagar materiais cerâmicos

Cerâmicas de óxidos metálicos

Aluminas funcionam a temperaturas de até 1.700 °C, mas com limitada resistência térmica e a choques, e desempenho fraco em atmosferas corrosivas.

Berília resiste a choque térmico e apresenta baixo coeficiente de expansão térmica e elevada condutividade térmica.

Zircônia é inerte à maioria dos metais e tem resistência a temperaturas de até 22.00 °C

Cerâmicas de vidro

Cerâmicas de vidro são usadas para panelas de cozimento doméstico e comercial, tampos de fogão, micro-ondas, bem como em aplicações técnicas e industriais. Essas cerâmicas são conformadas de vidro derretido e, depois, cristalizadas por tratamento térmico. As cerâmicas comuns de vidro, lítio-alumínio-silicato, magnésio-alumínio-silicato e alumínio-silicato são compostas por óxidos que formam microestruturas complexas e multifásicas; possuem coeficiente de expansão térmica quase nulo, além de resistirem à corrosão em temperatura elevada. A Macor da Corning pode ser usinada com ferramentas convencionais e tem a resistência da alumina e muitas propriedades elétricas e a altas temperaturas das outras cerâmicas de vidro. Uma cerâmica fotossensível de vidro pode ser usinada quimicamente e usada em cabeçotes de leitura/escrita de discos rígidos, guias de pinos para impressoras matriciais, substratos para metalização com filmes finos ou espessos. Uma cerâmica moldável e usinável, chamada "ceramoplástico", pode ser conformada, aquecida e pós-conformada em perfis, chapas e barras, que podem ser usinadas com ferramentas convencionais de carbetos.

Carbetos e nitretos

Carbeto de boro, nitreto de boro, carbeto de silício, nitreto de silício e *nitreto de alumínio* são qualificados como cerâmicas de engenharia. Carbeto de boro, que possui dureza muito alta e baixa densidade, é usado em placas de blindagem. Possui excelente resistência a abrasão e é usado em bocais de jateamento e outras aplicações nas quais ocorre desgaste à baixa temperatura. Outros carbetos e nitretos possuem custo mais elevado e são usados em aplicações mais críticas.

Conformando e dando forma às cerâmicas

1. Esmagar ou moer a matéria-prima até que se obtenham partículas finas
2. Misturar com aditivos para obter as características desejáveis
3. Dar forma, secar e queimar

As três operações básicas para dar forma à cerâmica são fundição, conformação em estado plástico e prensagem.

Dando forma às cerâmicas

Quando se *dá forma a cerâmicas*, o primeiro passo é esmagar a matéria-prima cerâmica, umedecer e secar. O material moído é depois misturado com aditivos tais como aglomerante, lubrificante de desmoldar, um agente umidificador para melhorar a mistura, um plastificante para tornar a mistura mais plástica e deformável e desfloculador para mudar a carga elétrica de modo que as partículas afastem-se em vez de atraírem-se. Água e agentes para controlar a formação de espuma são adicionados para deixar a mistura menos viscosa.

Figura 14.4 Artista com seus produtos em cerâmica

Conformação em estado líquido

Na *colagem de barbotina*, uma suspensão de partículas cerâmicas em água é despejada em um molde poroso. O molde absorve parte da água das camadas mais externas da suspensão, deixando uma camada de barbotina na superfície interna do molde. O molde é invertido e o restante da suspensão é jogado fora. O topo da peça é recortado, o molde é aberto e a peça fundida é removida. Peças grandes e complexas – de peças sanitárias a objetos artísticos e louça de mesa – podem ser feitos com este processo. O controle dimensional é limitado e a cadência de produção é lenta. É um processo laborioso, mas, por outro lado, é de custo baixo.

Figura 14.5 Pia cerâmica na sala vip da Air France no Aeroporto de Paris

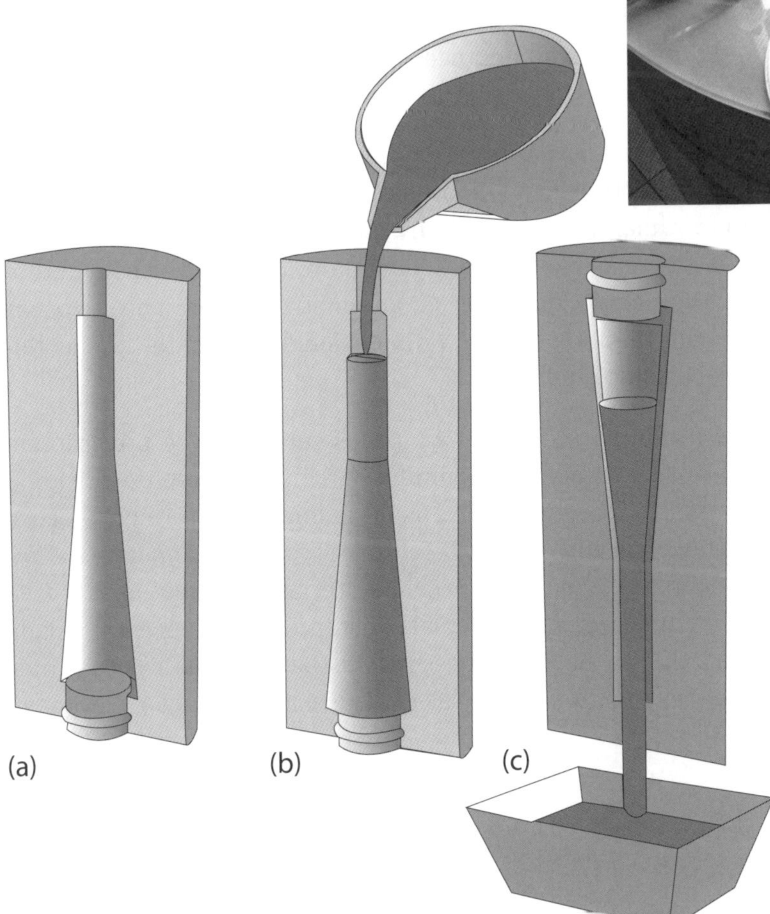

Figura 14.6abcde Sequência de operações da colagem de barbotina

Conformação em estado plástico

Conformação em estado plástico de cerâmicas inclui a extrusão, injeção e torneamento. Esses processos de conformação tendem a orientar as camadas de argila na direção do escoamento do material.

Prensagem

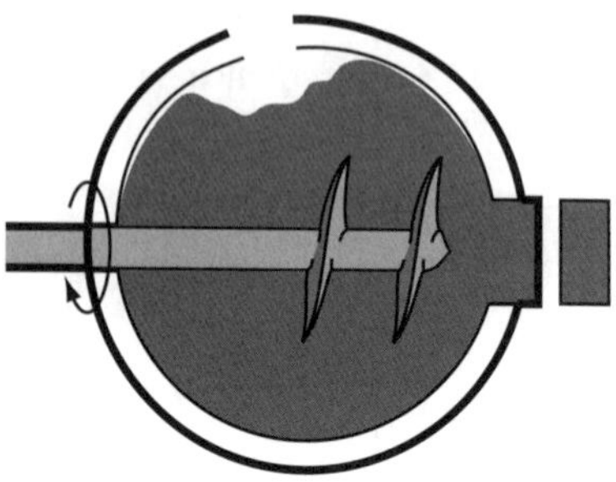

Figura 14.7 Extrusão de *blanks* cerâmicos

Prensagem a seco é usada para produzir formas cerâmicas simples, tais como louça branca, refratários e produtos abrasivos. O processo é semelhante à compactação na metalurgia do pó com elevada cadência de produção e controle preciso das tolerâncias.

Prensagem úmida é usada para fabricar formas cerâmicas complexas e pequenas sob elevada pressão em prensas hidráulicas ou mecânicas. Esse processo apresenta elevada cadência de produção, mas o controle dimensional é difícil devido ao encolhimento na secagem. Os custos de ferramental podem ser altos por conta da pressão elevada.

Na *prensagem a quente* ou *sinterização por pressão*, pressão e temperatura são aplicadas simultaneamente, o que reduz a porosidade, tornando a peça mais densa e resistente.

Figura 14.8 Piso cerâmico, aeroporto Charles de Gaule, Paris

Torneamento é usado para fazer peças cerâmicas. Blocos de argila são extrudados, conformados sobre um molde de gesso e, então, girados contra ferramentas especiais para dar forma e detalhes exteriores. Em seguida, a peça é secada e queimada e, depois, normalmente é esmaltada. O processo, que pode ser automatizado, é restrito às peças simétricas com limitada precisão dimensional por conta do encolhimento na secagem e queima.

A injeção é usada para dar forma a peças cerâmicas de precisão em aplicações de alta tecnologia. Alumina, zircônia, nitreto de silício ou carbeto de silício são misturados com aglomerante termoplástico e forçados através de uma matriz por uma rosca. O aglomerante é removido por pirólise e, então, a peça é sinterizada. Como na extrusão de metais, há uma seção transversal constante para a peça extrudada com algumas limitações na espessura das paredes para peças ocas. Os custos da matriz são baixos e as cadências de produção, elevadas.

Secagem em queima

Após a cerâmica ter sido conformada, é secada e queimada, conferindo resistência à peça. Durante a secagem e a queima, há uma tendência de a peça empenar ou rachar por conta da variação da quantidade de umidade causada pela variação na espessura das paredes e pelas formas complexas. Encolhimento de até 20% do tamanho original úmido é comum. Na queima ou sinterização, a peça é sujeita a uma temperatura em ambiente controlado, o que lhe confere resistência e dureza. A queima cria uma ligação forte entre as complexas partículas de óxido na cerâmica e reduz a porosidade. O processo é semelhante à sinterização na metalurgia do pó.

Operações de acabamento

Após a queima, operações adicionais de acabamento, tais como retificação, polimento e usinagem química, ultrassônica ou por descarga elétrica podem ser usadas para dar a uma peça sua forma e tolerâncias finais, além de remover defeitos de superfície e melhorar o acabamento, o que pode aumentar a resistência. Um produto cerâmico é geralmente esmaltado e queimado, conferindo o revestimento brilhante final que melhora a aparência e a resistência, além de tornar o produto impermeável.

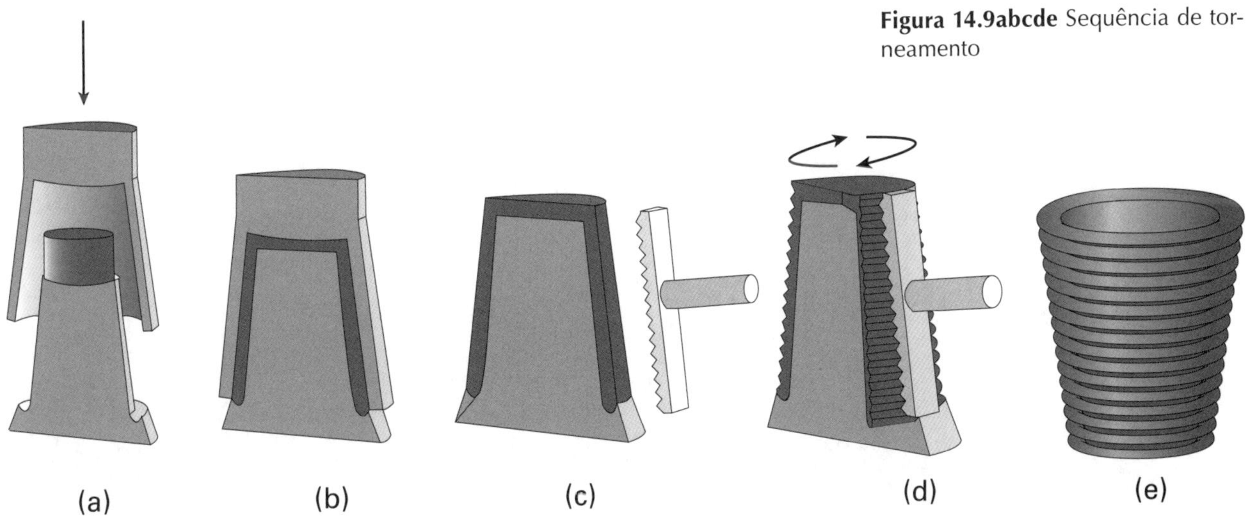

Figura 14.9abcde Sequência de torneamento

Profitez de nos Duty Free !
Enjoy
shopping here!
All your purchases
are allowed on board

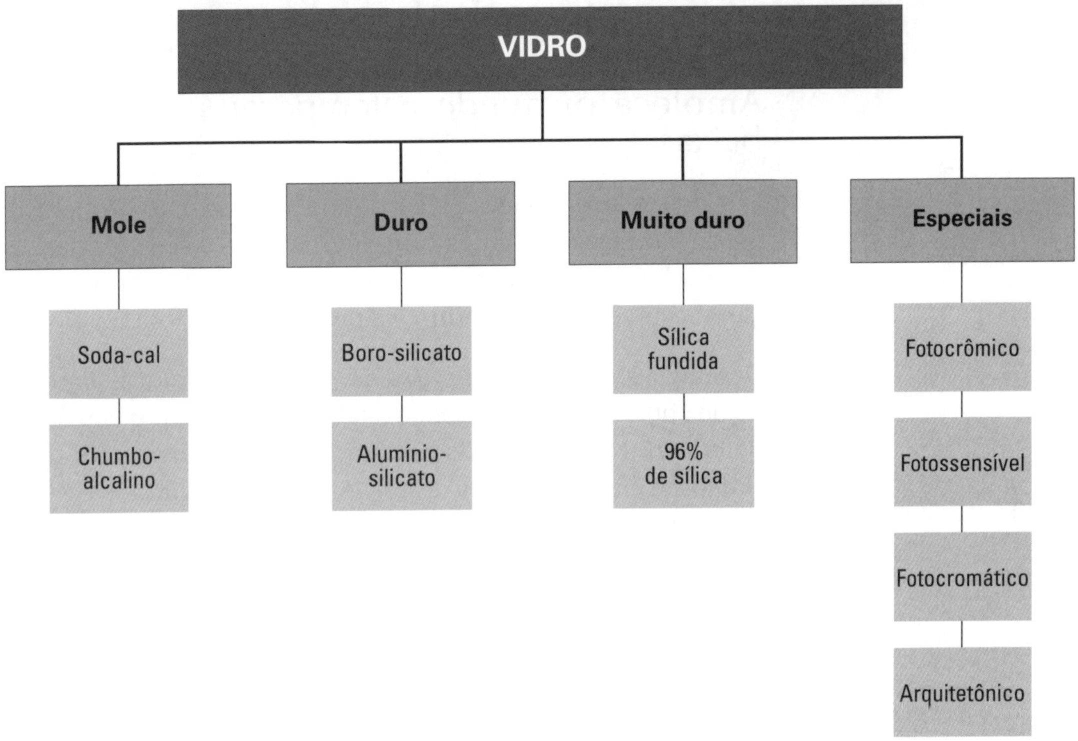

Figura 14.10 Classificação de vidros

14.2 Vidro

O *vidro* é um sólido amorfo transparente (ou estrutura atômica não cristalina) e que é duro e frágil, com excelente resistência ao intemperismo e à maioria dos produtos químicos, exceto ácido hidrofluoríco. O vidro é composto de sílica, cal e carbonato de sódio e é classificado em três categorias básicas.

Figura 14.11 Página anterior. Teto de vidro do aeroporto de Paris

Vidro mole

Amolece ou funde a temperaturas relativamente baixas

O *vidro soda-cal* perfaz 90% de todo o vidro produzido. É barato e usado para fazer produtos *commodities* tais como garrafas, copos, janelas e lâmpadas. Não é muito resistente a temperatura altas, mudanças abruptas de temperatura e a produtos químicos.

Desenvolvido em 1676, o *vidro de chumbo-alcalino* contém monóxido de chumbo, que era usado na fabricação de copos com haste, copos de cristal. Não pode mais ser vendido em certas partes dos Estados Unidos, e em breve copos deste vidro serão banidos do país. É chamado *cristal* porque possui elevado nível de refração (e não por conta da estrutura atômica) e é usado em lentes e prismas ópticos. É melhor isolante elétrico que os vidros soda-cal ou boro-silicato e é usado na proteção contra radiação atômica. O vidro de chumbo tem pouca resistência a temperaturas elevadas e choques térmicos.

Vidro duro

Amolece ou funde a temperaturas relativamente altas

O *vidro boro-silicato*, desenvolvido em 1912 e batizado comercialmente como Pyrex, foi o primeiro a ser resistente ao choque térmico e temperaturas elevadas. É usado em produtos de uso doméstico e comercial, tais como cafeteiras, fornos e vidraria de laboratório, lentes de farol e outros usos sob temperatura elevada. Possui excelente resistência a ácidos e ataques químicos, apresenta baixo coeficiente de expansão térmica e é usado para fabricar espelhos de telescópios e outras peças precisas, além de fibras de reforço para plásticos.

O *vidro alumínio-silicato* foi desenvolvido em 1936, custa mais que o boro-silicato e é mais difícil de fabricar. É usado em aplicações de alto desempenho, tais como termômetros para altas temperaturas, janelas de veículos espaciais e resistores em circuitos eletrônicos.

Vidro muito duro

Amolece ou funde a temperaturas muito altas

O *vidro de sílica* a 96%, desenvolvido em 1939, é altamente resistente ao calor; feito por um processo proprietário da empresa Corning Glass Works, pode ser conformado mais facilmente em mais formas do que a sílica fundida. Suas propriedades são semelhantes às da sílica fundida e, às vezes, ele é usado como substituto em componentes ópticos e janelas de espaçonaves. Pode resistir ao calor da reentrada na atmosfera terrestre e é usado como revestimento resistente ao calor na parte externa do ônibus espacial. Outros usos incluem vidraria de laboratório e componentes de iluminação, tais como tubos para lâmpadas halógenas.

O *vidro de sílica fundida*, desenvolvido em 1952, é o mais caro de todos os vidros. Consiste simplesmente de sílica (dióxido de sílica). Possui máxima resistência ao choque térmico entre todos os vidros, podendo operar a temperaturas de 900 °C por longos períodos de tempo.

Muitos vidros novos são compósitos, com diferentes propriedades para cada material. Produtos de elevada resistência mecânica são feitos com vidro de baixa expansão com núcleo de vidro de alta expansão. Fibras ópticas para comunicações são trefiladas a partir de vidros com composição controlada. Janelas de veículos espaciais possuem muitos painéis de vidro, cada qual com propriedades singulares de resistência ao calor e elevada resistência mecânica.

Vidros sensíveis à luz são disponíveis em três categorias:

- *Vidro fotocrômico*: usado para fazer óculos escuros que escurecem ainda mais quando expostos à luz solar ou radiação ultravioleta e clareiam quando esse estímulo é removido. A velocidade de mudança também pode variar.
- *Vidro fotossensível*: muda de claro para cor de opala quando exposto à energia ultravioleta ou é aquecido.
- *Vidro fotocromático*: desenvolvido pela Corning em 1978, é usado para armazenagem de informação, em objetos decorativos e outros produtos e recipientes transparentes. Esse vidro possui real permanência de cor.

Conformação em estado líquido

Produtos de vidro incluem:

- Chapas ou placas planas com espessura entre 0,03" e 0,4" (0,75 mm a 10 mm)
- Barras e tubos
- Garrafas, vasos, faróis, tubos de imagem
- Vibras de vidro

Chapas de vidro, tubos e fibras são formados ou conformados no estado líquido ou quando estão no estado semelhante a um xarope viscoso aquecido em uma fornalha ou tanque.

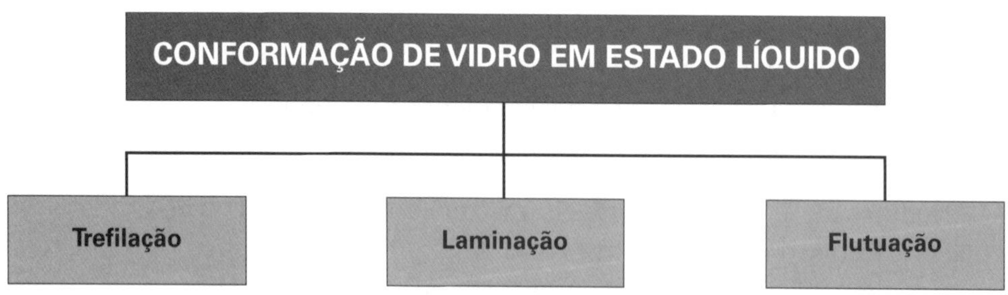

Figura 14.12 Conformação de vidro em estado líquido

Figura 14.13 Salão principal de exposições Braun em Kronburg, Alemanha

Conformando e dando forma ao vidro

Uma chapa de vidro é feita pelo *processo de laminação*, algo semelhante à calandragem de plásticos. A chapa ou placa plana é conformada em uma máquina na qual o vidro derretido é passado por uma série de rolos, vai solidificando e depois é cortado nos tamanhos desejados. O processo produz chapas e placas com superfícies rugosas. As duas superfícies precisam ser lixadas e polidas ou texturadas por rolos.

No *método por flutuação*, o vidro derretido é colocado em um banho de estanho derretido sob atmosfera controlada. O vidro flutua no banho de estanho e, depois, é passado por rolos para um forno onde é polido por chama e solidifica. O vidro obtido por flutuação não requer lixamento ou polimento posterior.

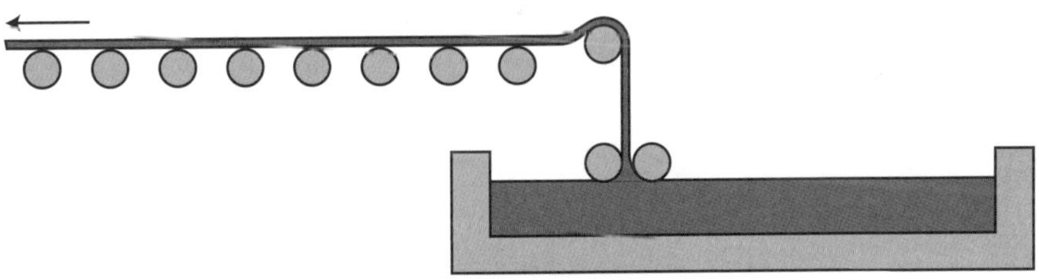

Figura 14.14 Processo de laminação contínua para se obter uma chapa de vidro desde um banho com vidro derretido

Figura 14.15 Exposição da Saturn no Salão internacional do Automóvel, Javits Center, Nova York

Tubos e Fibras

Tubos de vidro são extraídos de um cadinho por uma série de rolos à medida que ganham forma ao redor de um mandril rotativo. Ar sob pressão é soprado pelo mandril e mantém o tubo aberto. Barras sólidas são feitas pelo mesmo modo, mas sem uso do ar.

Fibras de vidro para cabos de fibras ópticas são feitas por um processo de trefilação semelhante ao usado na fabricação de arames metálicos. Aqui, entretanto, o processo emprega uma fieira com múltiplos furos em placas aquecidas de platina. As fibras são trefiladas à velocidade de 500 m/s.

Lã de vidro para isolamento térmico e acústico é feita por um processo de aspersão centrífuga semelhante ao de obtenção de algodão-doce. O vidro derretido é alimentado no cabeçote rotativo.

Figura 14.16 Janela de restaurante, National Gallery of Art, Washington, D.C.

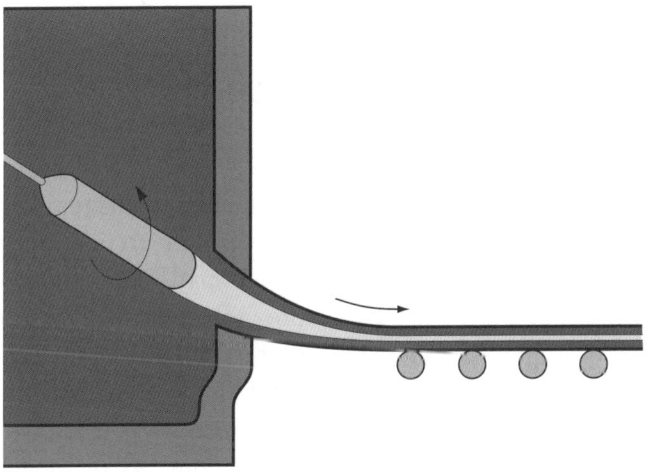

Figura 14.17a processo de fabricação de tubos de vidro

Figura 14.17b Parede em tubos de vidro no edifício sede da Johnson Wax, projetado por Frank Lloyd Wright

Figura 14.18 Método de obtenção de chapas de vidro por flutuação

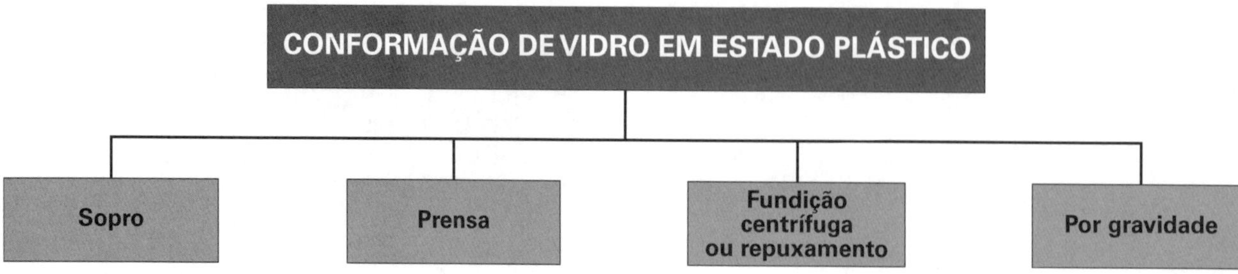

Figura 14.19 Conformação de vidro em estado plástico

Conformação em estado plástico

Figura 14.20 Garrafa cara de vidro

O *processo de sopro* é usado para fazer itens de vidro oco e de paredes finas, tais como garrafas e frascos, e é semelhante à moldagem por sopro de termoplásticos. Os passos envolvidos na produção por sopro de uma garrafa comum de vidro são: ar soprado expande um pedaço de vidro quente ao encontro das paredes de um molde. Os moldes são geralmente revestidos com um agente separador, tal como um óleo ou emulsão, que evita a adesão da peça às paredes do molde. O acabamento da superfície dos produtos feitos por processos de sopro é aceitável para a maioria das aplicações. Embora seja difícil controlar a espessura das paredes dos produtos, o processo é usado para produção em massa. Lâmpadas são feitas por máquinas automáticas de sopro a uma velocidade de mais de 1.000 itens por minuto.

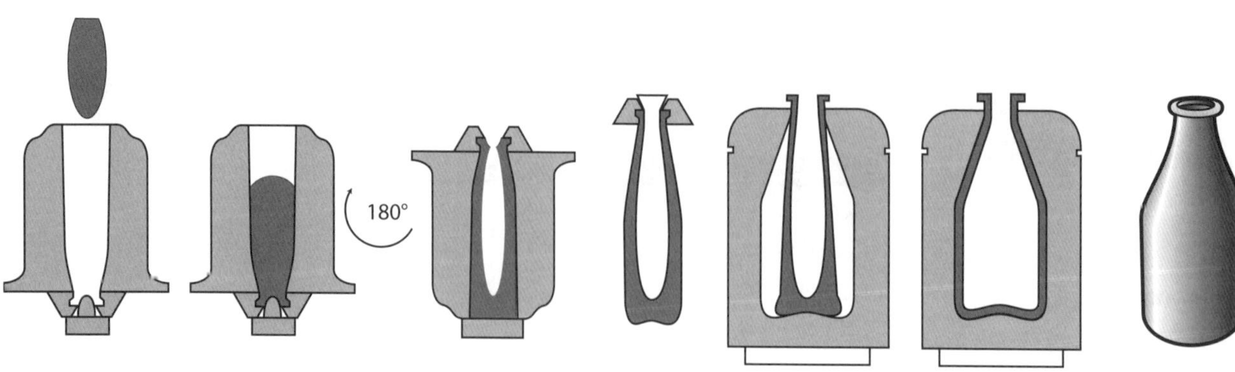

Figura 14.21 Etapas da fabricação de uma garrafa de vidro

A *prensagem* é usada para conformar formas simples e abertas com boa precisão dimensional. Um êmbolo força um punhado de vidro derretido contra um molde em peça única ou dividido. O processo não pode ser usado para peças com paredes finas ou formas fechadas das quais o êmbolo não pode ser sacado.

Fundição centrífuga ou *repuxamento* é usado para fazer produtos simétricos como tubos de imagem de televisão, bem como peças grandes de elevado desempenho para uso industrial e aeroespacial, tais como ogivas de mísseis. O processo é semelhante à fundição centrífuga de metais. Aqui, a força centrífuga empurra o vidro derretido contra a parede do molde.

No *processo por gravidade* é possível conformar em um molde raso peças levemente côncavas, tais como pratos, difusores de luz e lentes de óculos de sol. A chapa de vidro aquecido é deformada pela ação de seu próprio peso e toma a forma do molde à medida que resfria. Formas rasas com poucos detalhes são conformadas nesse processo barato.

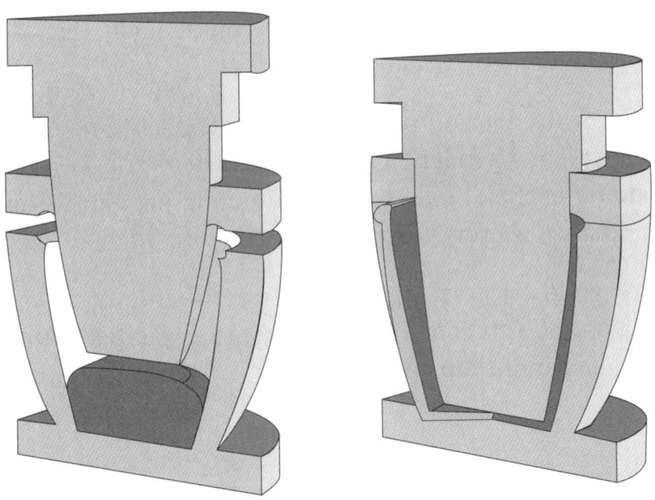

Figura 14.22a Fabricação de peça em vidro por prensagem

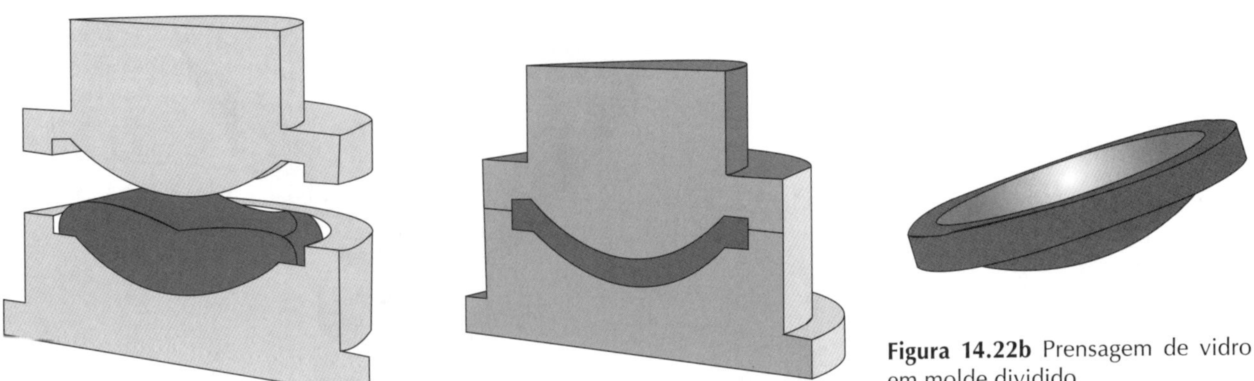

Figura 14.22b Prensagem de vidro em molde dividido

Tratamento de vidro

- *Têmpera térmica* é o processo que resfria superfícies causando tensões de tração superficiais. À medida que o restante do vidro resfria, vai se contraindo, desenvolvendo tensões residuais de compressão na superfície e de tração no interior. O processo melhora a resistência da chapa de vidro e a energia armazenada pelas tensões residuais faz com que o vidro temperado estilhace em muitos pedaços pequenos quando quebrado.

- *Têmpera química* é um processo mais longo que usa um banho de produtos químicos derretidos. Átomos são trocados, resultando em tensões residuais na superfície.

- *Laminação* é outro modo de fortalecer o vidro e é comumente usado em janelas automotivas. Um plástico tenaz é colocado entre duas peças planas de vidro. O plástico retém as peças se o vidro for quebrado.

Outros processos:

- No *recozimento* o vidro é aquecido e, em seguida, resfriado lentamente, sob temperatura ambiente.

- Chapa de vidro possui tensão superficial. O corte na chapa é feito com uma pequena indentação ou risco na superfície e, em seguida, virando as partes da chapa, fazendo com que esta se quebre ao longo do risco. Aproveita-se o efeito de *concentração de tensão.*

- O vidro pode ser *cortado, furado* e *retificado* com ferramentas especiais e *polido* com abrasivos próprios. Cantos e arestas afiados podem ser alisados por *lixamento, retífica* ou *polimento* por chama.

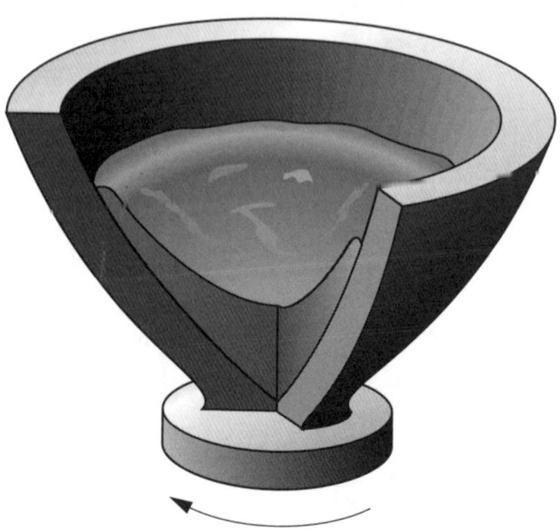

Figura 14.23 Fundição centrífuga do vidro

14.3 Carbono Manufaturado

O *carbono manufaturado* é feito com uma mistura de pós de coque e grafite ligados com carbono. Possui propriedades singulares que o tornam indispensável para aplicações específicas tais como motores elétricos. É:

- Bom condutor de eletricidade e calor
- Autolubrificante (desliza sobre metais sem arranhar ou grudar)
- Resistente a corrosão
- Imune a solvente, produtos cáusticos e à maioria dos ácidos

Figura 14.24 Fullerina, uma recém-descoberta forma de carbono, batizada em homenagem a R. Buckminster Fuller

Figura 14.25 Mancal sem óleo com grafite no papel de lubrificante

O carbono é disponível em uma série de variedades e formas, tais como placas, barras, tubos e anéis. É feito de piche ou resina sintética, que é conformada por compressão ou extrusão; posteriormente, ocorre a queima sob temperaturas de até 720 °C em ambiente livre de oxigênio. Peças de carbono são usinadas até a tolerância necessária, usando ferramentas com pontas de diamante ou carbetos.

O carbono manufaturado é frágil, mas não é sensível à concentração de tensão (seja por riscos ou entalhes superficiais). Sua resistência à fadiga ultrapassa a da maioria dos metais.

Um emprego comum para o carbono é como escova para transferir corrente elétrica para comutadores rotativos em motores elétricos. É também usado como elemento deslizante em dispositivos mecânicos, como elemento primário de atrito na maioria dos selos mecânicos e camisas de cilindros em pequenos compressores de ar e distribuidores de água. É usado em pistões e válvulas em bombas de produtos químicos e gasolina. O carbono é particularmente indicado para aplicações nas quais poeira e solventes estão normalmente presentes; naquelas em que são usados fluidos corrosivos e para temperaturas extremas, cargas estáticas elevadas e/ou em vácuo extremo.

Figura 14.26 O CH-53E usa pás de rotor em grafite-epóxi, uma economia de 100 kgf em peso que gera uma redução de 40% no custo

14.4 Metais Duros Refratários

Metais duros refratários (RHMs em inglês) foram desenvolvidos para apresentarem extrema dureza e resistência ao desgaste. São materiais semelhantes às cerâmicas, feitos de partículas de carbetos metálicos unidas por uma matriz metálica. Eles são mais dúcteis e têm melhor resistência ao impacto e choque térmico que as cerâmicas, mas apresentam menor resistência à compressão sob temperatura elevada e menores temperaturas de operação que a maioria das cerâmicas. Existem quatro sistemas de RHM usados em aplicações estruturais:

Carbeto de tungstênio é o RHM estrutural mais comum que existe. É usado em aplicações nas quais é necessária a resistência ao desgaste. Pontas de lâmina de serra são um uso comum para este RHM. Variedades com elevado teor de cobalto servem para situações nas quais a resistência ao impacto é necessária.

Carbeto de tântalo e *carbeto de tungstênio* são adequados para uma combinação de resistência à corrosão e ao desgaste. Aplicações incluem bocais, placas de orifício e componentes de válvulas.

Figura 14.27 Vários elementos de fixação com ferramentas contendo insertos de metal duro

Carbeto de titânio possui elevada resistência a tração e compressão, dureza e resistência a corrosão. É usado em ferramentas de soldagem e usinagem, válvulas, selos e equipamentos de medição sob altas temperaturas.

Carbeto de tungstênio-titânio é usado em ferramental de conformação de metais. Usos típicos são fieiras de trefilação, mandris para fabricação de tubos, rolos de polimento e ferramentas para dar brilho.

As peças são feitas por técnicas convencionais de compactação e sinterização da metalurgia do pó. Muitos carbetos metálicos – tais como o SiC e BC – não são RHMs, mas verdadeiras cerâmicas. A distinção precisa está na maneira de união das partículas: RHMs são sempre unidos por uma matriz metálica, enquanto partículas cerâmicas podem ser autounidas. Algumas cerâmicas possuem uma segunda fase metálica, mas o metal não é usado primordialmente para união.

15

Compósitos

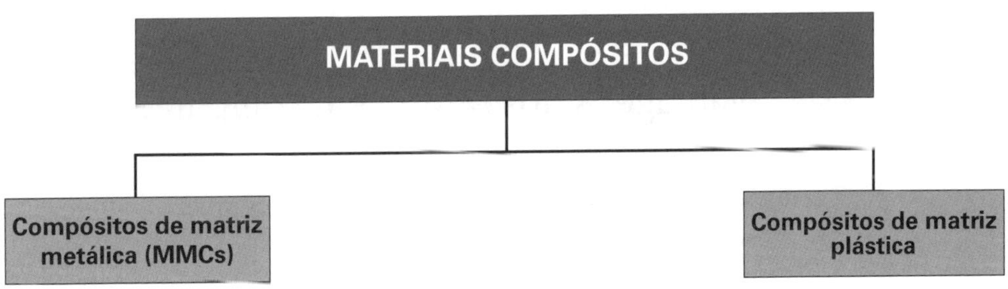

Figura 15.1 Materiais compósitos

Charles Eames foi um dos primeiros *designers* a reconhecer as vantagens do uso de novos materiais chamados compósitos. De fato, madeira compensada é um compósito, mas não foi até que Eames e Eero Saarinen usaram esse material nas suas propostas de mobiliário, em uma competição em 1944, quando o potencial desses materiais para o *design* foi reconhecido. As limitações do compensado fizeram com que Eames procurasse outros materiais. Ele descobriu que a fibra de vidro (*fiberglass*) dava a este a resistência, leveza e liberdade de projeto que estava procurando em outros materiais para cadeiras. O baixo custo do material era outro fator que animava os *designers*, pois significava que seus *designs* atingiriam um público muito maior.

Hoje, o mesmo entusiasmo continua na busca por novas combinações de materiais que farão o impossível ou o que se pensava impossível. Mesmo hoje parece inconcebível projetar um avião inteiramente em plástico. Mas um avião feito com 40% de plástico existe hoje e, amanhã, um avião todo em plástico, reforçado com fibras de carbono e outros materiais, propulsado por motores cerâmicos, poderá ser comum.

Figura 15.2 Cadeira em compensado moldado, por Charles Eames, fotografia de Bill Sharpe (cortesia Herman Miller Co.)

Vantagens dos MMCs em comparação aos metais simples:

Melhor:

- Resistência à fadiga
- Propriedades sob temperatura elevada
- Resistência ao desgaste

Mais elevada

- Resistência
- Razão resistência/densidade
- Razão rigidez/densidade

Menor:

- Taxa de fluência
- Coeficiente de expansão térmica

Vantagens dos MMCs em comparação aos PMCs:

Maior:

- Capacidade de trabalho sob temperatura
- Rigidez e resistência transversais
- Condutividade elétrica e térmica

Melhor

- Resistência ao fogo
- Resistência à radiação
- Sem nenhuma absorção de umidade ou emissão de gás; o equipamento de produção convencional pode ser usado com os MMCs reforçados com partículas e *whiskers*

Desvantagens dos MMCs em comparação aos metais simples:

- Custos maiores que alguns sistemas materiais
- Tecnologia relativamente imatura
- Metodos de fabricação complexos para sistemas reforçados por fibras (exceto a fundição)

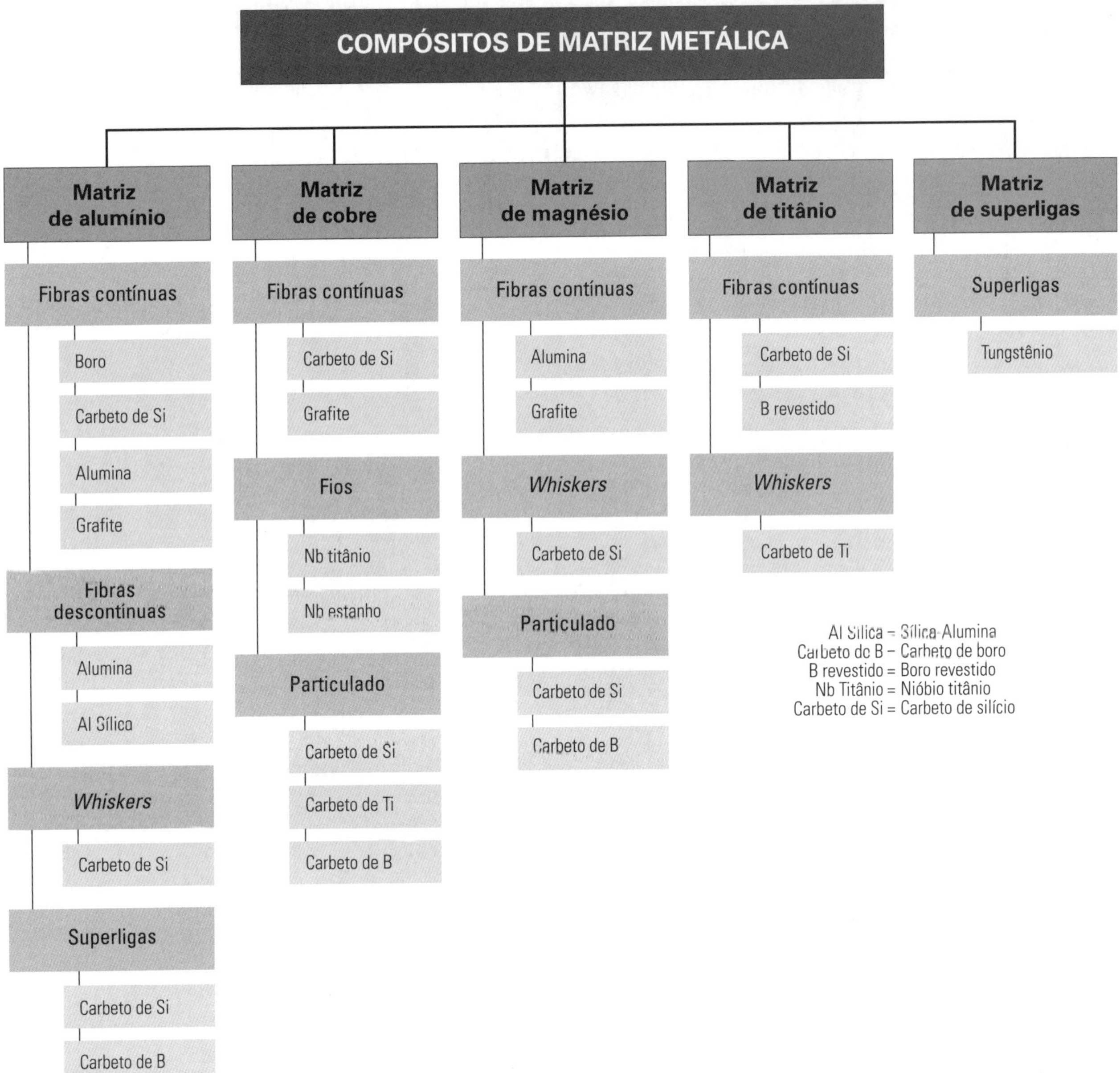

Figura 15.3 Classificação dos compósitos de matriz metálica (MMC)

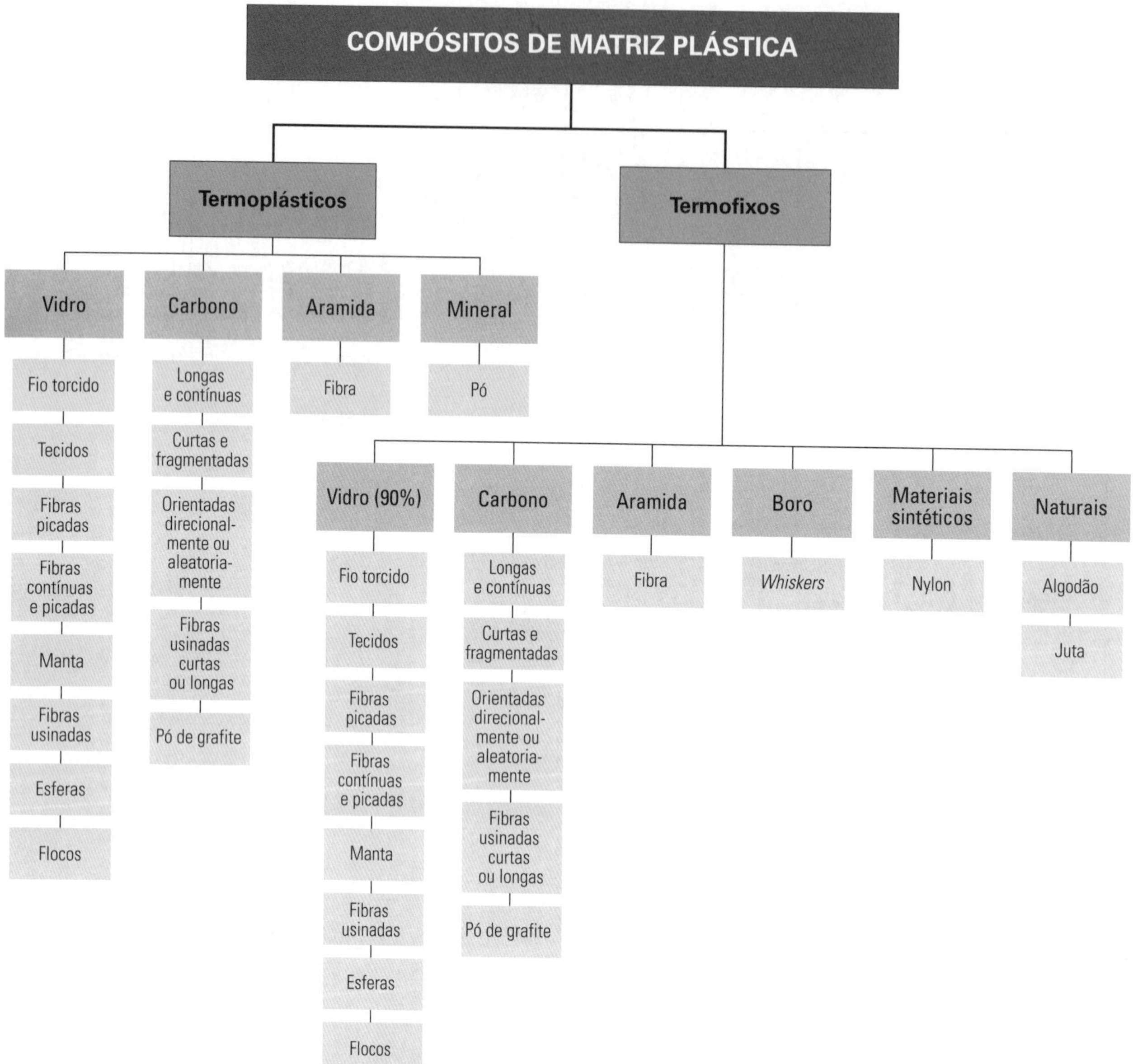

Figura 15.4 Classificação dos materiais poliméricos

Materiais compósitos avançados

Os *materiais compósitos avançados* se desenvolveram a partir das elevadas demandas impostas aos materiais nas indústrias de defesa e aeroespacial. Algumas dessas demandas são: razões muito baixas de peso por resistência; tolerância balística; dureza eletromagnética; baixa observabilidade; resistência a radiação nuclear, efeitos biológicos e químicos e resistência a impactos. O programa de materiais compósitos avançados da Sikorsky Aircraft Corporation usa novas resinas epóxi mais tenazes, resinas de bismaldeído, fibras de grafite com melhor rigidez e deformação e fibras de vidro e Kevlar. Esses materiais compósitos avançados têm levado a reduções substanciais de peso de aproximadamente 20% por geração de produto. Um desenvolvimento paralelo é a grande melhora no desempenho de produtos esportivos e de recreação, tais como raquetes de tênis e esquis. Esses materiais também têm sido usados na fabricação de aeronaves comerciais e executivas com redução semelhante no peso e vantagens no desempenho.

Figura 15.5 Avião construído em compósitos de plástico pela Sikorsky para a Aerofetti

16 Prototipagem rápida

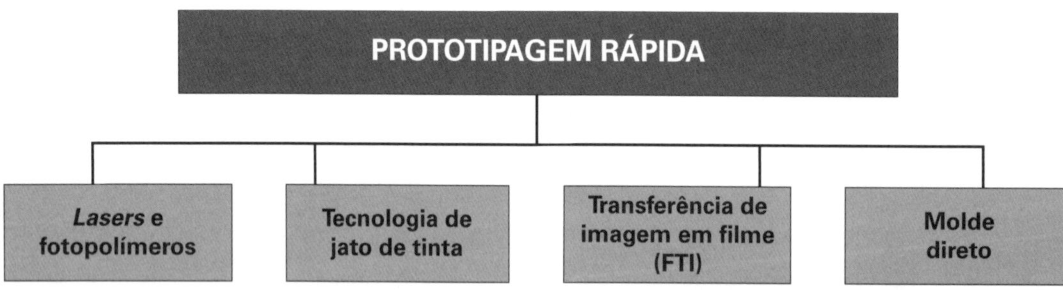

Figura 16.1 Prototipagem rápida

Do mesmo modo que os plásticos revolucionaram o *design* e a manufatura após a Segunda Guerra Mundial, e o minicomputador, aperfeiçoado durante a Guerra Fria, revolucionou a fabricação, nenhum desenvolvimento tem sido mais notável que o da *prototipagem rápida (RP)* e do *ferramental rápido (RT)*. Por meio do avanço dos computadores e da tecnologia de polímeros, uma peça protótipo pode ser produzida hoje em questão de horas após ter sido desenhada em computador (CAD) e uma ferramenta de produção pode ser obtida em dias.

Os benefícios principais da RP e RT são a redução radical nos tempos de desenvolvimento de peça e produto, e um tempo menor até lançamento no mercado. Nas condições atuais de competição mundial acirrada, fazer com que um produto novo chegue mais rápido ao mercado é uma grande vantagem. O desenvolvimento mais recente em RP, que interessa aos *designers*, é a disponibilidade de máquinas de mesa. Essas máquinas de baixo custo reduziram ainda mais o tempo de projeto e engenharia e hoje são ferramentas essenciais em um escritório de *design*.

Laser e fotopolímeros

A *estereolitografia (STL)* foi o primeiro sistema de RP e foi desenvolvido por Charles Hall em 1986. O processo da *3D Systems* usa arquivos de computador com a geometria 3D da peça para produzir peças sólidas com área de até 30 cm de lado usando uma resina fotossensível. Não são necessários desenhos, nem oficina de modelos, nem materiais duros, apenas resina líquida, que é endurecida em camadas por um par de *lasers*.

Modelagem por deposição de fundidos (FDM), desenvolvida pela Stratasys Inc., também usa uma resina líquida para construir modelos.

Cura de base sólida (SGC), desenvolvida pela Cubital America, usa maquinário que expõe as camadas do *design* de um fotopolímero. A resina é removida das regiões não expostas e substituída por cera, que apoia o modelo que é por ela envolvido.

Fabricação de objetos laminados (LOM), desenvolvida pela Helisys, usa papel revestido de adesivo. O papel é indexado, cortado a *laser* e colado em camadas para fazer o modelo.

Tecnologias jato de tinta

A *impressora 3D* e a *usinagem por deposição (3DP)*, desenvolvidas pela Sanders Prototype, usam cabeçotes piezoelétricos para impressão a jato de tinta para depositar material termoplástico e cera de apoio.

A fabricação por *partículas balísticas (BPM)* usa micropartículas de resina derretida emitidas de um bocal piezoelétrico. O sistema usa um cabeçote robótico com movimento em cinco eixos para posicionar o bocal que deposita as partículas, que endurecem e, assim, criam o modelo.

Transferência de imagem em filme (FTI)

O *V-flash*, um modelador de mesa desenvolvido pela 3D Systems, usa tecnologia de ponta de transferência de imagem em filme. Permitiu que a 3D Systems desenvolvesse um modelador de mesa simples, rápido e compacto que fosse acessível.

Molde direto

A produção direta em *fundição em casca (DSP)* usa um negativo de um arquivo STL para produzir um molde diretamente sem a etapa usual de construção de um modelo para o molde.

Sinterização seletiva a laser (LSL), da DTM Corp/DTM GmbH, desenvolvida pels DTM RapidTool Process, usa metalurgia do pó sinterizada a *laser* para criar moldes com o tempo total de obtenção do molde a partir do *design* de apenas alguns dias.

Empresa	Preço (2007) (US$)	Envelope de ação (pol)	Precisão (pol.)	Material
Desktop Factory	5.000–7.000	5 × 5 × 5	0,010 camada	Nylon com vidro e alumínio
Stratasys Prodigy Plus	50.000	8 × 8 × 12	0,007 camada, 0,005 superfície	ABS com apoio solúvel em água
Stratasys Dimension Elite	32.900	8 × 8 × 12	0,004 ± 0,001 camada	Vários
Z Corportation 310 Plus	19.900	8 × 10 × 8	0,0035 camada	Vários
3D Systems V-flash	9.900	7 × 9 × 8	0,0025 ± 0,0005	Acrílico
3D Systems Invision LD 3D	14.900	6,3 × 8,3 × 5,3	0,0065	Manta de PVC
3D Systems SR	39.900	8 × 11,8 × 7,3	0,00165 camada, 0,003 superfície	Acrílico curado por UV
Objet Geometries Eden 250	75.000	9,8 × 9,8 × 7,9	0,0006 camada, 0,0039 superfície	Material claro como acrílico
Envision Perfactory	35.000–160.000	7,5 × 5,6 × 9	0,0006 – 0,01	Metacrilato
Soliddimension SD300	N/A	6,7 × 8,7 × 5,7	0,0065 camada	PVC

Figura 16.2 Tabela das máquinas de prototipagem rápida de pequeno porte

Figura 16.3 Z810, Z corporation

Índice remissivo

GRÁFICA PAYM
Tel. [11] 4392-3344
paym@graficapaym.com.br